Gazimağusa'da

Kentsel Yaşam Kalitesi

Araştırma, Planlama ve Yönetim İçin Göstergeler

Derya Oktay

emupress
Eastern Mediterranean University Press

Bu yapıt DAÜ Yayınevi tarafından
DAÜ Kentsel Araştırma ve Geliştirme Merkezi
için yayımlanmıştır.
http://urdc.emu.edu.tr

Derya Oktay
Gazimağusa'da Kentsel Yaşam Kalitesi:
Araştırma, Planlama ve Yönetim İçin Göstergeler

Kapak tasarımı:
Shahyar M. Alikhani

EMU Press
Doğu Akdeniz Üniversitesi
Gazimağusa, KKTC
http://www.emu.edu.tr

ISBN: 978-975-8401-75-8

emupress

Gazimağusa'da Kentsel Yaşam Kalitesi

İçindekiler

Önsöz ve teşekkür

Michigan Üniversitesi merkezli "Uluslararası Kentsel Yaşam Kalitesi Araştırmaları Programı"nın parçası olarak tasarlanmış, TÜBİTAK tarafından 15 Eylül 2006 - 15 Eylül 2008 tarihleri arasında desteklenmiş, ve DAÜ Kentsel Araştırma ve Geliştirme Merkezi kapsamında yürütülmüş olan "Gazimağusa'da Kentsel Yaşam Kalitesinin Ölçülmesi" temalı araştırmamızın sonuçlarını içeren bu yapıtta, çok hızlı ve denetimsiz bir büyüme dinamiğine sahip olan Gazimağusa kentinin sosyal ve fiziksel çevre koşulları ve halkın bu koşulları nasıl yorumladığı dikkate alınarak yaşam kalitesi değerlendirilirken, yeni yüzyılın başında kentteki yaşam kalitesini değerlendirmek için uygun olan göstergelerin belirlenmesine çalışılmaktadır.

Burada sunulan gösterge, yorum ve önerilerin Gazimağusa halkının daha iyi bir yaşam kalitesine kavuşturulması hedefine yönelik kararların alınmasında, ve kentsel donanımların kurulması ve güçlenmesi için, politik karar alıcılara ve devlet yetkililerine kılavuz oluşturacağına inanıyorum. Bunun yanısıra, sunulan bulguların, Gazimağusa'daki yönetim ve sivil toplum kuruluşları ve çeşitli disiplinlerden kentle ilgili çalışmalar yapan araştırmacılar için kapsamlı bir kaynak oluşturacağını düşünüyorum.

Araştırma ve yazım sürecinde destek ve yardımlarıyla çalışmanın başarıyla tamamlanmasını olanaklı kılan kişi ve kuruluşlara burada teşekkür etmek isterim. Öncelikle, Michigan Üniversitesi'ndeki ziyaretim sırasında uygun gördüğü çağrısıyla öncülüğünü yaptığı kentsel yaşam kalitesi araştırmalarının disiplinlerarası evrenine katılmamı sağlayan, ve çalışmanın tüm aşamalarında ışık tutan proje danışmanı Prof. Dr. Robert W. Marans'a, disiplinlerarası boyutta katkılar sağlayan danışmanlarımız Prof. Dr. Ahmet Rüstemli ve Prof. Dr. Ruşen Keleş'e, Coğrafi Bilgi Sistemleri (GIS) temelli haritaların ve grafiklerin hazırlanmasında sağladığı katkı nedeniyle Y. Şehir Plancısı Can Kara'ya, proje süresince sağladıkları destek ve yönlendirmeler için TÜBİTAK SOBAG Yürütme Komitesi Başkanlığı ve uzmanlarına, projeye verdikleri kısmi destek için Doğu Akdeniz Üniversitesi Rektörlüğü ve Gazimağusa Belediye Başkanlığı'na teşekkürlerimi sunarım. Ayrıca, çalışmanın son aşamasında kent ekonomisi ile ilgili değerli görüşleri için Doç. Dr. Vedat Yorucu'ya, kitap önerisi haline geldikten sonraki değerlendirme sürecindeki katkıları için DAÜ Yayınevi anonim hakemlerine, yapıtın basımını destekleyen DAÜ Yayınevi Yönetim Kurulu Başkanlığı ve üyelerine, çalışmanın hane anketleri aşamasında anketör olarak görev yapan DAÜ Lisansüstü öğrencilerine ve gösterdikleri ilgi ve ayırdıkları zaman nedeniyle Gazimağusa halkına burada içten teşekkürlerimi sunarım.

Derya Oktay

Gazimağusa, Mart 2010

1
GİRİŞ

Modern yaşamın gelişimi ve toplumların çağdaşlaşmasıyla birlikte gündeme gelen ve gelişen bir kavram olan "yaşam kalitesi", gerçekleştirilen birçok araştırma için esin kaynağı olan, yerel, ulusal ve uluslararası gündemlerde önemli yer tutan bir kavramdır.

"Kentsel yaşam kalitesi" *(quality of urban life)* yaşanılabilirlik kavramı ile bağlantılı olarak son yarım yüzyıl içinde gelişmiş ülkelerde pek çok araştırmacının ve kent yöneticisinin ilgi alanına girmiştir. Kentsel yaşam kalitesi ilk olarak 1960'larda Sosyal Göstergeler Hareketi *(Social Indicators Movement)* içinde ortaya çıkmış, ve ekonomik ve sosyal iyilik ile bireysel ve toplumsal iyilik arasındaki ilişkilere dair varsayımları sorgulamayı hedeflemiştir (National Research Council 2002). Burada söz konusu olan kalite hem doğal hem de yapılı çevre özellikleriyle ilgili olup, sürdürülebilirlik arayışına odaklanan kaliteden farklı olarak, doğal kaynakların korunması, iklim, ekoloji, vb. gibi değişmez ögelerle değil kentsel donanım ve konfor ögeleri ile ilişkilidir; yer ve aidiyet duygusu, okunaklılık, toplumsal bellek, vb. gibi kolay ölçülemeyen öznel yanları vardır (PERLOFF 1969; TEKELİ ve diğerleri, 2004).

Son çeyrek yüzyıldır kentler, kentsel yaşam kalitesi kavramı ışığında yaşam kalitelerine göre sınıflandırılmakta, bu kavram karşılaştırmalı ve yarışçıl bir değerlendirmenin temel ögesi olmaktadır. Bu da önce kentlerdeki yaşam kalitesinin ölçülmesini, zaman içinde yaşam kalitesindeki değişimlerin anlaşılmasını, ve değerlendirmede kullanılacak ölçütlerin/göstergelerin belirlenmesini zorunlu kılmaktadır. Kentsel yaşam kalitesine olan yoğunlaşma kentsel ve çevresel bağlamda karmaşık bir takım verilerin kolay anlaşılır, sistematik bir düzene yerleştirilmesini ve sistemin çeşitli bileşenleri arasındaki ilişkiler setinin aydınlanmasını sağlamıştır.

Öte yandan, kentsel yaşam kalitesinin önemi, sürdürülebilirlikle yakın ilişkisi ve sürdürülebilirliği konu alan araştırma ve uygulamaların öneminin giderek artmasına bağlı olarak gittikçe artmaktadır. Kentsel yaşam kalitesi araştırmaları, özellikle kentsel planlama, kentsel tasarım, kentsel iyileştirme/dönüşüm ve konut alanlarının planlanması alanlarında, bilimsel veriye dayalı politikalara dayanan sürdürülebilir uygulamaların gerçekleştirilmesine yönelik uygun bir araç olmaktadır.

Gazimağusa'da Kentsel Yaşam Kalitesinin Ölçülmesi" temalı araştırmanın[1] bulgularına dayalı olarak hazırlanan bu yapıtta, çok hızlı ve denetimsiz bir büyüme dinamiğine sahip olan Gazimagusa kenti ve çevresindeki objektif çevre koşulların yanısıra, bölgede yaşayanların bu koşulları nasıl değerlendirdikleri dikkate alınarak kentteki yaşam kalitesinin değerlendirmesi amaçlanmaktadır. Bu doğrultuda, halkın değişik kesitlerinin gerçekleşen değişim ve koşulları nasıl yorumladıkları anlaşılmaya çalışılmakta, ve bunlarla ilgili kent ve çevre sorunlarının çözülebilmesi için yorum ve önerilerle gelecekteki uygulamalara ışık tutulmaya çalışılmaktadır.

Kentler, sosyal, ekonomik, kültürel ve mekansal bileşenleri olan karmaşık bütünlerdir. Bir kent hiç bir zaman durağan olmayıp, pek çok etmene bağlı olarak sürekli bir evrim içindedir; bu evrim süreci içinde bileşenlerine zarar verebilir, ya da değiştirebilir. Ticari yolların kesiştiği üç kıtanın buluşma noktasındaki Kıbrıs adasındaki kentler için de durum çok farklı değildir. Adanın doğu kıyısında yer alan ve 35,381 nüfusa (KKTC 2006 Nüfus ve Konut Sayımı) sahip olan Gazimağusa da, adadaki diğer kentler gibi yüzyıllar boyunca çok farklı uygarlıkların yönetiminde farklı sosyo-ekonomik dinamiklerle tanımlanmış, ve bunlara bağlı olarak farklı büyüme ve biçimlenme eğilimleri göstermiştir (ayrıntılı bilgi için bkz. Bölüm 3.1). Kentin bugünkü pozisyonunu en çok etkileyen iki olaydan birincisi, adanın 1974'te ikiye bölünmesinden sonra çok önemli bir turizm merkezi olan Maraş (Varoşa) bölgesinin yerleşime kapatılması, ikincisi ise 1986 yılında kurulan Doğu Akdeniz Üniversitesi'nin hızla büyüyerek Gazimağusa'nın 1974 sonrası yavaşlayan sosyo-ekonomik yapısını canlandırmasıdır.

Gazimağusa'da son 15 yılda yapılan gözlem ve incelemelerimize göre, bir zamanlar önemli bir turizm merkezi iken 1974 sonrası Birleşmiş Milletler kararı ile boşaltılan Maraş bölgesi, 35 yıldır belirsiz olan statüsü nedeniyle Gazimağusa kentinin güneye doğru büyümesini engelleyerek, dengeli olmayan çizgisel (*lineer*) bir kentsel gelişmeye neden olmuş, ve tarihi kent merkezi, fiziksel "merkez" olma özelliğini yitirmiştir (ayrıntılı bilgi için bkz. Bölüm 3.1). Doğu Akdeniz Üniversitesi'ne bağlı olarak ortaya çıkan nüfus hareketleri ve sosyo-kültürel yapıdaki değişimler sonucunda ortaya çıkan sorunların en önemlileri tarihi kent merkezinin (Suriçi) nüfus azalması, profil değişimi, marjinalleşme, fiziksel bozulma ve ekonomik gerileme sorunlarıyla birlikte kentin diğer bölgelerinden işlevsel olarak da soyutlanması, kentin denetimsiz bir şekilde büyüyerek yayılması, ve plansız ve denetimsizi gelişen konut ve ticaret alanlarıdır. Bunların dışında konut edinmede ve kiralamada, kamusal hizmetlerde ve ulaşımda yaşanan sorunlar, eğitim kurumları, iş olanağı ve çevre kalitesi gibi konuların yaşam kalitesine yansıdığı düşünülmektedir. Ancak halkta bunlarla ilgili kamusal bilinç oluşup oluşmadığı, ve değişimlere nasıl

[1] "Gazimağusa'da Kentsel Yaşam Kalitesinin Ölçülmesi temalı proje", Derya Oktay tarafından yürütülmüş ve TÜBİTAK tarafından Ekim 2006 - Ekim 2008 tarihleri arasında desteklenmiştir (Proje No: 106K145).

ve ne düzeyde tepki gösterdiği bilinmemektedir. Kamunun görüş ve davranışları ile değişimin objektif göstergeleri arasında uyum olup olmadığı da konunun diğer boyutudur. Bu yapıta temel oluşturan araştırma, bu soruların yanıtını arayan bir yaklaşımla kurgulanmıştır.

Gazimağusa Alan Çalışmasının, hem evrensel hem de yerel düzeyde yararları gözeten beş amacı vardır:

i. Gazimağusa'da yaşayanların, yaşam kalitesinin değişik boyutlarını nasıl değerlendirdiklerini irdelemek
ii. Bu boyutların yaşam kalitesi deneyimini hangi derecede açıkladığını analiz etmek, ve böylece Gazimağusa'da yaşam kalitesini değerlendirmek için kullanılacak göstergeleri saptamak
iii. Kentsel çevreye ait algısal veriler ile nesnel (ölçülmüş) değerler arasındaki ilişkileri saptamak
iv. Gazimağusa kentindeki yaşam kalitesinde gelecekte olan değişimleri ölçebilmek için temel veri tabanı oluşturmak
v. Dünyanın değişik kentlerinde benzer amaçlarla yürütülen çalışmalarla uluslararası düzeyde karşılaştırma olanağı sağlamak için veri tabanı oluşturmak.

Gazimağusa çalışması kapsamında incelenen konular genelde devletin yönetim ve planlama birimleri, sivil toplum örgütleri gibi yerel yönetim politikalarını belirleyen kurumların, ve kentle ilgili araştırma yapanların bilgi gereksinmelerine yönelik olarak tasarlanmıştır. Bu kapsamda, birbirinden farklı nüfus gruplarını barındırdığı düşünülen mahallelerde (yerel halkın egemen olduğu mahalleler, öğrencilerin yoğunlaştığı mahalleler, üst ve orta gelir grubunun yoğunlaştığı mahalleler, düşük gelirlilerin yoğunlaştığı mahalleler, vb.), kentsel yaşam kalitesinin de farklı olabileceği varsayımıyla, araştırmanın tasarımında ve yorumlanmasında mahalleler temel alınmıştır. Bu şekilde, örneklemde farklı nüfus gruplarının temsiliyeti söz konusudur. Öte yandan, yan çalışmalar olarak planlanan yayın çalışmalarında, örneklem kapsamına giren üniversite öğrencileri ile yapılan anketlerin sonuçlarının tümüyle ayrı bir şekilde irdelenmesi olanaklıdır.

Çalışma evreninin Gazimağusa olarak seçilmesinin nedeni, kentin hem diğer Kuzey Kıbrıs kentlerindeki özelliklerden çoğunu yansıtması, hem de kendine özgü sosyo-ekonomik dinamikleri ile son 15 yılda en büyük değişimi yaşayan kent olmasıdır. Bu nedenle, araştırmanın sonuçlarının önemli bir grubunun diğer kentler için de yol gösterici olacağı, ve ilerideki yıllarda diğer kentlerde de benzer araştırmaların yapılması için örnek oluşturacağına inanılmaktadır.

Çalışma, kentin tarihi geçmişine ait bilgiler içermesine karşın, araştırma konusunun çağdaş kent yaşamı ile ilişkili olması ve partneri olduğu uluslararası çok kentli bir araştırma programında[2] karşılaştırmalı çalışmaları kolaylaştırmasının beklenmesi nedeniyle, günümüze ait bilgiler esas alınarak tasarlanmıştır.

---

[2] Gazimağusa Alan Çalışması, Michigan Üniversitesi'nde altı yıl once başlatılarak koordine edilen Uluslararası Kentsel Yaşam Kalitesi Araştırmaları Programının partneri olarak tasarlanmıştır.

2

GENEL BİLGİLER

2.1 Kentsel Yaşam Kalitesi

Kent ve Kentsel Yaşam Kalitesi kavramının anlaşılması

Kentsel yaşam kalitesi kavramının açıklamasına geçmeden önce, "kent" kavramına açıklık kazandırmak gerekirse, Wirth (1938)'in tanımında yer alan şu ögeler, bir yerleşimin kent olarak tanımlanması için zorunludur: sosyal çeşitlilik gösteren bir toplum, görece genişlik, yoğunluk ve süreklilik. Kenti belirleyen ögeler zaman içinde farklı kuramcılar tarafından yapılan tanımlarla biraz daha ayrıntılı hale gelmiştir. Keleş (1998, 75)'e göre "kent, sürekli gelişme içinde bulunan, ve toplumun yerleşme, barınma, gidiş-geliş, çalışma, dinlenme, eğlenme gibi gereksinmelerinin karşılandığı, pez az kimsenin tarımsal uğraşılarda bulunduğu, köylere bakarak nüfus yönünden daha yoğun olan ve küçük komşuluk birimlerinden oluşan yerleşme birimi"dir.

Bugün, dünyanın büyük bir kısmında, nüfusun yüzde sekseninin kentlerde yaşadığı dikkate alındığında, kentsel çevreye ait sorunların insanların yaşam kalitesini önemli derecede etkilediği kuşkusuzdur. Kentsel alanlar aynı zamanda gerçekleştirilen etkinliklerin yoğunluğu nedeniyle çevre sorunlarının da kaynağını oluşturmaktadır. Bu gerçeklere koşut olarak, sürdürülebilirlik *(sustainability)*, gelişmiş batı ülkelerinin çoğunda ülke yönetiminin kent planlama sistemine yaklaşımını belirleyen anahtar kavram olarak, ekonomik, çevresel ve toplumsal gereksinmelerin, gelecek kuşakların yaşam koşullarına zarar vermeden karşılanmasını hedefleyen bir dünya görüşü olarak yerini almıştır (WCED, 1987). Sürdürülebilirlik gelişmiş bir çevrenin hedeflerine ulaşmaya yönlenen, küresel politik alanda şekillenen bir kavram olup, gerçekleştirilmesi gereken bir koşuldur. Kentsel sürdürülebilirlik söz konusu olduğunda, kentin kaynak kullanımının ve katı atıklarının azalması, ve yaşanılabilirliğinin artması hedefine odaklanan bir yerleşim düşüncesi egemendir.

Yaşanılabilirlik *(livability)* ise kesin ve evrensel tanımı olmayan karmaşık bir kavramdır; dünyanın bir yerinde yaşanılabilir olarak nitelenebilen bir yaşam çevresi bir başka yerinde bu şekilde algılanmayabilir. Kentsel yaşanılabilirliğin anlamı yere, zamana, değerlendirmenin amacına ve değerlendirmeyi yapanın değer sistemlerine göre değişir. Ne var ki, yaşanılabilirlik kavramı yine de tüm durumlarda gücünü korumakta, ve farklı paydaş gruplarının ortak kamusal politika hedefi olabilmektedir.

Yaşanılabilir kent kavramı Platon'dan beri bazı kuramcılar tarafından nüfus ve büyüklük ile, Yunan uygarlığı döneminde ise kent halkının tümünün yüz yüze gelebildiği etkin bir katılımla kenti yönetebilmesi ile ilişkilendirilmiştir. Yaşanılabilirliğin çağımızdaki anlamı ise genellikle sağlık, iş olanakları, gelir durumu, iyi konut alanları, okullar, alışveriş ve eğlence etkinlikleri, erişilebilirlik, kamusal mekanlar ve topluluk kavramları ile eşleşmektedir (PACIONE 2005; NEWMAN & KENWORTHY 1999).

"Yaşam kalitesi" kavramı, ilk olarak 1960'larda Sosyal Göstergeler Hareketi *(Social Indicators Movement)* içinde ortaya çıkmış, ve ekonomik ve sosyal iyilik ile bireysel ve toplumsal iyilik arasındaki ilişkilere dair varsayımları sorgulamayı hedeflemiştir (NATIONAL RESEARCH COUNCIL 2002). "Yaşam kalitesi" *(quality of life)* kavramı, "yaşanılabilirlik" kavramı ile bağlantılı olarak son yarım yüzyıl içinde araştırmacıların ve kent yöneticilerinin gündemine girmiştir.

Pacione, yaşam kalitesini, "bir bireyin ya da grubun, algılanan ya da göstergelerle tanımlanan iyilik durumu" olarak tanımlar (PACIONE 2005, 673). Kentsel yaşam kalitesi kavramı ise, kentle ilgili algılama ve değerlendirmelerin ön plana çıktığı, hem doğal, hem yapılı, hem de sosyal çevre kalitesiyle ilgili bir kavramdır. Kentsel yaşam kalitesi konusu son yıllarda Avrupa Komisyonu'nun da gündemine girmiştir.

Kentsel yaşam kalitesinin, sürdürülebilirlik arayışına odaklanan kaliteden farklı olarak sadece doğal kaynakların korunması, iklim, ekoloji, vb. gibi değişmez ögelerle değil, kentsel donanım ve konfor ögeleri ile ilişkilidir, ve yer ve aidiyet duygusu, okunaklılık, toplumsal bellek, vb. gibi kolay ölçülemeyen öznel yanları vardır. Bunların dışında, doğal olarak, kentsel ekonominin belirlediği yaşam standardları kentteki yaşam kalitesine yansır (PERLOFF 1969; TEKELİ vd, 2004).

Kentsel yaşam kalitesine olan yoğunlaşma kentsel ve çevresel bağlamda karmaşık bir takım verilerin kolay anlaşılır, sistematik bir düzene yerleştirilmesini ve sistemin çeşitli bileşenleri arasındaki ilişkiler setinin oluşturulmasını kolaylaştırmıştır.

Kentsel yaşam kalitesi kavramını, Maslow'un insani gereksinmeleri bir hiyerarşi içinde sınıflayan sistemiyle ilişkilendirmek olanaklıdır (MASLOW 1954). Burada, en basitten en yüksek gereksinmelere uzanan piramidal yapı içinde sunulan fizyolojik, güvenlik, sevgi ve aidiyet, değer verme/verilme, isteklerini gerçekleştirme, ve bilişsel/estetik gereksinmeler, yapısal çevrenin karşılaması gereken gereksinmeler için bir çerçeve oluşturabilir. Örneğin, fizyolojik gereksinmeler barınma olanağıyla, güvenlik gereksinmesi fiziksel ve psikolojik olarak güvenli bir çevrenin oluşturulmasıyla, ait olma ve değer verme/verilme (onur) gereksinmeleri bir dizi özel etkinlikle ya da simgecilik ile, gerçekleştirme gereksinmesi seçenek özgürlüğü ile, bilişsel gereksinmeler olanaklara ulaşabilmekle, estetik gereksinmeler ise biçimsel uygunluk ile karşılanabilir. Yaşam kalitesi kavramı, konut çevresi ve yerel topluluk ile ilişkilendirilirken, "algılama" nosyonunun da bu çerçeveye eklenmesi yararlı olacaktır.

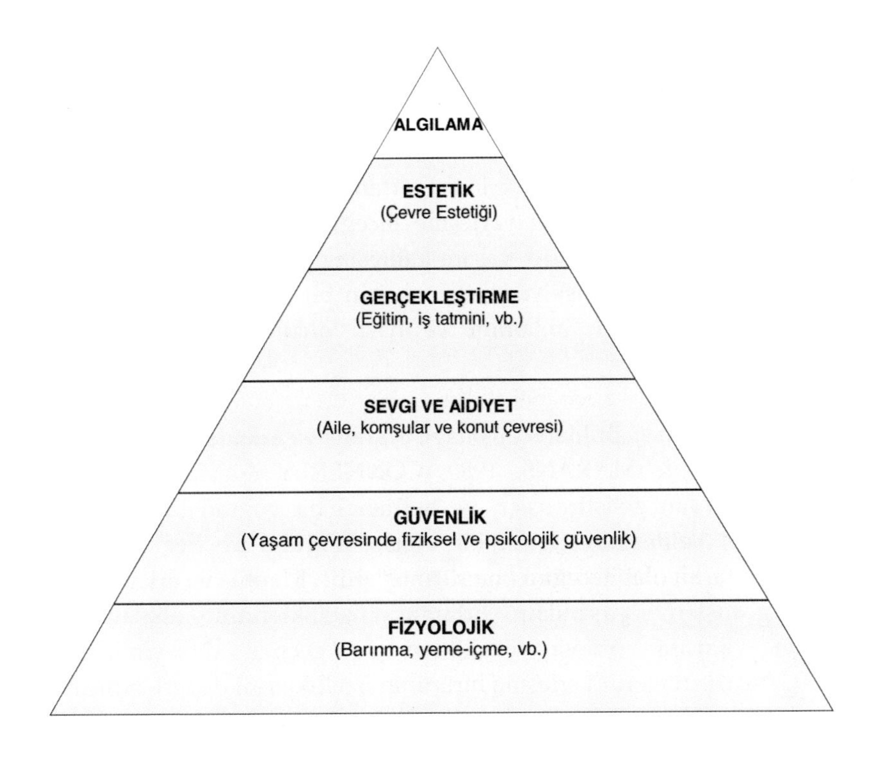

Şekil 2.1.1. Yaşam kalitesi gereksinmelerinin Maslow'un gereksinmeler hiyerarşisine uyarlanması

Kentsel yaşam kalitesinin ölçülmesi ve göstergeleri

Günümüzde, kent planlama ve sosyal bilimler kesitinde araştırmacılar, temelde iki konuyla karşı karşıya kalmaktadırlar: (MARANS 2007)

- Yaşam kalitesinin ölçülmesi
- Yaşam kalitesindeki değişikliği değerlendirmede kullanılacak göstergelerin belirlenmesi ve kullanımı

Yaşam kalitesini değerlendiren çalışmalar, yaşam kalitesi deneyiminin hem denek, hem de değerlendirmeyi yapan araştırmacının kültürel ve sosyal koşullarına bağlı oldugunu göstermiştir (KAHNEMAN vd, 1999). Bu konuda öncü çalışmalardan biri Cambell, Convers ve Rogers'ın (1976) çalışmasıdır. Cambell ve arkadaşları yaşam kalitesi deneyiminin kavramlaşmasında bireylerin algılama, değerlendirme ve memnuniyetlerinin ölçülmesini temel almışlar, ve böylece daha önce kullanılan yaşam koşulları yerine yaşamın çok boyutlu deneyimini irdelemişlerdir. Söz konusu çalışmadan elde edilen en önemli sonuç, yaşam kalitesini saptayabilmek için memnuniyetin ölçülmesi yanısıra yaşanılan ortam ve bireysel özelliklerin araştırılması gerektiğidir. Konut ya da yerleşme ölçeğinde nesnel-öznel ilişkisini inceleyen çalışmalar oldukça sınırlı olup, yaşam kalitesine yönelik çalışmaların kent ölçeğinde uygulanması böyle bir ilişkiyi incelemek için bir fırsattır. Bu çalışmalar, kent ölçeğinde yaşam niteliğinin anlamını ve nasıl ölçülebileceğini anlamaya yardımcı olacaktır.

Campbell ve arkadaşlarının başlattıkları çalışmayı, Marans ve arkadaşları (MARANS & RODGERS, 1975; LEE & MARANS, 1980; CONNERLY & MARANS, 1988) kavramsal ve görgül açıdan geliştirmişler, ve herhangi bir coğrafi birimin (kent, mahalle, konut) yaşam kalitesinin algısal bir olgu olduğunu ve her bireyin bu konudaki görüşlerinin farklı olabileceğini öne sürmüşlerdir. Marans ve arkadaşlarına göre bireylerin görüşleri, yaşanılan ortamın özelliklerinin algılama ve değerlendirmesinin yanısıra, bireyin özellikleri ve geçmiş deneyimlerinden etkilenmektedir. Ayrıca, bireylerin yerleşme biriminin özelliklerini değerlendirme ve algılaması, yerleşme özellikleri ile doğrudan ilişkilidir. Örneğin, mahalle ölçeğinde hava kalitesi ve aile sağlığı ile ilgili algının, yerleşmenin hava kalitesinin nesnel ölçütleri ile ilintili olması beklenmektedir.

Kentsel mekanda yaşam kalitesi göstergeleri bağlamında temel sorular şöyle sıralanabilir: Kentlerde yaşam kalitesini yansıtan ölçütler ya da göstergeler nelerdir? Nasıl belirlenebilir? Son yirmibeş yılda yapılmış çalışmalar kent, mahalle/semt ve metropolitan alanlarda yaşam kalitesini yansıtan özellik ve göstergelerin belirlenmesine yönelik olmuştur (LIU, 1975; DICKERSON, 1981; CONNERLY &

MARANS, 1988; SAVAGEAU & LOFTUS, 1977). Bu çalışmaların bir bölümü, yerleşmeleri yaşam kalitesine göre sıralamaya yöneliktir. Bu çalışmalar, her bir yerleşme için aynı gurup ölçütleri içermektedir. Ölçütler, iklimsel koşullar (hava kirliliği), demografik özellikler, kullanım ve ulaşım, ekolojik, ve kentsel doku özellikleri, gibi ölçütleri içermektedir. Bu ölçütlerin herbirine ağırlık vererek, bir metropolitan alanda toplam puanı hesaplanmıştır.

Bir yerin yaşam kalitesini ölçerken bu tür algısal ve davranışsal göstergeleri dikkate almak birçok açıdan yararlıdır. Birincisi, bu tür göstergeler, bir yerde yaşayanların deneyimlerine dayanan gerçek kaliteyi yansıtmaktadır. Bu tür göstergelerin, seçmenlerine karşı duyarlı olan politikacılar ve seçilmiş yöneticiler tarafından gerçek ölçütler olarak kabul edilme olasılığı daha yüksektir. Ayrıca, bu tür göstergeler, yansıttıkları nesnel özelliklerin göreli önemini incelemek için fırsat yaratmaktadır. Örneğin, eğer bir yerde yaşayanların trafik yoğunluğunu, gürültülü mahalleleri, ve yoğunluğu nasıl algıladıkları ile kentteki mahallelerin nüfus yoğunluğu ölçütleri mevcutsa, öznel ve nesnel ölçütlerin arasındaki ilişkiyi incelemek, dolayısı ile yeni konut bölgelerinin planlamasında kullanılacak gelişme ilkelerinin saptanmasında yardımcı olacak eşiklerin belirlenmesi mümkün olacaktır.

Bir yerin niteliğini belirlemek için dikkate alınacak nesnel ve algısal göstergelerin seçilmesi karmaşık bir süreç olduğu için plancılar ve araştırmacıların yanısıra başka kesimleri de içermelidir. Bu anlamda, geçmişte ya da başka bir yerleşimde kullanılan göstergelerin günümüzdeki geçerliliğinin yeniden incelenmesi gerekmektedir. Kentsel gelişimin önemli boyutlarını temsil edenlerin tekrarlanması, geçerliliğini kaybetmiş ölçütlerin yerine yeni ilgi alanlarını temsil eden göstergelerin eklenmesi gerekmektedir. Bununla birlikte, bir yerleşme için geliştirilen göstergelerin başka bir yerleşmede doğrudan doğruya kullanılmasının yaratacağı sıkıntıların bilincinde olunmalı, ve göstergelerin yerel politik yaşamla uyumlu olmasına dikkat edilmelidir. Yani, göstergeler, yönetim birimleri ile kurumsal, iş ve toplumsal örgütler gibi onları kullanacak olası kullanıcıların çıkar ve ilgilerini yansıtmalıdır. Bu gruplardan girdi almadan kullanılan yaşam kalitesi göstergeleri güvenilirlik, duyarlılık, kabul edilebilirlik açısından eleştiriye açık olacaktır.

Bu çerçevede gerçekleştirilen Gazimağusa Alan Çalışması, toplumsal ve çevresel koşulları ve kentte yaşayanların bu koşulları nasıl değerlendirdikleri ve bu koşullara yönelik sergiledikleri davranışları gözönüne alarak, gerçekleri yansıtan bir kent profili çizmeye çalışmaktadır.

2.2 Araştırma Modeli

Yakın dönem içinde, özellikle dünyanın gelişmiş ülkelerinin kentlerinde, daha sürdürülebilir ve yaşanabilir olma doğrultısında gelişmeleri saptayabilmek için programlar geliştirilmiştir. Aynı zamanda, bazı kentlerde yaşam kalitesinin, özellikle kentsel yaşam kalitesinin, ölçülebilmesi için programlar başlatılmıştır. Bu programlarda, çoğunlukla yerleşik halkın yaşam kalitesini ölçmek için bir dizi nesnel göstergeler kullanılmış, ya da kentlilerin algılarını saptamaya yönelik kullanıcı araştırmaları (anket) gerçekleştirilmiştir. Ne var ki, bu iki tür ölçümün bir arada kullanıldığı araştırmalara nadiren rastlanmaktadır (MARANS 2007).

Bu bağlamda, en iyi bilinen çalışmalardan biri Detroit Metropolitan alanı için yürütülen Detroit Alan Çalışmasıdır (DAS). Michigan Üniversitesi'ndeki değişik birimlerin katkıları ile 1950'lerin başından beri her yıl yürütülmekte olan bu çalışma, 2000 yılına kadar yaşam kalitesinin sadece algısal boyutlarına yoğunlaşmıştır. 2001'de Michigan Üniversitesi tarafından, Detroit Metropolitan Bölgesinde her yıl tekrarlanan bir hane araştırması olarak yürütülen Detroit Alan Çalışması (DAS), ilk olarak 1951'de, "Detroit'te Toplumsal Yaşamın Ölçülmesi" başlığı altında, şu üç hedefe ulaşmak amacıyla başlatımıştır: (MARANS & COUPER 2000)

1. Lisansüstü öğrencilerin sosyal bilimler araştırma tekniklerinde eğitilmesi
2. Fakülte mensuplarının temel araştırmaları yürütebilmesi için bir kaynak oluşturulması
3. Detroit bölgesi için, çok değerli bir sosyal bilimler veri tabanı oluşturarak kullanılabilir hale getirmek.

2001 DAS modeli için tema olarak "toplumsal yaşam kalitesi" seçilirken, belirli bir yerde yaşayan insanların yaşamıyla ilintili bir dizi sorunun irdelenmesi amaçlanmıştır. Bunun ötesinde en önemli hedef, yerin kalitesinin insanların yaşamını nasıl etkilediğinin daha iyi anlaşılmasıdır. Bu modelin temel varsayımı herhangi bir coğrafi birimde (kent, mahalle, konut, vb.) yaşam kalitesinin tek bir ölçüt ile ölçülemeyeceği, yerleşmenin birçok özelliğinin ölçülmesi gerektiğidir. Bu ölçütler, birlikte, yerleşim biriminin genel yaşam kalitesini yansıtmaktadır. İkinci önemli varsayım, "kalite"nin bir birimde yaşayanların yaşamlarını yansıtan öznel bir olgu olduğu, sadece nesnel koşulların yerleşmelerin gerçek kalitesini yansıtamayacağıdır.

İrdelenecek olan sorunlar, şu iki ilke doğrultusunda belirlenmiştir: İlk olarak, kısmen yönetsel, kurumsal ve sivil toplum örgütlerle olan ilişkilerle belirlenen boyutlar olmalıdır. İkinci olarak, hane araştırmasından elde edilecek bulguların politika ve planlama karar mekanizmalarını bilgilendirme potansiyeli taşımalıdır. Seçilen sorunlar, insanların yaşadıkları konut çevresini ve konutlarını değrelendirmesini, yönetsel ve kamusal hizmetleri irdelemesini, seyahat davranışlarını, park kullanımlarını, toplumsal etkinliklere katılımlarını, taşınma eğilimlerini ve konut tercihlerini, kamusal ulaşımdan tarım alanlarının korunmasına kadar uzanan bir çerçevede iyileştirmelerin sağlanabilmesi için ödeme yapmaya ne derece hevesli olduklarını, kentsel büyüme ve gelişmeye yönelik tutumlarını, ve çevre sorunlarıyla ilgili algılamalarını içermektedir.

Şekil 2.2.1'de görüldüğü gibi, bu model bağlamsal/yerel veriler ile kullanıcı araştırmalarından (anketler) elde edilen bulgular arasındaki ilişkileri, iki değişkenli ve çok değişkenli çözümlemelerle (analizlerle) irdelemek için sayısız olanak sağlar. Bunun yanısıra, çok değişkenli çözümleme ile çeşitli ölçümler arasında göreli olarak hangisinin daha önemli olduğu saptanabilir.

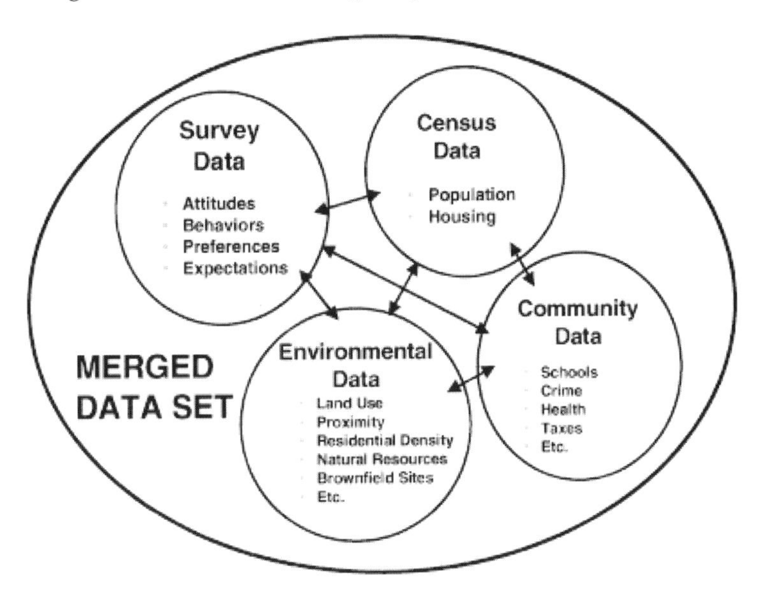

Şekil 2.2.1. Detroit Alan Çalışması (DAS) 2001 Veri Setleri (MARANS, 2003)

Şekil 2.2.2, politikaları oluşturanların ve planlamacıların çalışma ve eylemlerini mevcut bilgilere dayandırdıklarını gösteren temel modeldir. Demokratik toplumlarda, bu kesimler aynı zamanda vatandaşları dinler ve onlardan da girdi alırlar. Ne var ki, araştırma gündeminin oluşturulabilmesi için yeni ve güncellenmiş bilgiye gereksinme vardır. Araştırmanın sonuçları, böylece politikaları oluşturanların ve planlamacıların bilgi gereksinmelerini karşılayabilir. Burada elde edilen sonuçlar medya aracılığıyla ve internetle halka duyurularak, daha bilgili bir toplumun oluşmasına katkıda bulunabilir. Bilgili bir toplumun üyeleri de, doğal olarak, hükümet yetkilileriyle iletişime geçtiklerinde ve seçimlerde çok daha bilinçli ve etkin bir katılım sağlayacaklardır.

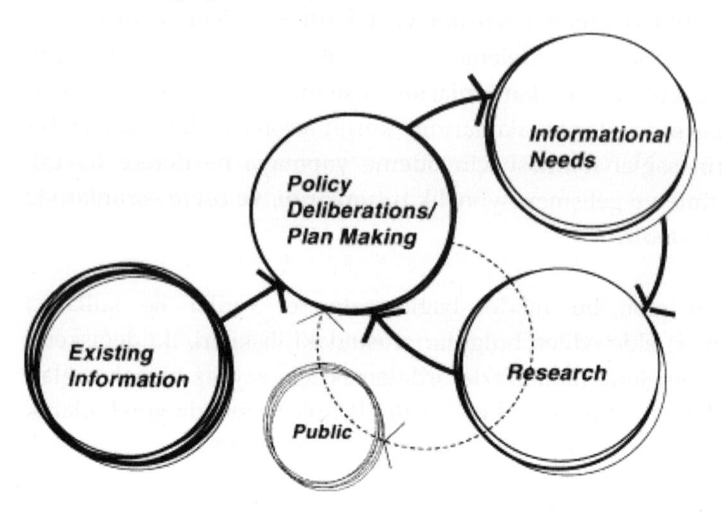

Şekil 2.2.2. Detroit Alan Çalışması (DAS) Temel Modeli:
Politika, planlama ve araştırma arasındaki ilişkiler (Marans 2003)

Detroit Alan Çalışması'nın kapsamı, 2001 yılında Robert W. Marans[3] önderliğinde genişletilip bir kuramsal model oluşturulmuş ve buna uygun olarak nesnel veriler de değerlendirmeye dahil edilmiştir. Yine Marans önderliğinde dünyanın değişik kent ve metropollerinde yaşam kalitesini değerlendiren çalışmalar başlatılmış, bu çerçevede oluşturulan Uluslararası Kentsel Yaşam Kalitesi Araştırmaları Programı'na partner olarak dahil olan Gazimağusa Alan Çalışması da, böylece uluslararası araştırma platformuna taşınmıştır.

Uluslararası Kentsel Yaşam Kalitesi Araştırmaları Programı partnerleri arasında günümüze kadar veri toplama aşamasını tamamlayan yerleşmeler şunlardır: Detroit (ABD), Cape Town (Güney Afrika), Brabant Bölgesi (Hollanda), Brisbane (Avustralya), Istanbul (Turkiye) ve Salzburg (Avusturya). Bunlar dışında, dünyanın farklı ülkelerinde benzer bir çalışmayi kendi kentlerinde yürütmek isteyen kurumlarda kaynak yaratma ve konu ile ilgilenen araştırmacıları saptama girişimleri sürmektedir. Bunlar da Amsterdam (Hollanda), Buenos Aires (Arjantin), Haifa (İsrail), Lisbon (Portekiz), Singapur (Singapur), Taipei (Tayvan), Dubai (BAE),

---

[3] Robert W. Marans, Michigan Üniversitesi Sosyal Bilimler Enstitüsü Araştırma Profesörü olup, aynı üniversitenin Mimarlık ve Kent Planlama Fakültesi'nde Emeritus Profesör olarak görev yapmaktadır.

Varşova (Polonya), Bangkok (Tayland), Xi'an (Çin) ve Bursa (Türkiye)'dır[4] (Şekil 2.2.3). Uluslararası düzeyde karşılaştırmalı çalışmaların sağlayacağı temel yarar kentsel yaşamda kaliteye ulaşmak için her yerleşme için geçerli olacak evrensel koşulların belirlenebilmesidir. Bu, aynı zamanda, hangi yaşam kalitesi boyutunun yerleşmelerin hangi yerel koşullarından etkilendiğini ortaya koymaya yardımcı olacaktır. Söz konusu programa bağlı olarak tamamlanmış olan dünya kentlerinin kısmi araştırma sonuçlarını değerlendiren çalışmalar, 2010 yılında Springer tarafından yayımlanacak olan *"Urban Quality of Life: Implications for Policy, Planning and Research"* (Ed: R. W. Marans & R. Stimson) başlıklı kitapta birer bölüm olarak yer alacaktır.

Detroit Alan Çalışması her ne kadar çalışmaya dayanak oluşturan temel araştırma olsa da, yaşam kalitesi ile ilgili ölçütlerin evrensel olmadığı ve bir kentten bir kente değişimler gösterebileceği dikkate alınarak, burada kullanılan değerlendirme ölçütleri, Gazimağusa'ya özgü yerel motifler doğrultusunda yapılan ekleme ve çıkarmalarla yeniden hazırlanmıştır[5]. Bunun yanısıra, değerlendirme ölçütleri hazırlanırken, partner kentler arasında Gazimağusa'dakine en yakın kültüre sahip diğer kent olan İstanbul'da (İstanbul Teknik Üniversitesi Şehir ve Bölge Planlama Bölümü öğretim üyeleri tarafından) yürütülen Kentsel Yaşam Kalitesi araştırma projesinin yürütücülerinin de görüş ve deneyimlerinden yararlanılmıştır.

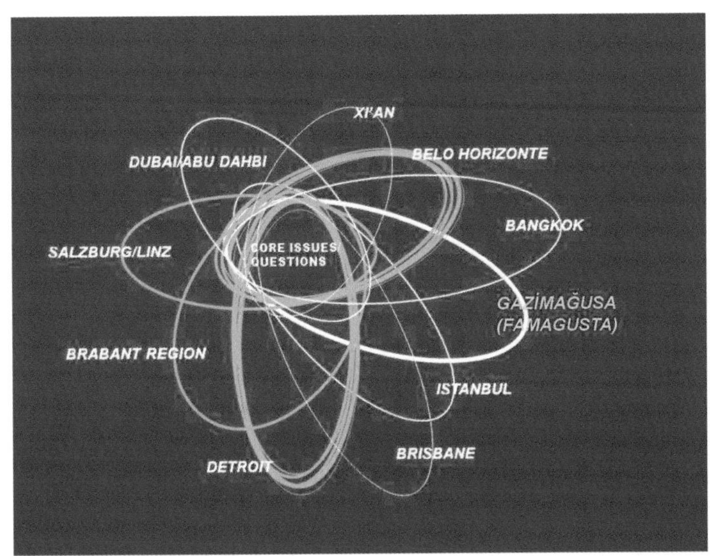

Şekil 2.2.3. Uluslararası Kentsel Yaşam Kalitesi Araştırması'nın partneri olarak Gazimağusa

[4] DAS çalışması ve uluslararası boyutu ile ilgili bilgiye ulaşmak için, bkz.: http://www.tcaup.umich.edu/workfolio/DAS2001

[5] Örneğin Kent-Üniversite İlişkisi ve Kent-Tarihi Merkez İlişkisi gibi konular araştırma programının diğer partner çalışmalarında yer almayan konulardır.

3

GEREÇ VE YÖNTEM

3.1 Çalışma evreni: Gazimağusa

Gazimağusa'nın geçmişten bugüne gelişimi

KKTC'nin ikinci büyük kenti olan, tarihi bir merkeze ve limana sahip olan Gazimağusa (İngilizce dilinde Famagusta) 35,381 nüfusa sahiptir (KKTC-DPÖ, 2006). Kentteki ortalama hane büyüklüğü 3.12 olup, bu değer KKTC genelindeki ortalamadan (3.17) biraz daha küçüktür. Adanın bölünmesinden önce tüm bölgeye hizmet eden önemli bir ticaret ve turizm merkezi olan Gazimağusa Limanı, bugün adanın yeni gerçeklerine bağlı olarak sınırlı bir kapasite ile çalıştırılıyor olsa da, hala Kuzey Kıbrıs'ın ticari etkinliklerinde önemli rol oynamaya devam etmektedir. Ne var ki, Gazimağusa, bugün bir liman kenti olmaktan daha fazla, yıllar içinde büyük ve uluslararası bir üniversite haline gelen Doğu Akdeniz Üniversitesi'ni barındıran bir "üniversite kenti" olarak anılmaktadır.

Kentin kısa tarihçesi. MÖ Üçüncü yüzyılda bir antik lagüna yerleşiminin yıkıntıları üzerinde küçük bir balıkçı kasabası olarak kurulduğu söylenegelen Gazimağusa'nın tarihsel gelişimi yedi ana dönemde incelenmektedir: Erken dönem (MÖ 648-1192 – kuruluş dönemi); Lüzinyan Dönemi (1192-1489); Venedik Dönemi (1489-1571); Osmanlı Dönemi (1571-1878); İngiliz Dönemi (1878-1960); 1960-1974 (Kıbrıs Cumhuriyeti Dönemi); ve 1974 (bölünme) sonrası dönem.

Kentin altın dönemini yaşadığı (ve "Famagusta" olarak bilindiği) Lüzinyan Döneminde, kale (citadel) ve pek çok dini ve kamusal yapı inşa edilmiş, ve kent Doğu ile Batı arasında önemli bir ticaret merkezi olarak büyümesini sürdürmüştür (Maier 1968, 88). Daha sonra ada Venediklilerin eline geçtiğinde, kent ekonomik açıdan bir duraklama yaşamış, bu dönemde kentin olası Osmanlı saldırılarına karşı savunmasına öncelik verilerek tabyalar inşa edilmiş, surlar kalınlaştırılmış ve su hendekleriyle çevrelenmiştir. 1571 yılındaki kuşatmadan sonra Osmanlı dönemi başlamış, ancak bu dönemde ticaret Larnaka'ya kaydığı için, kent eski canlılığını iyice yitirmiş, müslüman olmayan halkın mülklerini satarak surların dışına çıkmaya zorlanması - ve yerlerine Anadoludan getirtilen Türklerin yerleştirilmesi -

sonucunda kent güneye doğru genişlemeye başlamıştır. Doğal olarak, bu dönemde de Osmanlıların sosyal ve kültürel yaşamı kentsel çevrenin biçimlenmesine yansımış, mevcut dini ve kamusal yapıların çoğu korunarak, bazı ekleme ve değişikliklerle yeni işlevlerine uyarlanırken (örneğin St. Nicholas Katedralinin minare eklenerek Lala Mustafa Paşa Camiine dönüştürülmesi), yeni binalar da inşa edilmiştir.

1878 yılında adanın Osmanlılar tarafından İngilizlere kiralanmasıyla, Kıbrıs bir sömürge olarak yeniden önem kazanmıştır. Bu dönemde, Gazimağusa Limanı genişletilerek önemli bir liman haline gelmiş, Maraş bölgesi ise dünyanın en çekici turizm ve eğlence merkezlerinden biri olarak büyük prestij kazanmıştır. İngiliz Dönemi sonuna doğru, modernleşme ile birlikte ortaya çıkan yeni toplumsal gereksinmeler, Surlar dışında başka konut, ticaret, turizm ve rekreasyon alanlarının da kurulmasına zemin hazırlamış, ne var ki bu yeni mahalleler ve tarihi merkeze (Suriçi) Maraş'a gösterilen ilgi gösterilmemiştir.

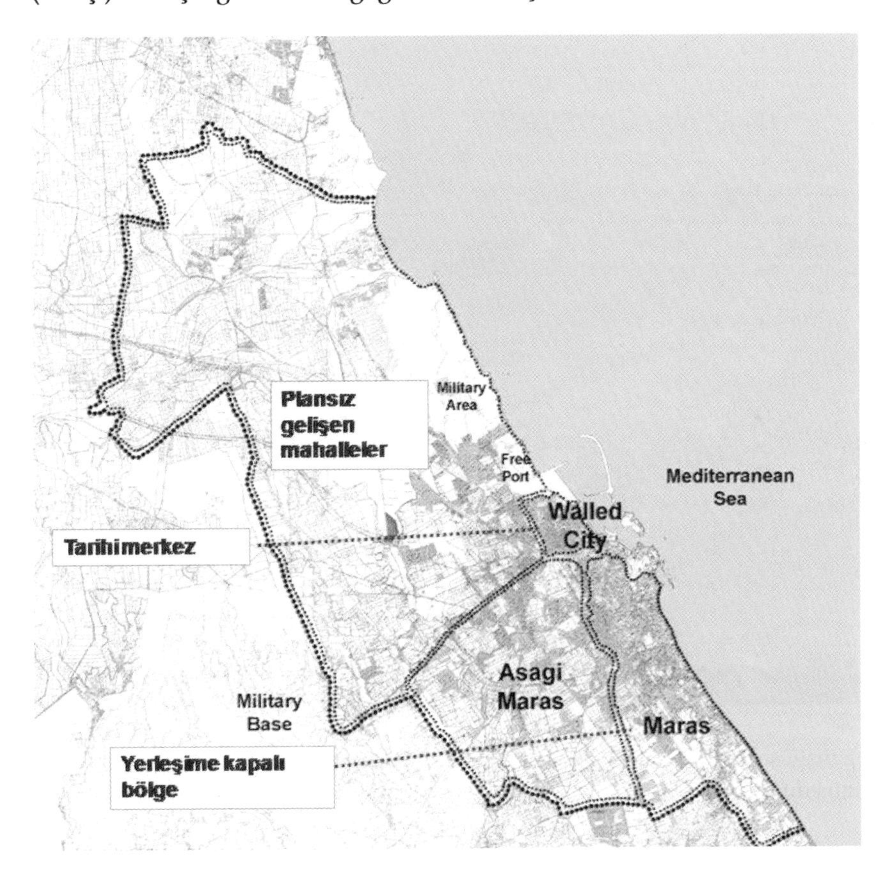

Şekil 3.1.1. Gazimağusa kenti ve farklı dönemlerde gelişen bölgeler

1960'da İngilizlerin adadan çekilmesiyle, Kıbrıslı Türk ve Rumların ortaklığıyla kurulan Kıbrıs Cumhuriyeti döneminde kent, Suriçi bölgesinden sorumlu Türk belediye ve bunun dışındaki bölgelerden sorumlu Rum belediye olmak üzere iki ayrı belediye tarafından yönetilmiştir.

1974 savaşı (Barış Harekatı) sonrasında Gazi ünvanı alarak Gazimağusa adını alan kente, 1974'den itibaren adanın güneyinden ve Türkiye'den gelen göçmenler yerleştirilmiş, mevcut alanlar yeniden düzenlenip yeni yerleşim alanları oluşturulmuştur. Ne var ki, adanın ikiye bölünmesiyle yerleşime kapatılan ve Birleşmiş Milletler (UN) denetimine verilen Maraş bölgesinin 1974'den beri yerleşime kapalı olup gelecekteki statüsünün belirsiz olması, ve 1979'da kurulan Yüksek Teknoloji Enstitüsü'nün 1986 yılında Doğu Akdeniz Üniversitesi'ne dönüştürülmesi ve hızla büyümesiyle kentin sosyo-ekonomik dinamikleri tümüyle değişmiş, ve kentin 1974 öncesinde güneye doğru olan gelişimi tersine dönerek kuzeye doğru yönlenmiştir (Şekil 3.1.1).

Şekil 3.1.2. Gazimağusa Limanı, tarihi doku ve çevresine havadan bakış (http: www.emu.edu.tr)

Nüfus dinamikleri. Gazimağusa'nın nüfus dinamikleri incelendiğinde, kentin göç veren değil göç alan bir kent olduğu görülmektedir. Kentteki nüfus profilinin yıllar içinde değişimi incelendiğinde, kentin 1974 öncesinde yoğun bir nüfusa (39,000; 1

Nisan 1973) sahip olduğu, adanın bölünmesini izleyen nüfus değişimi (mübadele) kapsamında burada yaşayan Rumların güneye göç etmesiyle büyük bir nüfus kaybına uğradığı görülmektedir (8,400; 19 Ekim 1974) (FERİDUN 1998). 1975 yılından itibaren kentteki nüfus, Karpaz bölgesindeki köylerden, ekonomik gerileme ya da daha yüksek standardda yaşam arzusu nedeniyle alınan göçler ve olağan nüfus artışlarına bağlı olarak düzenli bir artış göstermektedir. 1979'da kurulan Yüksek Teknoloji Enstitüsü'nin, bugün 14,000'e yakın öğrencinin eğitim gördüğü uluslararası bir üniversite olan Doğu Akdeniz Üniversitesi'ne dönüştürülmesiyle, geçici ama kentin sosyo-ekonomik yapısını büyük ölçüde etkileyen genç bir nüfus (çoğunluğu Türkiye'den olmak üzere dünyanın çeşitli yerlerinden gelen öğrenciler) kente eklenmiştir (Şekil 3.1.3).

Şekil 3.1.3. Doğu Akdeniz Üniversitesi Kampusu ve çevresine havadan bakış (http: www.emu.edu.tr)

Değişimlerin kent ve konut alanları üzerindeki etkileri. Gazimağusa'nın düzenleyici bir gelişme (master) planınının olmaması, kentin sürdürülebilir bir kent olmaktan çok uzak, sorunlu bir kente dönüşümünü hızlandırmıştır. 1974 savaşı ve bunun sonrasındaki bölünmeyi izleyen yıllarda kent büyük bir duraklama dönemine girmiş, turizm ve ticaret işlevlerini yitirmiştir. 1980'li yılların başlarına kadar bu durgunluk devam etmiş, 1986'da kurulan Doğu Akdeniz Üniversitesi'nin yarattığı dinamizm ile birlikte yepyeni bir ivme kazanmıştır. Üniversitenin gelişimi özellikle günlük alışverişe ve yeme-içmeye dönük (market, lokanta, fast-food, kafe, vb.) ticari işlevleri zenginleştirirken, son 20 yıldaki hızlı ve çarpık kentsel gelişmenin de başlıca nedeni olmuştur. Bu kapsamda niteliksiz apartmanlar, mevcut konutlara yapılan uygunsuz eklemeler, tüm bölgelere dağılmış olan birbiriyle uyumsuz işlevler ve çevresel estetikten yoksun bir kentsel peyzaj görünüme egemen olup, trafik yoğunluğu, dolaşım, hizmetler, vb. ile ilgili zorluklar yaşanmaktadır (Şekil 3.1.4). Üniversite kampusu içinde çeşitli standardlarda yurtlar bulunmasına rağmen, öğrencilerin çok büyük çoğunluğu, kent içi mahallere (özellikle üniversiteye yakınlığı nedeniyle Karakol mahallesine) yayılmıştır. Burada dikkate getirilmesi gereken başka bir sorun, kar amaçlı olarak, sadece öğrencilere kiraya verilmek üzere, çok kısa sürede ve hiç bir estetik endişe taşımadan gerçekleştirilen düşük nitelikli apartmanların yarattığı olumsuz etkidir.

Şekil 3.1.4. Gazimağusa'nın ana arterinden bir görünüm. (Fotoğraf: M. Mansouri)

Kentsel yayılmanın neden olduğu alan kullanımı değişimleri kapsamında tarım alanları konut alanlarına dönüşmekte, kentsel doku parçalanmakta, hizmetler yetersizleşmekte, ve heterojen ve değişken bir alan kullanımını yansıtan mekansal örüntü kentin çeperlerine egemen olmaktadır. Suriçi'nde, fiziksel bozulmaya ek olarak, nüfus azalması, sosyal marjinalleşme, ve ekonomik canlılığın yitirilmesi gibi sosyal ve ekonomik sorunlar yaşanmaktadır. Suriçi, dokusu, çevreleyen hendek ve surları ile birlikte 1989'da yürürlüğe giren yeni Kent Planlama Yasası (55/1989) ile Koruma Alanı olarak ilan edilmiş olmasına karşın, alınan koruma ve canlandırma önlemleri ile bölgenin kültürel ve ekonomik sürdürülebilirliği açısından önemli bir sonuç elde edilememiş, ve bu çok değerli alan kentin diğer kısımlarından işlevsel olarak soyutlanmıştır. Öte yandan, bir zamanlar önemli bir turizm merkezi iken 1974 sonrası Birleşmiş Milletler kararı ile boşaltılan Maraş bölgesinin o zamandan beri belirsiz olan statüsü nedeniyle, buraya komşu olan bölgelerde (özellikle Aşağı Maraş bölgesi) yapılaşma ve gelişme büyük ölçüde durmuş, ve dengesiz (bir merkez etrafında birbirine eklenen bölgeler şeklinde olmayan), belirgin bir kent merkezinden yoksun, çizgisel (*lineer*) bir kentsel gelişme sistemi ortaya çıkmıştır.

Gazimağusa'nın (ve diğer Kıbrıs kentlerinin) geçmişi incelendiğinde, geleneksel kent dokusunda, Anadolu'daki geleneksel kent yapısına benzer olarak, yerel topluluk kavramına çok önem verildiği anlaşılmaktadır. Geleneksel yapının önemli bir bileşeni olan "mahalle" kavramının özgün yapısı ve geçmişi incelendiğinde, bu kavramın, Anadolu yerleşimlerinde olduğu gibi hem algılanabilir bir coğrafi bütünü, hem de toplumun temel ünitesini oluşturan ve birbirine yakın ilişkilerle bağlı, aidiyet duygusu yüksek, homojen bir grubu ifade ettiği anlaşılmaktadır. Geçmişte, özellikle aynı sokakta yaşayanlarda bu ilişkiler çok yoğun yaşanmaktaydı; akrabaların aynı sokakta yaşaması yayagın bir durumdu. Kamusal alanla özel yaşam alanının ara kesiti olan sokak mekanı, Anadolu yerleşimlerindeki sokaktan farklı olarak, kadınlar ve çocukların gündelik sosyal yaşamında özel bir rol oynuyordu (Şekil 3.1.5). Sokak, bu anlamda, mahremiyet sınırları içinde, adeta konutun uzantısı olarak, pek çok toplu etkinliğin gerçekleştirildiği bir yarı-özel yaşama mekanı idi (OKTAY, 2001a) (OKTAY, 2002).

Şekil 3.1.5. Geleneksel Kıbrıs kentinde sokak ve sosyal kullanımı.

Ayrıca, mahalle halkı arasındaki dayanışmada aile, ticari ilişkiler, ortak köy geçmişi, ve ortak mesleki uğraşlar rol oynuyordu. Mahalleler birbirinden bazı görsel sınırlarla, örneğin ağaçlıklar, sebze bahçeleri ya da bostanlar ile ayrılıyordu (OKTAY 2001).

Yeni yerleşimlerde yaptığımız gözlemlere göre ise, kentsel çevre tartışılırken mahalleliler ya da yerel topluluk kavramının kullanılması, çeşitli nedenlere bağlı olarak, çok kolay değildir. Bu nedenlerden biri, genellikle, mahalle/semt sınırları ve ilgili hizmetlerin etkili olduğu alanlar ya da mekansal sınırların uzanımlarının mahalle halkı tarafından belirgin bir şekilde algılanamamasıdır. Kentlerdeki büyümenin genelde parçacı yaklaşımlarla ve kent bütünüyle ilişki kurmaksızın gerşekleşmesi nedeniyle, pek çok yerleşimde sağlıklı bir alt yapı donanımı, servis, ve halkı bir araya getirebilecek sosyal mekanlar bulunmamaktadır. Geleneksel aile ve akrabalık ilişkilerinin egemen olduğu bütünleştirici komşuluk birimleri yerini, ne yazık ki, toplumsal ayrımlaşma ve kutuplaşmalara bıraktığı gözlemlenmektedir. Bu görünümün ortaya çıkmasında, geleneksel aile yapısındaki değişimler (çalışan kadınların oranının artması, vb.) de etkili olsa da, dışa dönük, sıcakkanlı Akdenizli kimliği ile geleneksel komşuluk ilişkilerini sürdüren kesimlere hala rastlanabilmekte, özellikle geleneksel dokuya sahip bölgelerde dış mekana da yansıyan sosyalleşme örüntüleri izlenmektedir.

Gazimağusa'da yukarıda konu olan sorunların yanısıra, kamusal hizmetlerde, ulaşımda, ve çevre niteliği açısından dengesizliklerin varlığı söz konusu olup, bu olguların çoğu bölgedeki kentsel yaşam kalitesini etkilemektedir. Ancak, halkta bunlarla ilgili kamusal bilinç oluşmuş mudur? Halkın değişimlere olan tepkisi nasıldır? Benzer şekilde, değişimin nesnel göstergeleri ile kamunun görüşündeki ve davranışlarındaki değişimler arasında bir uyum var mıdır? Kent yönetimi açısından, halkın değişik kesitlerinin bu değişiklikler ve koşulların ne derece farkında olduklarının anlaşılması önemli bir konudur. Nesnel konulardaki değişimlerin, halkın algılama ve davranışlarındaki değişimler ile paralellik gösterip göstermediği, kamu hizmetlerinin, bölgesel donatıların etkin kullanılıp kullanılmadığı, kent ve mahalle ölçeğindeki sorunların halk tarafından ne şekilde algılandığı ile ilgili bilgilere gereksinme vardır.

Kentteki üretim biçimi

1974'de adanın bölünmesinden sonra kurulan Kuzey Kıbrıs Türk Cumhuriyeti'nin statüsündeki belirsizlik nedeniyle, inşaat sektöründe durgunluk yaşanmış, 1979'da kurulan Doğu Akdeniz Üniversitesi'nin, bugün 14,000 öğrenciye eğitim veren uluslararası bir kurum haline gelmesi, Gazimağusa'daki konut talebinin büyük ölçüde artmasına ve ticari etkinliklerin çeşitlenmesine neden olmuştur.

2004'de gündeme gelen Annan Planı nedeniyle adanın iki tarafının birleşme umudunun artması, ve buna bağlı olarak emlak değerlerinde büyük artış beklentisinin doğmasına koşut olarak, Gazimağusa ve çevresinde (ve Girne'de), inşaat sektöründe - reel ekonomik büyümenin yaklaşık 3 katı kadar - büyüme gerçekleşmiştir (KKTC DPÖ Web Sitesi). Bu nedenle, emek, imalat endüstrisinden inşaat ve hizmetler sektörüne kaymıştır. Buna bağlı olarak, başta Doğu Akdeniz

Üniversitesi'nin son 15 yılda kazandırdığı ekonomik ivme ile etkin hale gelen yüksek öğretim sektörü ile birlikte, inşaat ve hizmetler sektörü egemen hale gelmiştir.

Gazimağusa Belediyesi, siyasi profili ve hizmetleri

Belediye'nin görev, yetki, ve sorumluluklarının, her yerde olduğu gibi Gazimağusa'da da yaşam kalitesini etkilediği çok açıktır. Belediyeler, yerel halk topluluklarının yerel nitelikteki ortak gereksinmelerini karşılamakla görevli kamu kuruluşlarıdır. Çevrenin kalitesinin korunması ve geliştirilmesi de, belediyelerin görev alanı içindedir. Bu görevin gereği gibi yerine getirilmesini olumlu ve olumsuz yönde etkileyen birçok ekonomik, sosyo-kültürel ve siyasal faktör vardır. Gazimağusa Belediyesi'ne bu yönden bakıldığında nasıl bir manzara ile karşılaşmaktayız acaba?

Öncelikle belirtilmelidir ki, belediyenin yürütme organı olan başkanı bir iş adamıdır ve 16 kişiden oluşan bir karar organı olan Belediye Meclisi ile birlikte kenti yönetmektedir. Belediye Meclisi'nin üyelerinin 5'i esnaf, 2'si iş adamı, 2'si emekli polis, 4'ü inşaat mühendisi, doktor, eczacı ve mimar gibi serbest meslek mensupları, ötekiler ise özel sektörde görev yapmış kimselerdir. Meclis üyelerinin ancak üçte biri Başkan'ın mensup olduğu siyasal partinin üyeleridir.

Kuşku yok ki, yaşam kalitesi ve çevre koşullarının iyileştirilmesinde, belediye meclisinin iyi niyetli kararları yeterli olamaz. Sorunların çözümü, yeterli gelir kaynaklarına sahip olmayı da zorunlu kılar. Gazimağusa Belediyesi, KKTC'nin Belediye Yasası'na göre, sayıları 100'e yaklaşan "öz gelirlerden" yararlandığı gibi, oranı her yıl değişmekte olan "devlet yardımlarından" da yararlanmaktadır. Gazimağusa'da belediye toplam gelirlerinin yarıdan biraz fazlasını (%55) devletten, biraz azını (%45) ise öz gelirlerinden karşılamaktadır.

Bu gelirlerle ve belediyenin karar (meclis) ve yürütme (başkan) organlarının yakın ilgisiyle, Gazimağusa'da yaşam kalitesinin temel bileşenleri olan temizlik, su, ulaşım ve aydınlatma açısından önemli adımlar atılmıştır. Ne var ki, bu çabalarla yaşam ve çevre koşullarının evrensel planda çağdaş bir düzeye ulaştığını söylemeye olanak yoktur. Hizmetlerin, devlet, belediye ya da şirketlerce yerine getirilmesi de, bu aktörlerden her birinin gücüne ve beceri düzeyine göre hizmet kalitesini etkilemektedir. Örneğin, Gazimağusa'daki çevre temizliği hizmetlerinin %80'i özelleştirilmiştir. Özellikle, çöpler, özel bir şirket tarafından toplanmakta ve gömülerek yok edilmektedir. Su hizmeti ise, genel olarak develtçe karşılanmaktadır. Ama, belediye bu konuda özel bir şirketle anlaşma yapmıştır. Yakında yürürlüğe girecek olan bu anlaşmaya göre, "yap-işlet-devret" modeline uygun olarak, deniz suyundan su edinmek üzere bir arıtma tesisi de kurulacaktır.

Ulaşım konusunda ise, belediyenin gücü oldukça sınırlıdır. Belediye yalnızca hastane ve bazı eğitim kuruluşlarının otobüslerine sahiptir. Geriye kalan tüm hatlarda ulaşım hizmeti özelleştirilmiştir. Ne var ki, özelleştirilmiş hatlarda da, otobüslerin güzergahları ile bilet ücretlerini belediye denetlemektedir, ki bu hizmetin de kapsamının ve düzeyinin yeterli olduğu söylenemez. Son olarak, aydınlatma hizmetinin bakım ve onarım gereksinmelerini belediye karşılamakta; elektrik üretim ve dağıtımını ise devlet yapmaktadır.

Gazimağusa'da eksik olan bir hizmet, henüz gündemde olmayan, ancak çağdaş kentlerin yönetimlerinde en fazla öncelik verilen konulardan biri olan çağdaş atık yönetimi ve geri-dönüşüm sistemleridir.

Gazimağusa'da yaşam kalitesinin yükselmesine etki yapabilecek olan faktörlerden biri de, Avrupa Birliği'nin maddi desteği ile gerçekleştirilmesi söz konusu olan kimi hizmetlerdir. Altyapının tamamlanması ve kültürel mirasın geliştirilmesi, Gazimağusa Hendeği'nin ve Surlarının Restorasyonu, Kanalizasyon, Destomona (Suriçi) Kültürel Mirasının Korunması gibi adlar taşıyan dört proje için Avrupa Birliği'nden sağlanan mali desteğin tutarı 40 milyon EURO'yu geçmektedir.

Bir bütün olarak bakılırsa, yaşam kalitesi ile ilişkisi açısından, kent yönetiminin sahip olduğu kimi güçlü ve zayıf yönlerden söz edilebileceği anlaşılmaktadır:

a) Belediyenin en güçlü özelliği, yönetimin hizmette verimlilik ve kalite konusunda sahip olduğu kararlılıktır. Ayrıca, belediyede istihdam edilen personelin iyi eğitim görmüş olduğu dikkat çekmektedir. Belediye hizmetlerinin verimlilik ve kalitesi üzerinde bu faktörün doğrudan etkisi vardır. Gazimağusa Belediyesi ve hesapları, KKTC'deki diğer belediyeler gibi devletçe denetlenmektedir. İşlemlerde saydamlığa önem verilmektedir.
b) Öte yandan, yürütme organı olan Belediye Başkanı, belediyenin en zayıf yönünün, başkanın göreve seçimle geliyor olduğu düşüncesine sahiptir. Bu durum, belediyenin seçilmiş organlarını zaman zaman siyasal baskılar ve zorluklarla karşı karşıya bıraktığı bir gerçek olmakla birlikte, demokrasinin bir gereğidir. Halkın, kentlinin istemleri göz ardı edilemez. Öte yandan, bir başka sorun alanı da, birçok kentleşme sorunu[6] gibi, Maraş bölgesinin siyasal geleceğinin belirli olmayışıdır. Bu nokta, kentin kanalizasyon sorununun çözümünün önünde bir engel oluşturmaktadır.

[6] Gazimağusa'nın güneyindeki Maraş (Varosha) bölgesinin 1974'den beri yerleşime kapalı olup, gelecekteki statüsünün belirsiz olması, o zamandan beri buraya komşu olan bölgelerdeki (özellikle Aşağı Maraş bölgesi) yapılaşma ve gelişmeyi önlemekte, ve kent, dengesiz bir şekilde, kuzeye doğru genişlemektedir.

c) Kentin bir imar planı yoktur. Biraz da bu durumun bir sonucu olarak, yapı denetimi gerektiği gibi yapılamamaktadır. Yapı inşaat ruhsatı alındıktan sonra, onaylı projeye ne kadar uyulduğu konusundaki denetimler yetersizdir. Küçük bir topluluk olması, yüz yüze samimi ilişkiler ve akrabalık ilişkileri, belediye tarafından yapılan denetimleri etkisiz kılmaktadır. Özellikle, kıyıların ve verimli tarım topraklarının korunmasına ilişkin sorumlulukları hangi kamu otoritesinin üstleneceği konusundaki duraksamalar, yapı denetimi konusundaki sahipsizliği ciddi boyutlara vardırmaktadır.

Gazimağusa'daki mahalleler

Gazimağusa belediye sınırları dahilinde, Suriçi, Baykal, Karakol, Tuzla, Sakarya, Dumlupınar, Çanakkale, Namık Kemal, Canbolat, Pertev Paşa, Piyale Paşa, Zafer, Anadolu, Lala Mustafa Paşa ve Harika mahalleleri olmak üzere 15 mahalle yer almaktadır. Anket ön çalışmaları kapsamında hane sayılarının belirlenmesi için yapılan konut sayımında, Namık Kemal, Canbolat, Pertev Paşa, Piyale Paşa, Zafer, Anadolu, Lala Mustafa Paşa ve Harika mahallelerinin bazılarında çok az sayıda konut bulunması nedeniyle, bu mahalleler, tümünü kapsayan ve bilinen adıyla, Aşağı Maraş adı altında incelenmiştir. Böylece, değerlendirmelerde şu 8 mahalle esas alınmıştır (Harita 3.1.1): Baykal, Karakol, Tuzla, Sakarya, Dumlupınar, Çanakkale, ve Aşağı Maraş. Bu mahallelerin genel gelişme, doku, yoğunluk, hane geliri özellikleri ve nüfusları Tablo 3.1.1'de görülmektedir.

Harita 3.1.1. Görüşme yapılan 398 hanenin dağılımı

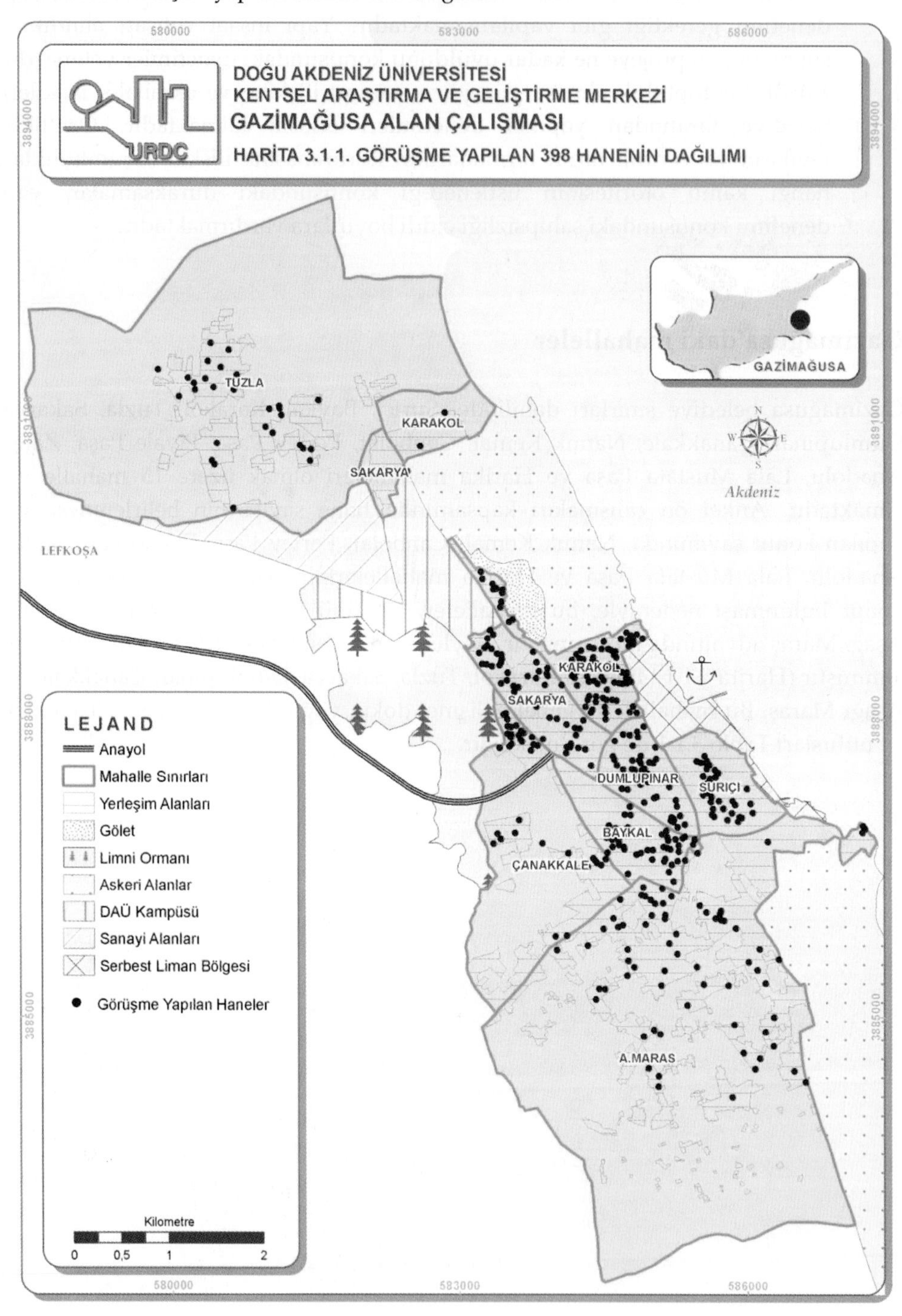

Tablo 3.1.1. Gazimağusa'daki mahalleler ve özellikleri

	KENT DOKUSU	GENEL GÖRÜNÜM	MAHALLE ÖZELLİKLERİ
SURİÇİ (WALLED CITY)			▪ Eski / tarihi ▪ Yatayda yüksek yoğunluk ▪ 1-2 katlı (kısmen avlulu) ▪ Kısmi karma işlev ▪ Üst - orta - düşük orta - düşük gelir Nüfus: 2,026 Konut sayısı: 810
BAYKAL	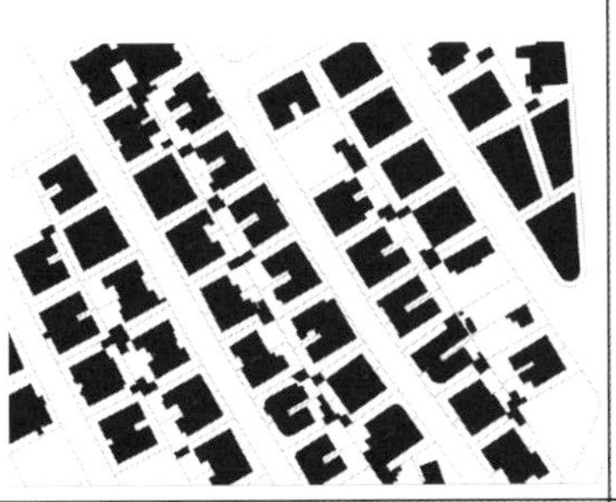		▪ Gelişimini tamamlamış ▪ Görece yüksek yoğunluk ▪ Karma bina tipleri (apartman egemen + tek ev) ▪ Karma işlevler ▪ Üst - orta - düşük orta gelir Nüfus: 3,136 Konut sayısı: 1,020
KARAKOL			▪ Gelişimini tamamlama aşamasında (plansız) ▪ Orta yoğunluk ▪ Karma bina tipleri (apartman egemen + tek ev) ▪ Karma işlevler ▪ Üst - orta - düşük orta gelir / öğrenci Nüfus: 5,585 Konut sayısı: 3,342
TUZLA	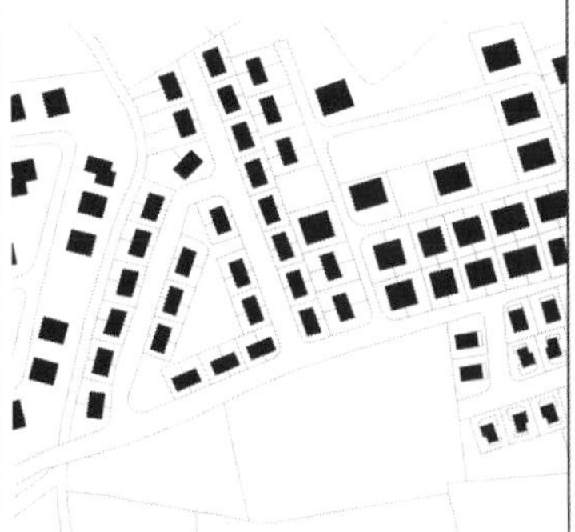		▪ Yeni oluşturulmuş ve gelişimini sürdüren / kent dışı ▪ Düşük yoğunluk ▪ Karma bina tipleri (Sıra ev / tek ev/ apartman) ▪ Tek işlev ▪ Üst - orta - düşük orta gelir Nüfus: 1,877 Konut sayısı: 816

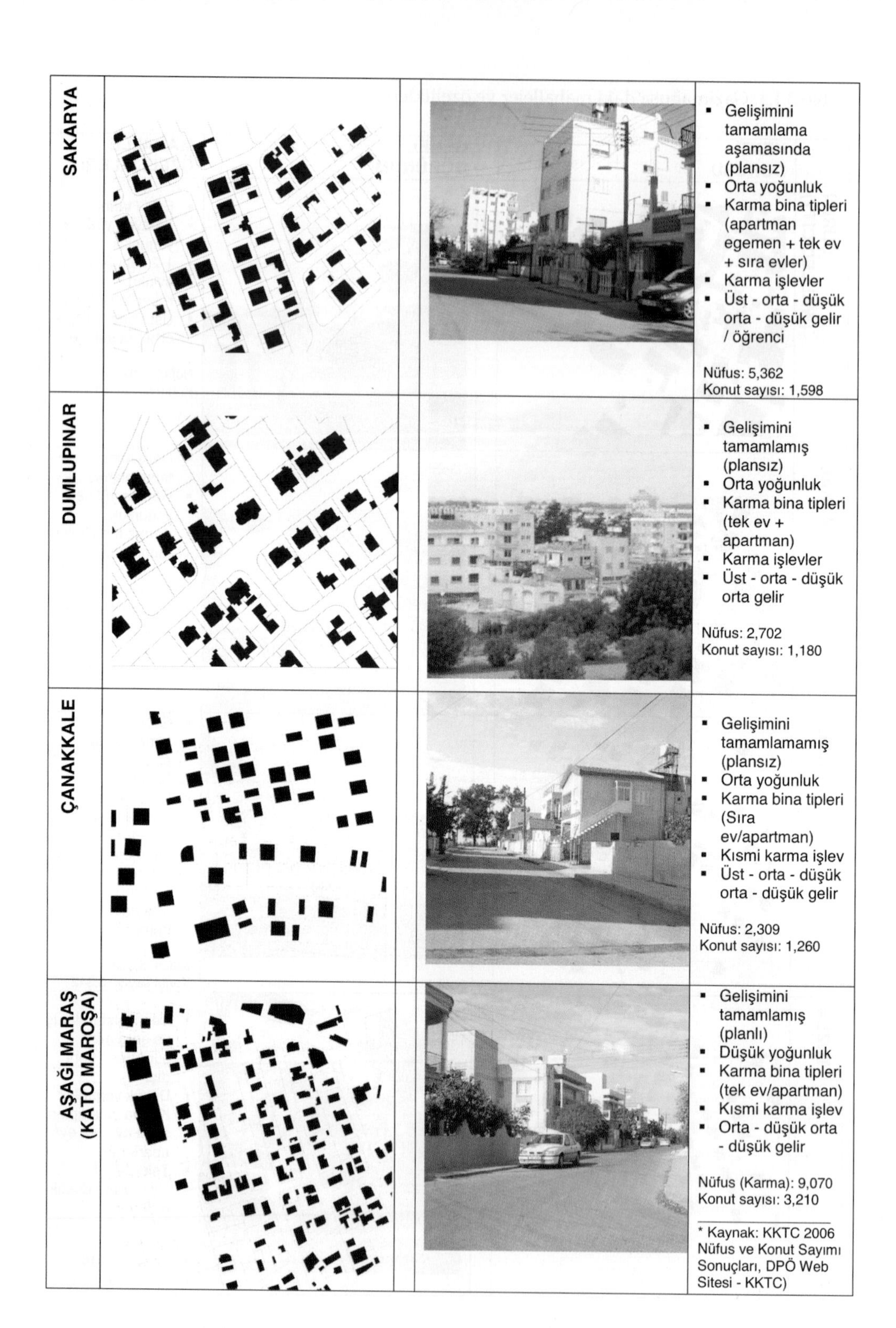

SAKARYA	▪ Gelişimini tamamlama aşamasında (plansız) ▪ Orta yoğunluk ▪ Karma bina tipleri (apartman egemen + tek ev + sıra evler) ▪ Karma işlevler ▪ Üst - orta - düşük orta - düşük gelir / öğrenci Nüfus: 5,362 Konut sayısı: 1,598
DUMLUPINAR	▪ Gelişimini tamamlamış (plansız) ▪ Orta yoğunluk ▪ Karma bina tipleri (tek ev + apartman) ▪ Karma işlevler ▪ Üst - orta - düşük orta gelir Nüfus: 2,702 Konut sayısı: 1,180
ÇANAKKALE	▪ Gelişimini tamamlamamış (plansız) ▪ Orta yoğunluk ▪ Karma bina tipleri (Sıra ev/apartman) ▪ Kısmi karma işlev ▪ Üst - orta - düşük orta - düşük gelir Nüfus: 2,309 Konut sayısı: 1,260
AŞAĞI MARAŞ (KATO MAROŞA)	▪ Gelişimini tamamlamış (planlı) ▪ Düşük yoğunluk ▪ Karma bina tipleri (tek ev/apartman) ▪ Kısmi karma işlev ▪ Orta - düşük orta - düşük gelir Nüfus (Karma): 9,070 Konut sayısı: 3,210 * Kaynak: KKTC 2006 Nüfus ve Konut Sayımı Sonuçları, DPÖ Web Sitesi - KKTC)

3.2 Araştırma Yöntemi

Projenin hedefleri doğrultusunda, çok yöntemli bir araştırma yaklaşımı benimsenmiş, gerçekleştirilen kapsamlı anket araştırmasının sonuçlarından, KKTC 2006 Nüfus ve Konut Sayımı sonuçlarından, ve anket yapılan hane mensuplarından ve gözlemlerden alınan bilgilerden yararlanılmıştır. Bu kapsamda, konut çevrelerinin fiziksel nitelikleri belirlenmiş, Kentsel Yaşam Kalitesi kent halkının yaşadığı konut çevresiyle ilgili algısal (öznel) değerlendirmeleri, nesnel verilerle çakıştırılarak ölçülmeye çalışılmıştır.

Çok kapsamlı anketlere dayalı olarak geliştirilen araştırma aşağıdaki aşamaları kapsamaktadır:

- Coğrafi Bilgi Sistemleri (GIS) yazılım programı ve Googlemap kaynakları yardımıyla Gazimağusa'nın güncel bölge haritalarının oluşturulması[7]
- Örneklemin belirlenmesi (seçilen bölgeler içinde alt-bölgelerin tanımlanması; nüfus oranları dikkate alınarak her bölgede kaç hanenin anket kapsamına alınacağına karar verilmesi, seçilmiş alt-bölgeler içinde anket yapılacak hanelerin saptanması, ve "örnekleme oranı" (Sampling fraction) belirlenmesi
- Anketlerin hazırlanıp uygulanması
- Anket sonuçlarının SPSS programına aktarılması ve verilerin istatiksel grafik analizlerinin yapılması
- Nesnel veri tabanının oluşturulması amacıyla, GIS destekli harita geliştirme teknikleri aracılığıyla bazı önemli verilerin haritalara aktarılması
- SPSS tablolarındaki verilerin anket yapılan hane ya da bölgelerle örtüşmesi için tüm anket yapılan hanelere birer ID atanması ve haritalara işaretlenmesi
- SPSS tablolarındaki sayısal değerlerin farklı bir formata çevrilerek belirlenen hane ID numaralarıyla çakıştırılması
- Bazı ayırdedici özellikleriyle tipik bölge olarak belirlenen 4 pilot bölge/semt de ilk veri analizi ve yorumlamasının yapılması[8]
- Kent genelinde, tüm mahallelere ait veri analizi ve yorumlamasının yapılması.

---

[7] Gazimağusa'da son 15 yılda yaşanan sosyo-ekonomik dinamikler nedeniyle gerçekleşen hızlı yapılaşma kapsamında kente eklenen yeni konutlar/apartmanlar harita üzerinde kesinleştirildikten sonra, her mahallede tüm konutlar - o bölgede anket yapacak olan anketör tarafından - sayılmış, ve kent ve mahalle bazında reel hane sayıları belirlenmiştir.

[8] Çalışma takvimi içinde zamanın en verimli şekilde kullanılabilmesi ve çalışmaya daha farklı bir boyut kazandırmak için, anketlerin tamamlanmasından sonra SPSS dosyasına verilerine aktarma işlemine 4 karakteristik bölgeden başlanmış, ve tüm mahallelerin sonuçlarının SPSS çıktıları alınana kadar, bu 4 bölgeye dayalı bazı analiz ve yorumlamalar yapılmış, ve sonuçları iki önemli uluslararası konferansta ilgili araştırmacıların görüşlerine sunulmuştur.

Örneklem oluşturma yöntemi

Örneklem, "seçkisiz örnekleme" (random sampling) yöntemi ile, belediye sınırları kapsamındaki tüm konutların ve farklı kullanıcıların (yaş, cinsiyet, milliyet, istihdam durumu, gelir düzeyi, vb gözetilmeden) eşit seçilme şansına sahip olduğu bilimsel bir yaklaşımla belirlenmiştir. Burada izlenen yöntem şu aşamaları içermektedir:

- Gazimağusa'daki konut birimi (hane) sayısı ile ilgili güncel bilgiye ulaşmak için, belediye sınırları kapsamındaki mahallelerde tüm konut birimleri (parsel bazında ve yerinde) sayılarak, toplam 13,455 konut belirlenmiştir.
- Gazimağusa'nın toplam nüfusu (35,381 - KKTC 2006 Nüfus ve Konut Sayımı) ve Uluslararası Kentsel Araştırma Programına bağlı olarak, diğer kentlerde (Detroit, İstanbul, vd.) yürütülen araştırmalarda benimsenen nüfus - anket sayısı oranları dikkate alınarak, ve (ön denemelere göre) her hanede yaklaşık 1 saat 15 dakika süren anketlerin makul sayıda anketör tarafından, makul bir bütçe kapsamında gerçekleştirilebilmesini sağlayabilmek için, 400 hanede anket yapılması hedeflenmiştir[9].
- Kıbrıs'ta yapılan anketlerde katılım oranının genelde %75 olduğu bilindiğinden, 400 sayısını mutlak kılabilmek için, başlangıçta 540 hanede anket yapılması kararlaştırılarak düzenlemeler yapılmıştır. Daha sonra, 540 hane, her mahalledeki konut birimi sayısının - KKTC 2006 Nüfus ve Konut Sayımı sonuçlarından alınan - Gazimağusa'daki toplam konut birimi sayısına oranı temel alınarak, orantılı olarak dağıtılmıştır. Örneğin, Karakol mahallesindeki konut birimi sayısının tüm kentteki konut birimi sayısına oranı % 25.1'dir (3,370/13,455). Bu nedenle, Karakol'da 540'ın %25'i alınarak 136 hane saptanmıştır.
- Buradaki seçimlerde, önce her mahalle için bir "örnekleme oranı" (sampling fraction) belirlenmiştir. Karakol mahallesi için bu örnekleme oranı 136/3,370'dır. Bu da 1/24.77, ya da 10/248 oranına eşittir. Buradan hareketle, 10 ile 248 arasında bir seçkisiz (random) sayı belirlenmiştir. Örneğin, bu seçkisiz sayı 182 ise, 182'den itibaren her 248'inci sayı işaretlenmiş, ve bu işlem 136 (hane) sayısı elde edilene kadar sürdürülerek bir liste oluşturulmuştur (182, 430, 678, 926, 1174, 1422, vd).

---

[9] Rüstemli ve arkadaşları tarafından 2000 yılında KKTC genelinde yapılan - vatandaşların sosyo-ekonomik profilini araştırmaya yönelik - bir anket çalışmasında 520 haneyi kapsayan örneklemin sonuçları ile genel nufus sayımı sonuçlarının, seçilen bazı değişkenler açısından, hemen hemen aynen örtüşmüş olduğu da bu seçimin yerinde olacağı savını desteklemiştir (RÜSTEMLİ vd. 2000). Ayrıca, projenin benzer araştırmalar konusunda deneyimli danışmanlarının, istatistiksel anlamda örneklemin ikiye-üçe katlanmasının hata faktörü üzerinde önemli bir etkisinin olmayacağı görüşü de, hedeflenen örneklem büyüklüğünün uygunluğu konusundaki görüşümüzü desteklemiştir.

- Daha sonra, listedeki her sayının son hanesi silinerek, anket yapılacak hanelerin numaraları elde edilmiştir (18, 43, 67, 92, 117, 142, vd.). Bu numaralar, her mahallenin güncellenmiş haritasında, ilgili konut birimleri ile eşleştirilerek işaretlenmiştir.
- Bazı durumlarda, örneklemin daha kolay anlaşılır ve çalışılır hale gelmesi ve daha güvenilir sonuçlar alınabilmesi için, bir mahalle farklı gelişme türüne ve karaktere sahip bölümlere ayrılmıştır. Örneğin, Suriçi mahallesinde (Tarihi merkez), ticari işlevlerin egemen olduğu merkez alan, bunu çevreleyen ve tümüyle konutlardan oluşan alandan ayrılarak çalışılmıştır. Benzer şekilde, kentin en önemli ticari arterlerinden birini barındıran Karakol mahallesinde, bu arter ve konut alanları birbirinden ayrılarak çalışılmıştır.

Yüzyüze anketler

Projenin birinci aşaması olan "algısal" (öznel) verilerin toplanması"na yönelik olarak Gazimağusa ve çevresinde (bazı konutlardaki sorunlar nedeniyle eksiltme yapılarak) 398 hanede yüz yüze anket geçekleştirilmiştir. Ortalama bir saat onbeş dakika süren görüşmeleri kapsayan anketler, proje yürütücüsü ve danışmanları tarafından eğitilen DAÜ Lisansüstü öğrencisi anketörler tarafından yetişkin hane temsilcileri ile gerçekleştirilmiştir. Ziyaret edilen hanede görüşme yapılacak kişinin seçiminde, ziyaret anında birden fazla kişi varsa, kentsel çevre konusunda konuşmaya en fazla gönüllü olanın tercih edileceği söylenerek, kendilerinin bir temsilci önermeleri istenmiştir. Bu kapsamda, anketlerin en doğru şekilde uygulanmasını sağlamak için anketörlere araştırmanın amacı açıklanmış, bilgi formlarının ve anket kitapçıklarının doldurulması, ve hane temsilcisinin anketin tamamlanması konusunda ikna edilme yöntemleri konusunda ayrıntılı bilgiler verilmiş, seminer kapsamında bir örnek canlandırma yapılmış, ve gerçek anket uygulamalarından önce birkaç deneme yaptırılarak, ortaya çıkan sorunlar giderilmeye çalışılmıştır. Anketörler, soru ve yanıtlı anket dışında, ziyaret ettikleri konut ve çevresiyle ilgili gözlemlerinden elde ettikleri bilgileri de ayrı bir bölümde not etmişlerdir.

Gerçekleştirilen anketlerin gerektiği şekilde yapılıp yapılmadığının anlaşılması için, proje yürütücüsü ve anket koordinatörü tarafından, her mahalleden 3-4 haneye telefon edilerek, anketin yapılıp yapılmadığı, ve ne şekilde yapıldığı ile ilgili bilgi alınmıştır (Yaptığı anketler şüphe uyandıran bir anketörün sorumlu olduğu mahallede, yeni bir anketör görevlendirilerek anket tekrarlanmıştır).

Anket kapsamı. Gazimağusa Alan Çalışması kapsamında hazırlanan anket soruları, genel olarak, insanların davranışları, tutumları, yaşadıkları çevre, ve kişisel bilgiler (demografik veriler) ile ilgilidir. Sorular hazırlanırken, Detroit Alan Çalışması'nde kullanılan anket soruları temel alınmış, ancak Gazimağusa'nın kendine özgü sosyo-kültürel ve fiziksel çevre motifleri dikkate alınarak değişiklik ve uyarlamalar yapılmıştır. Ayrıca, benzer bir kültüre ait olan İstanbul Alan Çalışması'nda kullanılan sorular da incelenmiştir. Sorular, kentin üniversiteden kaynaklanan kozmopolit (farklı ülkelerden öğrenci ve öğretim üyesini kapsayan) nüfus yapısı ve diğer partner kentlerle karşılaştırma durumu dikkate alınarak hem Türkçe hem de İngilizce olarak hazırlanmış (Resim 1-2), ve 500+100 adet basılmıştır. Anket sorularının kapsamını belirleyen kentsel yaşam kalitesi bileşenleri Tablo 3.2.1'de görülmektedir.

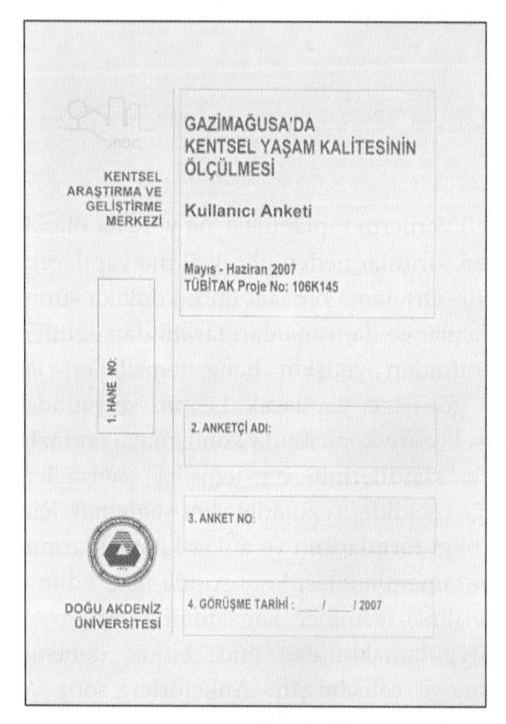

URDC
KENTSEL ARAŞTIRMA VE GELİŞTİRME MERKEZİ
GAZİMAĞUSA'DA KENTSEL YAŞAM KALİTESİNİN ÖLÇÜLMESİ
Kullanıcı Anketi
Mayıs - Haziran 2007
TÜBİTAK Proje No: 106K145
1. HANE NO:
2. ANKETÇİ ADI:
3. ANKET NO:
DOĞU AKDENİZ ÜNİVERSİTESİ
4. GÖRÜŞME TARİHİ: ___/___/2007

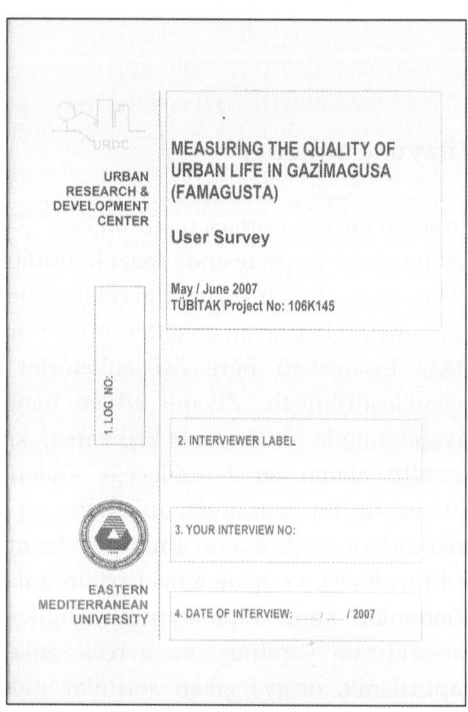

URDC
URBAN RESEARCH & DEVELOPMENT CENTER
MEASURING THE QUALITY OF URBAN LIFE IN GAZİMAGUSA (FAMAGUSTA)
User Survey
May / June 2007
TÜBİTAK Project No: 106K145
1. LOG NO:
2. INTERVIEWER LABEL
3. YOUR INTERVIEW NO:
EASTERN MEDITERRANEAN UNIVERSITY
4. DATE OF INTERVIEW: ___/___/2007

Şekil 3.2.1 – 3.2.2. Türkçe ve İngilizce anket kitapçıkları

Tablo 3.2.1. Gazimağusa Alan Çalışması kapsamındaki Kentsel Yaşam Kalitesi Bileşenleri

KENTSEL YAŞAM KALİTESİ KARAKTERİSTİKLERİ *Başlık*	 *Gösterge*
Konutla ilgili geçmiş durum	Konutta geçirilen süre Konuta taşınmadan önce yaşanan yer Konutun yaşam yeri olarak seçilme nedenleri
Kamusal hizmetler ve ulaşım	Cadde ve sokakların bakımı Kamusal alanların bakımı Kamusal ulaşımdan memnuniyet Kamusal ulaşımın kullanımı İşe/Üniversiteye ve okula ulaşım şekli Okula ulaşım şekli Seyahat uzunluğu (zaman ve mesafe)
Vergiler	Vergi ödemeleriyle ilgili genel memnuniyet Vergilerle ilgili kararlara katılım Daha fazla vergi ödemeye hevesli olunan konular
Okullar	Gidilen okul türü Okul seçimi
Park, Rekreasyon (Dinlence ve Eğlence), ve Çocuk Oyun Alanları	Parkların kullanılma sıklığı Park mekanının kullanımı Parklara erişebilirlik Çocukların oynadıkları alanın türü Denizle ilişki Olanaklarla ilgili genel memnuniyet
Alışveriş	Alışveriş birimlerinin genel konumu Alışveriş için ulaşım Alışveriş birimlerinden genel memnuniyet
Katılım	Mahalle toplantılarına katılım Mahalle sorunlarının çözümü
Mahalle, komşuluk ve sosyalleşme	Komşu tanımı Mahalle sorunlarının tanımlanması Arkadaş ve akrabalık bağları Bağlılık ve toplumsal bütünlük
Konut ve Taşınma Eğilimi	Fiziksel yaşama mekanının kalitesi Konut yapısının kalitesi Konutta yaşam statüsü ve bedeli Apartmanın işyeri olarak kullanımı Yaşama mekanından genel memnuniyet Taşınma olasılığı Üç farklı konut alanı seçeneğinin değerlendirilmesi
Güvenlik	Suç algısı Mahalle güvenliği
İstihdam	İş durumu Meslek ve çalışma alanı İş memnuniyeti
Sağlık	Sağlıkla ilgili ana sorunların tanımlanması Sağlık tesislerinin kalitesi Sağlığı destekleyici yürüme oranı Yürüme için seçilen alanın erişimi Ailedeki engelli durumu

Diğer konulardaki memnuniyet	Kişisel gelir Aile geliri Aile içi huzur Sosyal çevre bağlantıları
Bölgesel konular	Kent etkinliklerine katılım Yaşam kalitesini artırma yollarının tanımlanması Kent-Tarihi merkez ilişkisi Kent-Üniversite İlişkisi Kentin genel değerlendirmesi Doğal çevrenin korunması Kentin ve mahallenin geleceği ile ilgili öngörü
Demografik özellikler	Eğitim düzeyi Hane geliri Otomobil , bilgisayar ve diğer kolaylıkların kullanımı

İkincil değerlendirme gereçleri

Anket yapılan kişilerin yaşadıkları evreye ait nesnel sosyal ve çevresel koşulları ölçmek için birkaç kaynaktan yararlanılmıştır. İlk olarak, ankete katılan her hane temsilcisinin adresi Coğrafi Bilgi Sistemleri (GIS) kullanılarak oluşturulan haritada mekansal olarak kodlanmış, ve böylece anket yapılan hanelerin tümü tek haritada işaretlenmiştir. Kullanıcı araştırması (anket) sonuçlarını içeren veri tabanı, toplumsal bilgiler, çevresel bilgiler, ve nüfus sayımı sonuçlarına ait veriler araştırmacılara, kavramsal modellere dayalı olarak sayısız ilişkinin araştırılmasına olanak tanıyabilecektir.

Nüfus sayımı verileri, konut sahipliği, konut tipleri ve gelir grubunu saptayabilmek için 2006 KKTC Nüfus ve Konut Sayımı istatistikleri kullanılmaktadır.

Veri analizi, geri besleme, ve süregiden çalışmalar

Nüfus dosyası, ulaşılabilen yerel çevre verileri ve mahalle yaşamıyla ilgili verilerin bir araya getirilmesi, nesnel ve öznel veriler arasındaki sayısız ilişkiyi inceleme olanağı sunar. Bu kapsamda incelenebilecek konulara aşağıdaki örnekler verilebilir:

- Yaşanan yerin eski ve yerleşmiş bir mahalle olması ya da olmaması, düşük yoğunluklu olması ya da olmaması, merkezde ya da kentin çeperlerinde olması insanlar arasındaki sosyalleşme ve komşuluk ilişkilerini, ya da aidiyet duygusunu nasıl etkilemektedir?
- Kentiyle ilgili en olumsuz duygulara sahip olan kişiler nerede yaşamaktadır?
- Merkezi bölgelerde yaşayanların, kent dışında yeni gelişen konut alanlarında yaşayanlara göre, kamusal ulaşımı daha sık kullanma ve daha fazla yürüme durumu var mıdır?

- Parklara erişilebilirlik ile park kullanımı arasında bir ilişki var mıdır?
- Hangi fiziksel ve sosyal özellikler mahallelilerde "aidiyet duygusu" oluşumuna, ve daha fazla "mahalle duygusu"na sahip olmalarına katkıda bulunur?
- Dış mekanların egemen olduğu mahallelerin tercih edilmesi, kentsel yayılma, tarım alanlarının korunması, ve doğal kaynakların korunması ile ilgili duygularla özdeşleşmekte midir?

Bu raporun amacı, ilk olarak, stratejik planı destekleyici verileri oluşturarak konut alanlarının fiziksel ve algısal olarak gelişme stratejisini belirlemek, ve ikinci olarak, konut alanları için mekansal ölçütleri belirlemektir. Fiziksel bulgular ve kentsel yaşamla ilgili anket sonuçları daha sonra istatistiki bilgilerle birlikte bir veri tabanına yerleştirilmiştir.

4
BULGULAR

4.1 Çalışmanın genel tasarımı ve verilerin ölçülmesi

Proje kapsamında, Gazimağusa ve çevresinde, 2007 yılının ilkbahar ve sonbaharında geniş kapsamlı bir anket gerçekleştirilmiştir. Gazimağusa belediye sınırları kapsamındaki 14 mahalledeki tüm konut birimleri sayılmış, ve toplam 13,455 konut saptanmıştır. Anket uygulaması için planlanan hane sayısı 400 olmasına karşın, Kıbrıs'taki anketlere katılım/kabul oranı (%75) dikkate alınarak, başlangıçta 540 hane belirlenmiş, ve % 73 katılım oranı ile toplam 398 anket yapılmıştır. Görüşmeciler, 16 yaş üzeri toplam 190 yetişkin erkek ve 207 kadını kapsamıştır.

Hanelerin seçiminde, her mahalledeki konut sayısı ve kentin tüm konut sayısına (13.236) oranı dikkate alınmış, ve orantılama yoluyla her mahalle için farklı hane sayısı saptanmıştır. Buna göre, mahalleler bazında 398 hanede gerçekleştirilen anket sayıları Tablo 3.2.1'de görülmektedir.

Araştırma bulgularının derlenmesi aşamasında, çok az nüfusa sahip olduğu için orantılı olarak az sayıda hanede anketin gerçekleştirildiği Namık Kemal, Canbolat, Pertev Paşa, Zafer, Anadolu, Lala Mustafa Paşa ve Harika mahallelerinde yapılan anket sonuçları birleştirilerek, "Aşağı Maraş" (eski adıyla Kato Varosha) ana mahalle başlığı altında derlenmiş ve irdelenmiştir.

Tablo 4.1.1. Mahalle bazında gerekleştirilen anket sayıları

Mahalle adı	Gerçekleştirilen anket sayısı
Suriçi	37
Baykal	40
Karakol	85
Tuzla	30
Sakarya	43
Dumlupınar	45
Çanakkale	39
Aşağı Maraş	79
TOPLAM	398

4.2 Görüşmecilerin profili

Giriş

Bu bölümde, ankete katılan görüşmecilerin profilleri, bireysel, ekonomik, ve aile profili olarak açıklanmaktadır.

Görüşmecilerin özellikleri ve profili

Kişisel profil

Cinsiyet. Araştırma kapsamında görüşmecilerin cinsiyet açısından oranları, %48 erkek, ve %52 kadın şeklindedir. En son 30 Nisan 2006'da yapılan Nüfus ve Konut Sayımına göre bu oranlar %54 erkek ve %46 kadın şeklindedir.

Tablo 4.2.1. Cinsiyet (Yüzdelik değerler)

Cinsiyet	Suriçi	Baykal	Karakol	Tuzla	Sakarya	Dumlupınar	Çanakkale	A. Maraş	TOPLAM
Erkek	52.8	55.0	42.4	50.0	37.2	35.6	53.8	57.0	47.9
Kadın	47.2	45.0	57.6	50.0	62.8	64.4	46.2	43.0	52.1
TOPLAM	100.0	100.0	100.0	100.0	100.0	100.0	100.0	100.0	100.0

Yaş. Görüşmecilerin yaşları incelendiğinde ortaya çıkan tabloya göre, görüşmecilerin %38'ini 16-30 yaş grubu, %37'sini 31-50 yaş grubu, %10'unu 51-60 yaş, %15'ini ise 60 yaş üstü grup oluşturmaktadır. 60 yaş üstü yaşlı nüfusun önemli bir kısmı (%53) kentin tarihi çekirdeğini oluşturan Suriçi'nde, 16-30 yaş arası grubun üniversite öğrencilerini de kapsayan genç nüfusun önemli bir kısmı (%59) ise Karakol, Çanakkale ve Sakarya'da yaşamaktadır.

Tablo 4.2.2. Yaş (Yüzdelik değerler)

Yaş	Suriçi	Baykal	Karakol	Tuzla	Sakarya	Dumlupınar	Çanakkale	A. Maraş	TOPLAM
16-18		2.5		3.3	4.7			1.3	1.3
19-23	2.8	7.5	36.6	10.0	20.9	15.6	30.8	7.6	18.0
24-30	8.3	27.5	22.0	20.0	18.6	17.8	17.9	13.9	18.3
31-40	11.1	27.5	9.8	26.7	14.0	28.9	25.6	20.3	19.3
41-50	16.7	7.5	18.3	16.7	16.3	17.8	20.5	21.5	17.5
51-60	8.3	7.5	6.1	10.0	14.0	6.7		17.7	9.4
60+	52.8	20.0	7.2	13.3	11.5	13.2	5.2	16.6	16.2
TOPLAM	100.0	100.0	100.0	100.0	100.0	100.0	100.0	100.0	100.0

Doğum yeri. 2006 KKTC Nüfus ve Konut Sayımına göre, toplam nüfusu 15,398 olan Gazimağusa genelinde doğum yeri KKTC olanların oranı %61, Türkiye doğumluların oranı %19, Güney Kıbrıs doğumlu olanların oranı %17, diğer ülkelerde (örneğin Avustralya, İngiltere, vb.) doğmuş olanların oranı %10'dur. Çok küçük bir grubun (%0.3) doğum yeri ise "Kıbrıs" olarak belirtilmiştir.

Araştırma kapsamında, görüşmecilerin %60'ı KKTC doğumlu, %33'ü Türkiye, %7'si ise diğer ülkeler doğumludur (Şekil 4.2.1). KKTC doğumlu olanlar, ağırlık sırasıyla, en fazla Tuzla, Sakarya, Suriçi, ve Baykal'da yoğunlaşmıştır. Türkiye doğumluların sayısı Karakol ve Aşağı Maraş'ta KKTC doğumlu olanların sayısına yakın iken, diğer semtlerde 1/3, ya da 1/4 oranındadır. Yabancılar ise ağırlıklı olarak başta Karakol olmak üzere Dumlupınar, Baykal ve Tuzla'da yoğunlaşmışlardır.

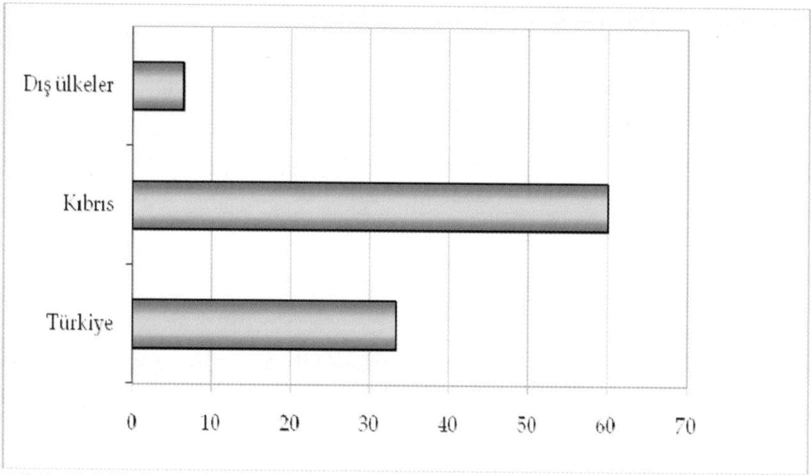

Şekil 4.2.1. Doğum yerine göre görüşmecilerin oranları

Eğitim düzeyi. Eğitim düzeyi, bir ulusun pek çok alanda gelişmesini etkilediği gibi, kentlerdeki yaşam kalitesini de etkileyebilecek önemli bir role sahiptir. Avrupa Birliği destekli olarak, Avrupa Karşılaştırmalı Kentsel Araştırmalar Enstitüsü (EURICUR) adına yürüttüğümüz araştırmanın sonuçlarına göre (VAN KEMPEN vd. 2005; OKTAY, 2005), KKTC, standardlara göre yıllık gelir ortalaması ve sosyal göstergeler açısından Türkiye ve Yunanistan gibi gelişmekte olan ülkelerin özelliklerini yansıtsa da, KKTC'de yıllar içinde yapılan nüfus sayımlarında elde edilen bulgulara göre (en son olarak, KKTC 2006 Nüfus ve Konut Sayımı sonuçlarına göre) Kıbrıslı Türklerin eğitim düzeyi daha gelişmiş ülkelerin eğitim düzeyine eşittir.

Harita 4.2.1. Doğum Yerine Göre Hanehalkı Dağılımı (Ortalama Değerler)

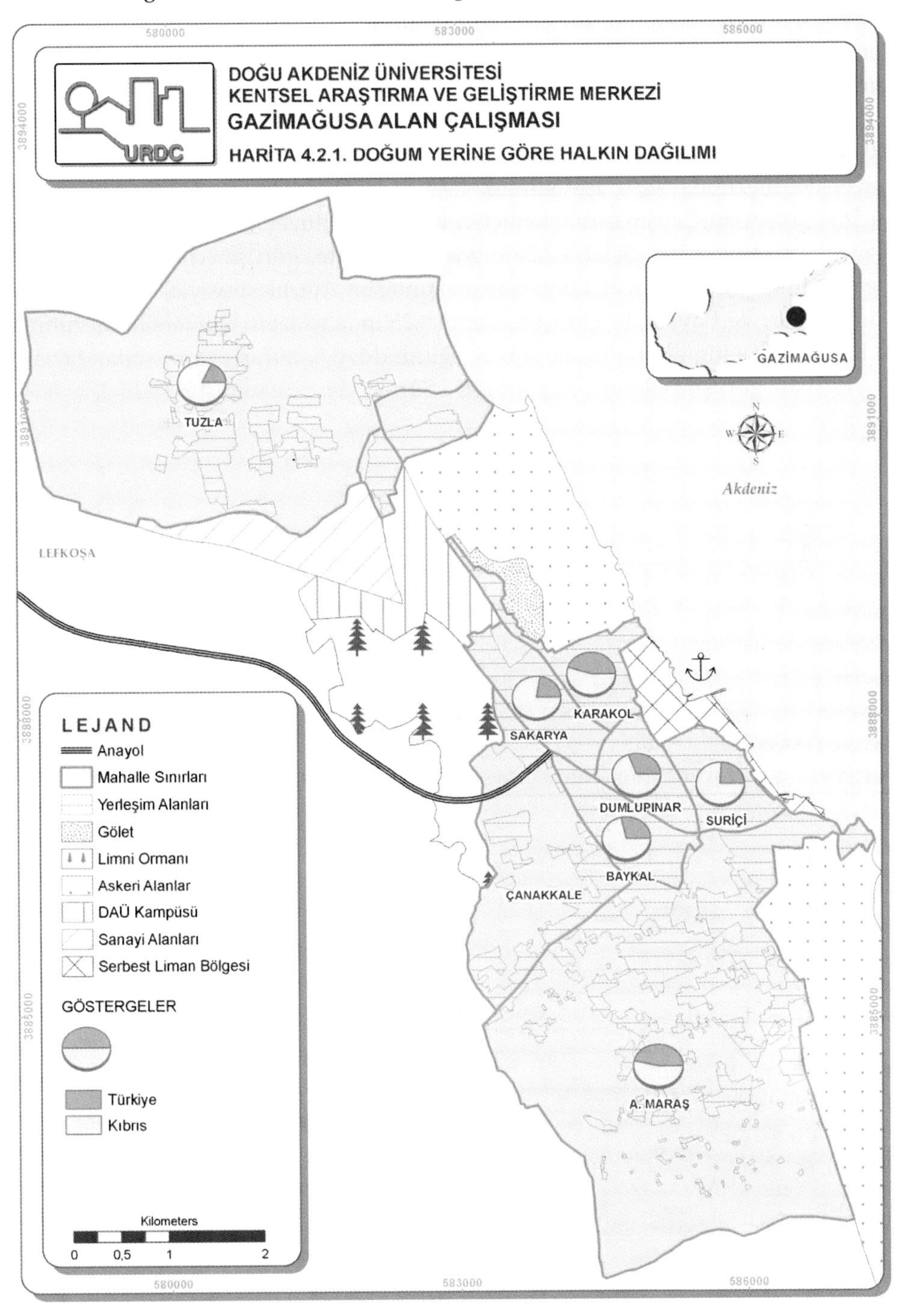

2006 KKTC Nüfus ve Konut Sayımının sonuçlarına göre, okuma yazma oranı %96, bir eğitim kurumundan mezun olanların oranı %86'dır. 15 yaşa kadar zorunlu olan eğitim sisteminin amacı dört yaştan lisansüstü düzeye kadar tüm bireylerin yeteneklerini eğitim yoluyla geliştirmektir (OKTAY, 2005).

2006 KKTC Nüfus ve Konut Sayımına göre, Gazimağusa'daki KKTC'li nüfusun %48'i üniversite mezunu, %3'ü ise yüksek lisans ya da doktora derecesine sahiptir. Gazimağusa Alan Çalışmasının sonuçları da, eğitim düzeyindeki bu olumlu düzeyi kısmen yansıtmaktadır. Şekil 4.2.2'de görüldüğü gibi, görüşmecilerin %63'ü en az lise mezunu, %24'ü ise en az üniversite mezunudur. Ağırlık sırasıyla, Karakol, Tuzla, Dumlupınar, ve Baykal'da görüşmecilerin %25'inden fazlası üniversite mezunu ya da lisansüstü eğitime sahiptir. En düşük eğitim düzeyi, nüfusun yarısından fazlasını 60 yaş üstü görüşmecilerin oluşturduğu Suriçi'nde saptanmıştır (%11 lise öncesi eğitim).

Tablo 4.2.3. Eğitim Durumu (Yüzdelik değerler)

Eğitim durumu	Suriçi	Baykal	Karakol	Tuzla	Sakarya	Dumlupınar	Çanakkale	A.Maraş	TOPLAM
Okur yazar değil	11.1	2.6	1.2		2.3	2.2		3.8	2.8
Okur yazar	11.1			3.3	11.6		7.7	5.1	4.3
İlköğretim mezunu	44.4	36.8	21.4	30.0	20.9	22.2	10.3	50.6	30.5
Lise mezunu	25.0	34.2	34.5	33.3	41.9	44.4	64.1	32.9	38.1
Üniversite	8.3	15.8	35.7	26.7	18.6	26.7	15.4	7.6	20.1
Y.Lisans/Doktora		10.5	7.1	6.7	4.7	4.4	2.6		4.3
TOPLAM	100.0	100.0	100.0	100.0	100.0	100.0	100.0	100.0	100.0

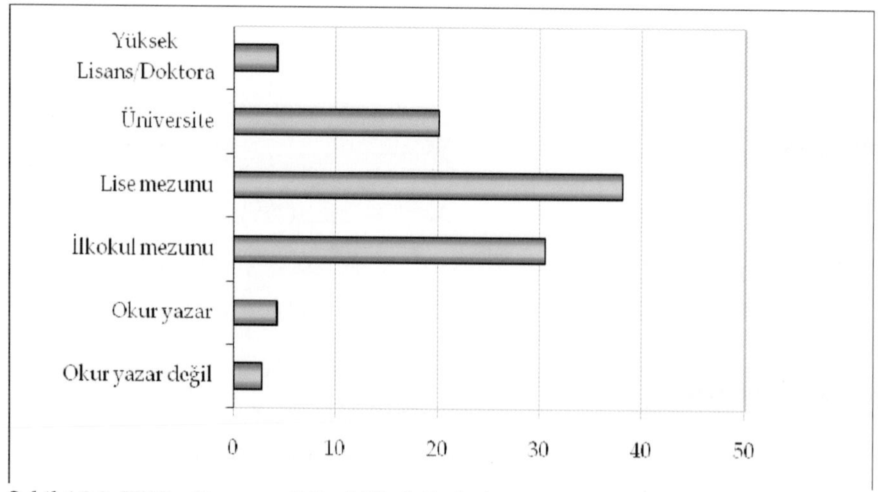

Şekil 4.2.2. Eğitim Durumu (Yüzdelik değerler)

Ekonomik düzey

Hane geliri. Araştırma bulgularına göre, Tuzla, Baykal, Dumlupınar, Sakarya ve Karakol'da anket yapılan hanelerin en az yarısında aylık hane geliri 1,500 TL ve üzeri düzeyde olup, Tuzla, Baykal ve Dumlupınar'da %40'dan fazlası 2,500 TL aylık hane gelirine sahiptir. En düşük gelir grubunu, 850 TL ve daha az aylık gelir bildiriminde bulunan Çanakkale (%22), Suriçi (%20) ve Aşağı Maraş (%16) sakinleri oluşturmuştur.

Gazimağusa genelinde Ortalama Hane Geliri Göstergesi 2.77'dir, ki bu da yaklaşık 1,500 TL'ye eşittir.

Tablo 4.2.4. Yaklaşık aylık hane geliri dağılımı (Yüzdelik değerler)

Aylık hane geliri	Suriçi	Baykal	Karakol	Tuzla	Sakarya	Dumlupınar	Çanakkale	A. Maraş	TOPLAM
1- 850 TL	20.0	5.3	5.8	3.3	9.3	6.7	22.2	16.0	11.1
2- 850-1499 TL	28.6	26.3	40.6	13.3	37.2	24.4	36.1	34.7	31.8
3- 1499-2499 TL	25.7	23.7	23.2	26.7	20.9	28.9	16.7	37.3	26.4
4- 2500+ TL	25.7	44.7	30.4	56.7	32.6	40.0	25.0	12.0	30.7
TOPLAM	100.0	100.0	100.0	100.0	100.0	100.0	100.0	100.0	100.0

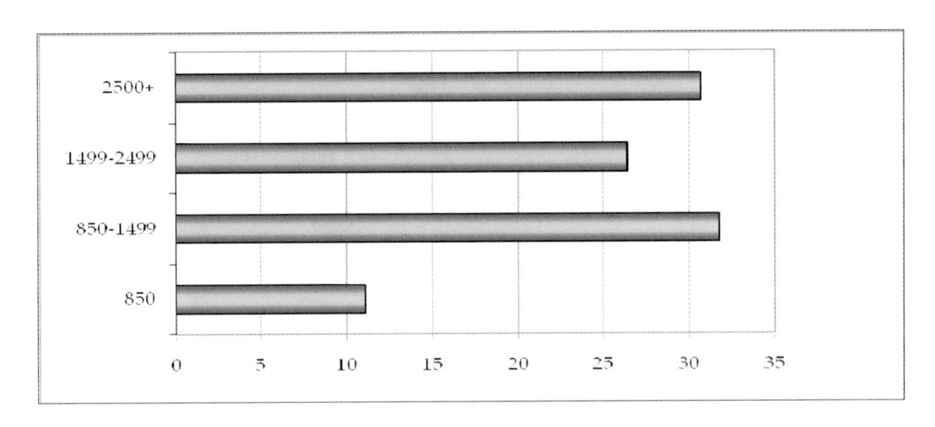

Şekil 4.2.3. Yaklaşık aylık hane geliri

Harita 4.2.2. Hane Aylık Geliri (Ortalama Sayısal Değerler)

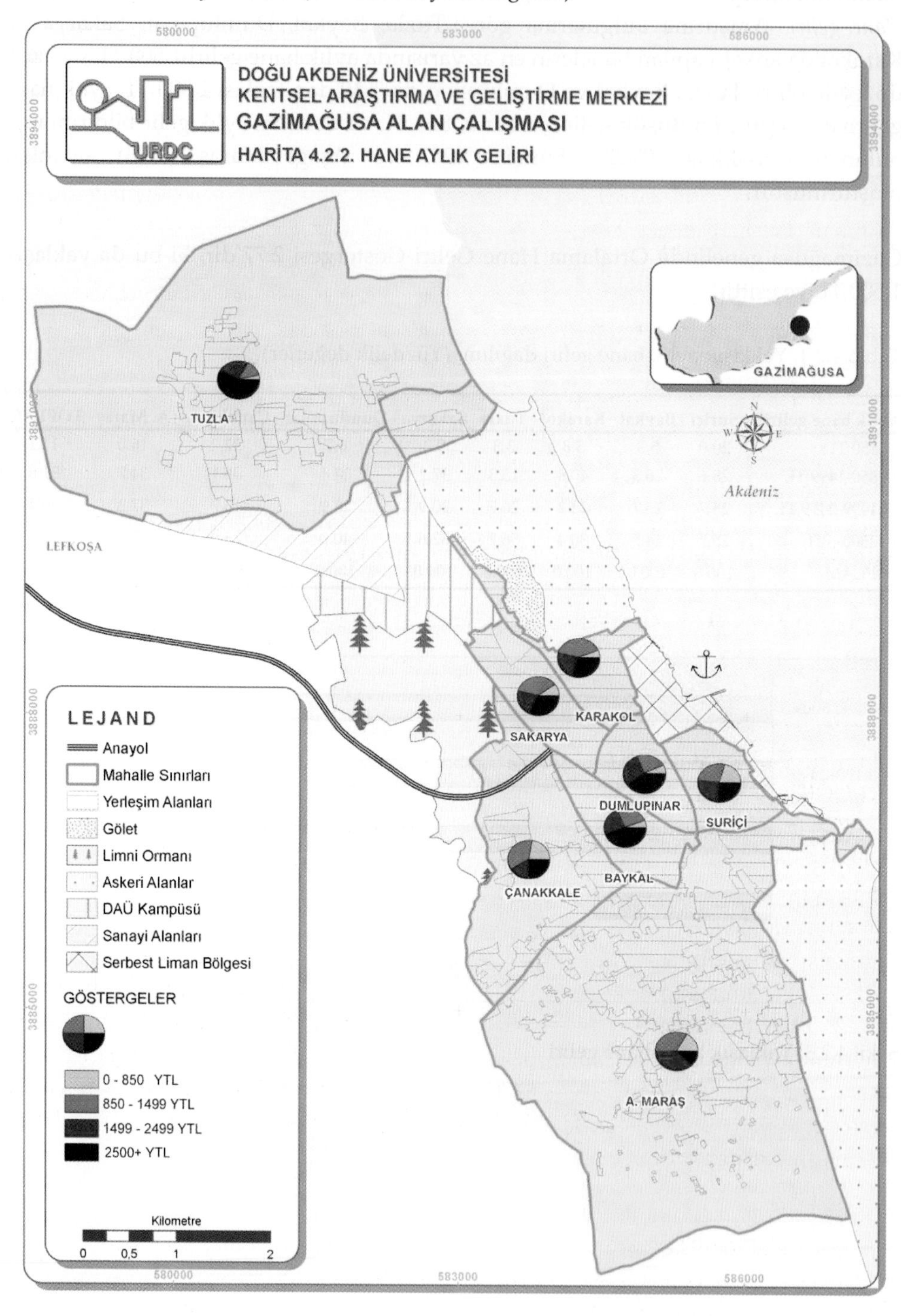

İstihdam durumu. İstihdam, bireylerin, ailelerin ve mahallelilerin fiziksel ve sosyal çevre bağlamında yaşam kalitesinin temel bileşenlerinden biridir. Çalışmanın ya da çalışmamanın yarattığı ekonomik pozisyon, görüşmecilerin yaşam kalitesini doğrudan etkiler. Öte yandan, iş güvenliği ve çalışma süresi ile ilgili stres de yaşam kalitesini etkiler.

Bu bölümde, kentteki üretim biçimi ve ekonomide değişen dinamiklere bağlı olarak, görüşmecilerin ve eşlerinin iş durumu ve çalışma alanları irdelenmektedir.

KKTC'de 30 Nisan 2006'da yapılan Nüfus ve Konut Sayımı sonuçlarına göre Gazimağusa'daki (merkez) işsizlik oranı %8.7'dir (Genç nüfus oranı: %19). Örneklem kapsamındaki işsizlik oranı ise %3 tür (2007 sonu). İki yıl arasındaki bu farklılık ve belirlenen düşük işsizlik oranı şöyle yorumlanabilir (Ekonomi Uzmanı Dr. Vedat Yorucu ile yapılan görüşme, 11.03.2009): 2006-2007 yıllarındaki reel ekonomik büyüme oranlarına bakıldığı zaman, inşaattaki büyüme oranı ile parallel olmadığı görülmektedir (KKTC DPÖ Web Sitesi). Reel GSMH ortalama %12-15 büyüme gösterirken, - o dönem söz konusu olan Annan Planı nedeniyle, adanın iki tarafının birleşme umudunun artması, ve emlak değerlerinde büyük artış beklentisinin doğması paralelinde - inşaat sektöründeki büyümenin reel ekonomik büyümenin yaklaşık 3 katına ulaşması, emek piyasasında işsizliği inşaat sektörü lehine azaltmıştır. Bu nedenle, 2006'da %8.7 olan işsizlik oranının, 2007 yılı sonuna doğru (örneklem bazında) %3'e inmiş olması normal bir durum olarak değerlendirilebilir. Burada, emeğin sektörler arasındaki serbest dolaşımı (Factor Mobility) söz konusu olup, emek imalat endüstrisinden inşaat ve hizmetler sektörüne kaymıştır (KRUGMAN, 1991). Bu değişim, ölçek ekonomileri kuramında yorumlanacak olursa, KKTC imalat endüstrisi, eksi ekonomik ölçek nedeniyle pek bir gelişme sağlayamamıştır. Son yıllardaki kapasite kullanım oranındaki artış da dikkate alınırsa, işsizlerin oranı 2006'da %8.7 gibi yüksek bir orana çıkmış, ve küçük ada ekonomileri bağlamında hizmetler sektörünün KKTC ekonomisinde öne çıkması, ölçek ekonomisinin hizmetler sektöründe emeği ön plana çıkarması, özellikle turizm, yüksek öğretim sektörü (üniversiteler) ve inşaat sektörlerinde emeğe dayalı üretim, emeğe olan talebi artırmıştır. Ölçek ekonomisinin hizmetler sektöründe yaratmış olduğu avantajın işsizliği %5.7 düzeyinde azaltarak %3'e indirdiği anlaşılmaktadır. Daha açık bir deyişle, 2006-2007 yıllarında ekonomik büyüme nedeniyle, ücretlerde reel olarak bir artış gerçekleşmiş, ve bu da işe girme talebini artırarak işsizliğin azalmasına neden olmuştur[10].

[10] İnşaat sektöründeki büyüme oranı 2005'de %18.9 iken 2006'da %68.1'e çıkmıştır. Bu dönemde enflasyon oranı %19.2 iken, ücretlerdeki reel artış oranı (asgari ücretin 780 TL'dan 950 TL'na yükseltilmesiyle) nominal olarak %31.9, reel olarak %13 olmuştur (DPÖ Web Sitesi). Bu bağlamda, inşaat sektöründeki büyüme genel ekonomiye katalizör etkisi yaparak, emeğin işgücüne katılımı oranında artış ortaya çıkmıştır.

Çalışanlar arasında kadınların oranı %38 olup, bu da gelişmekte olan ülkelerdeki ilgili oranlarla karşılaştırıldığında olumlu sayılabilecek bir orandır. İşsizler arasında kadınların oranı (ev kadını olanlar dışında) ise % 30'dur. Görüşmecilerin önemli bir bölümünü (%40) çalışanlar oluşturmakta, kalan kısmını da ağırlıkla öğrenci (%24), ev kadını (%18) ve emekliler (%14) oluşturmaktadır.

Tablo 4.2.5. İstihdam durumunun cinsiyet ve yaş gruplarına göre dağılımı (Yüzdelik değerler)

İstihdam durumu	**Toplam**	**Erkek**	**Kadın**	**16-18**	**19-23**	**24-30**	**31-40**	**41-50**	**51-60**	**60+**
Çalışan	40.0	62.0	38.0	3.2	19.1	36.3	25.5	11.5	4.5	
Öğrenci	24.4	51.0	49.0	5.3	64.9	27.7		1.1		1.1
Ev kadını/erkeği	18.3	1.4	98.6		2.8	16.7	25.0	26.4	6.9	20.8
Emekli	13.8	59.3	40.7					7.4	24.1	68.5
İşsiz	2.5	70.0	30.0		10.0	40.0	10.0	20.0		20.0
TOPLAM	100	48.1	51.9	1.3	18.1	18.4	19.4	17.3	9.4	15.8

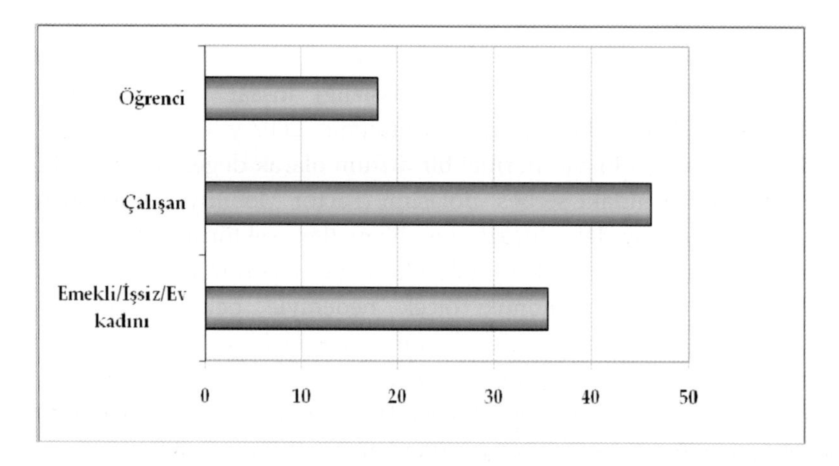

Şekil 4.2.4. Gazimağusa genelinde istihdam statüsü

Görüşmecilerin yarıdan fazlasını çalışan kesimin oluşturduğu mahalleler Baykal, Tuzla, ve Aşağı Maraş'tır. Emeklilerin egemen grubu oluşturduğu mahalle Suriçi, öğrencilerin egemen olduğu semtler ise Karakol, Çanakkale ve Sakarya'dır. Dumlupınar'da ise ev kadınlarının diğer mahallerdekilere göre daha fazla olduğu görülmektedir. Buradaki verilere göre, DAÜ öğrencileri de-facto nüfusun önemli bir kısmını oluşturmaktadır.

Harita 4.2.3. İstihdam Statüsü (Ortalama Değerler)

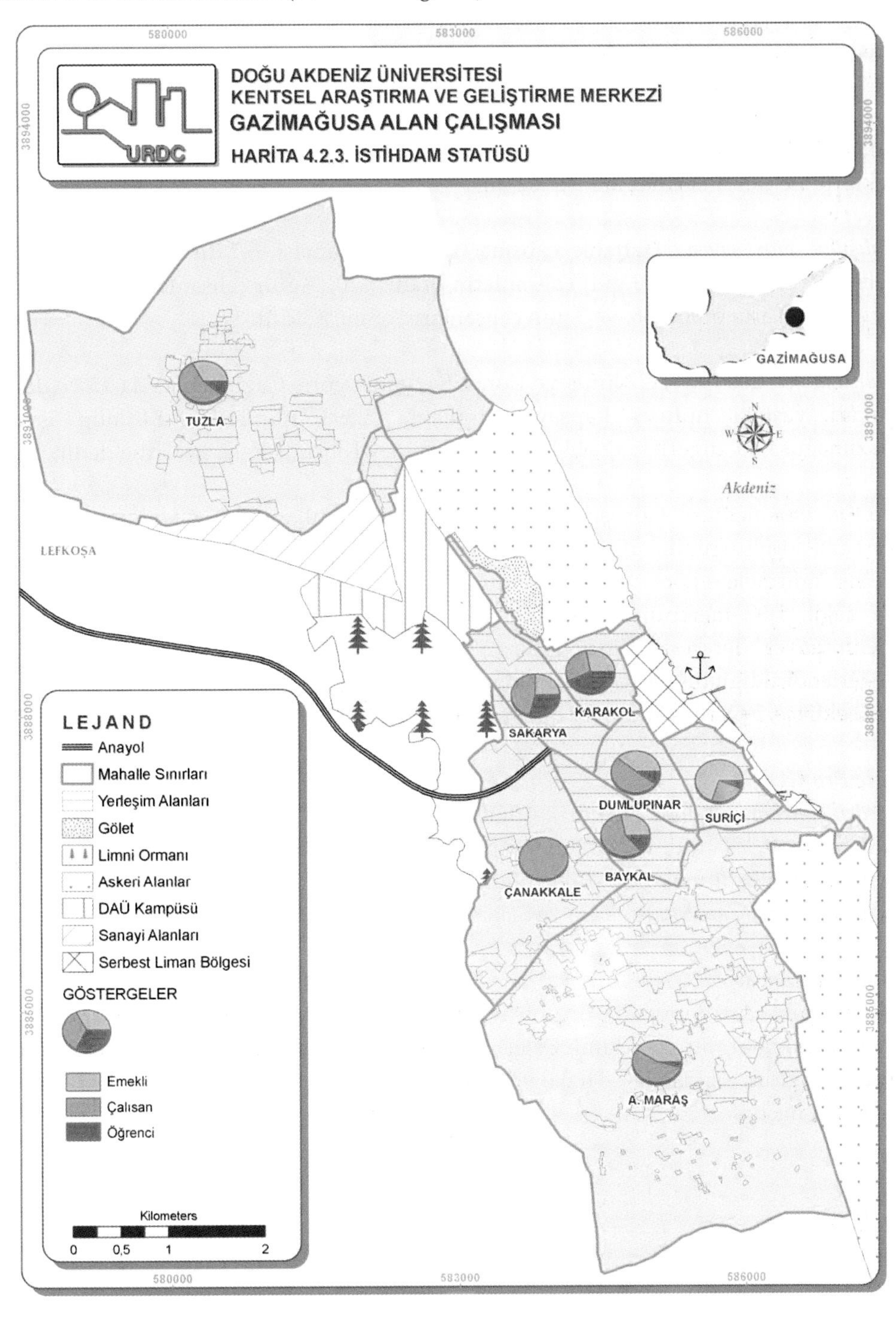

İş türü ve alanı. Örneklem kapsamındaki görüşmecilerin %60'ı hizmetler sektöründe, %34'ü kamu sektöründe, %3'ü toptan ve perakende ticaret sektöründe, ve %3'ü imalat endüstrisi sektöründe çalışmaktadır.

Bu kapsamda (tüm örneklemde), hizmetler sektöründe çalışanlar içinde inşaat sektöründe çalışanların oranı %7 (inşaat işçisi + müteahhitler), turizm ve ticaret sektöründe çalışanların oranı ise %2'dir.

Çalışılan gün sayısı. Haftalık çalışma günü ortalaması 5.1'dir. Haftada 5 gün çalışanların oranı %56, 6 gün çalışanların oranı %20, 7 gün çalışanların oranı %9, 4 gün çalışanların oranı %6, ve 3 gün çalışanların oranı %3'dür.

Çalışılan yer. 2006 KKTC Nüfus ve Konut Sayımına göre, Gazimağusa'da 15 ve daha yukarı yaştaki nüfusu kapsayan toplam 15,398 nüfusun %84'ünün işyeri Gazimağusa'da, diğerleri ağırlıkla Lefkoşa, Güney Kıbrıs, İskele, ve Girne'dedir.

İş/Okul memnuniyeti. Görüşmecilere işleri ya da okullarından memnuniyetlerinin derecesi sorulduğunda, 1'in en az 5'in en çok değeri gösterdiği ölçeğe göre yaoılan değerlendirmelere göre, %62'si memnun, %13'ü çok memnun, %12'si ne memnun ne de değil, %8'i memnun değil, %5'i hiç memnun değildir. İş ya da da okuldan memnuniyet derecesi, 1'in en az, 5'in en çok değeri gösterdiği ölçeğe göre değerlendirildiğinde, iş ya da okuldan memnuniyet derecesi 3.70'dir. Gelir düzeyi yükseldikçe, işten memnuniyet düzeyi anlamlı şekilde yükselmektedir.

Aile Profili

Medeni durum. Medeni durum ile ilgili bulgulara göre, görüşmecilerin %59'u evli, %30'u bekar, %8'i dul, ve %3'ü boşanmıştır. Bekarların önemli bir kısmını üniversite öğrencileri oluşturmaktadır. Bu grubun en fazla egemen olduğu mahalleler sırası ile Karakol (%52) Çanakkale (%45) ve Sakarya (%40) dır.

Görüşmecilerin %20'sini bir ya da daha fazla yetişkinle bir arada yaşayanlar oluşturmaktadır. Bunun da önemli bir kısmını bir evi/daireyi paylaşan öğrenciler oluşturmaktadır. Bu paylaşımlı evler, önemli bir kısmı (%40) Aşağı Maraş'ta olmak üzere, ağırlık sırasıyla Tuzla, Sakarya, Baykal, Çanakkale ve Karakol'da yoğunlaşmıştır.

Tablo 4.2.6. Medeni durum (Yüzdelik değerler)

Medeni durum	Suriçi	Baykal	Karakol	Tuzla	Sakarya	Dumlupınar	Çanakkale	A. Maraş	TOPLAM
Evli	61.1	68.4	42.4	76.7	48.8	64.4	52.6	70.1	58.9
Dul	27.8	2.6	2.4	3.3	11.6	6.7	2.6	13.0	8.4
Boşanmış		5.3	3.5	6.7		2.2		2.6	2.6
Bekar	11.1	23.7	51.7	13.3	39.6	26.7	44.8	14.3	30.1
TOPLAM	100.0	100.0	100.0	100.0	100.0	100.0	100.0	100.0	100.0

Hanehalkı büyüklüğü ve aile yapısı. 2006 KKTC Nüfus ve Konut Sayımına göre, KKTC'li nüfusun ortalama hanehalkı büyüklüğü 3.17 olup, Gazimağusa için bu ortalama 3.12'dir.

Örneklem genelinde, görüşmecilerin %22'si 1 çocuklu, %14'ü 2 çocuklu, %2'si 3 çocukludur. Çocukluların en fazla olduğu mahalleler Tuzla, Baykal ve Sakarya'dır.

Örneklemde %30'u oluşturan bekarların %81'i çocuksuz, %14'ü 1 çocuklu, %3'ü 2 çocuklu, ve %1'i 3 çocukludur.

Görüşmecilerin %62'sinin 18 yaş altı çocuğu yoktur. 5-12 yaş arası en az bir çocuk sahibi olanların oranı %15, iki çocuk sahibi olanların oranı %6, bu yaşlarda çocuk sahibi olmayanların oranı %79'dur. 18 yaş altı çocukların oranı Karakol ve Suriçi'nde diğer bölgelerdekine göre çok daha azdır.

Sahip olunan kolaylıklar

Otomobil sahipliği. 2006 KKTC Nüfus ve Konut Sayımına göre, Gazimağusa'da otomobil sahibi olan hanelerin sayısı 12,869, otomobil sayısı ise 18,519'dur. Otomobil sahibi olanların nüfusa oranı ise %71'dir. Araştırmada, anket yapılan hanelerin %39'unda 1, %31'inde 2, %1'inde 3 otomobil bildirimi yapılmış olup, bu sonuç genel sayım sonucuyla aynen örtüşmektedir (Harita 4.2.4). Baykal, Tuzla, Sakarya, Aşağı Maraş ve Dumlupınar'da görüşme yapılan hanelerin en az üçte birinde 2 ya da daha fazla sayıda otomobil bulunduğu saptanmıştır. Gazimağusa genelinde otomobil sahipliği ortalaması (mean score) da 2.04'dür.

Gelişmiş ve gelişmekte olan ülkelerin kentlerinde, otomobil sahipliği ve kullanımı, bir kentin yürünebilir, insan ölçeğinde olup olmadığı ile ilgili önemli ipuçları verir, ve bu konunun yaşam çevresine ve kent ekolojisine olan etkileri pek çok bilimsel yayınla kanıtlanmıştır. Elde edilen bulgular bu bağlamda değerlendirildiğinde, Gazimağusa kentindeki otomobil sayısının nüfusa göre çok yüksektir.

Tablo 4.2.7. Hane başına düşen araç (otomobil, kamyonet, vb.) sayısı (Yüzdelik değerler)

Hane başına düşen araç sayısı	Suriçi	Baykal	Karakol	Tuzla	Sakarya	Dumlupınar	Çanakkale	A.Maraş	TOPLAM
Hiç	47.2	28.2	40.0		25.6	26.7	35.9	20.3	29.0
1	33.4	30.8	40.1	50.0	32.6	37.7	41.0	40.5	38.6
2	19.4	30.8	18.9	50.0	41.8	35.6	23.1	39.2	31.4
3+		10.2							1.0
TOPLAM	100.0	100.0	100.0	100.0	100.0	100.0	100.0	100.0	100.0

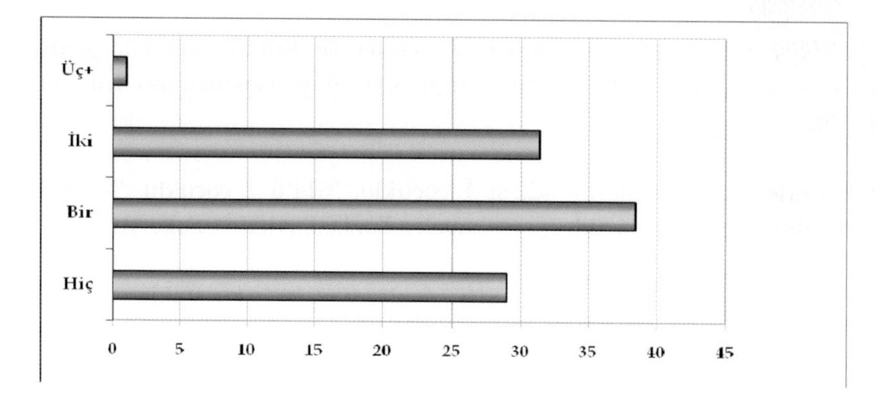

Şekil 4.2.5. Hane başına düşen araç (otomobil, kamyonet, vb.) sayısı (Yüzdelik değerler)

Diğer kolaylıklar. Bir toplumun yaşam standardının belirlenmesinde, sahip olduğu bazı cihazlar önemli rol oynralar. Özellikle iletişim teknolojisi ürünlerini kullanım düzeyi, çağdaş toplumlarda yaşam kalitesi standardının önemli belirleyicileri olarak kabul edilmektedir.

2006 KKTC Nüfus ve Konut Sayımına göre, Gazimağusa'da KKTC'li nüfusun sahip olduğu bilgisayar sayısının hane sayısına oranı %40'dır. Cep telefonu sayısının oranı %86, internet bağlantı sayısının oranı %20, sabit telefon oranı %70, televizyon sayısı oranı %98, uydu anteni sayısı oranı %83, ve klima sayısının oranı %49'dur.

Araştırma sonuçlarına göre, görüşme yapılan hanelerin %62'sinde işler durumda en az bir bilgisayar bulunmaktadır. Günlük internet kullanımı oranı ise %49'dur.

Harita 4.2.4. Otomobil Sahipliği (Ortalama Sayısal Değerler)

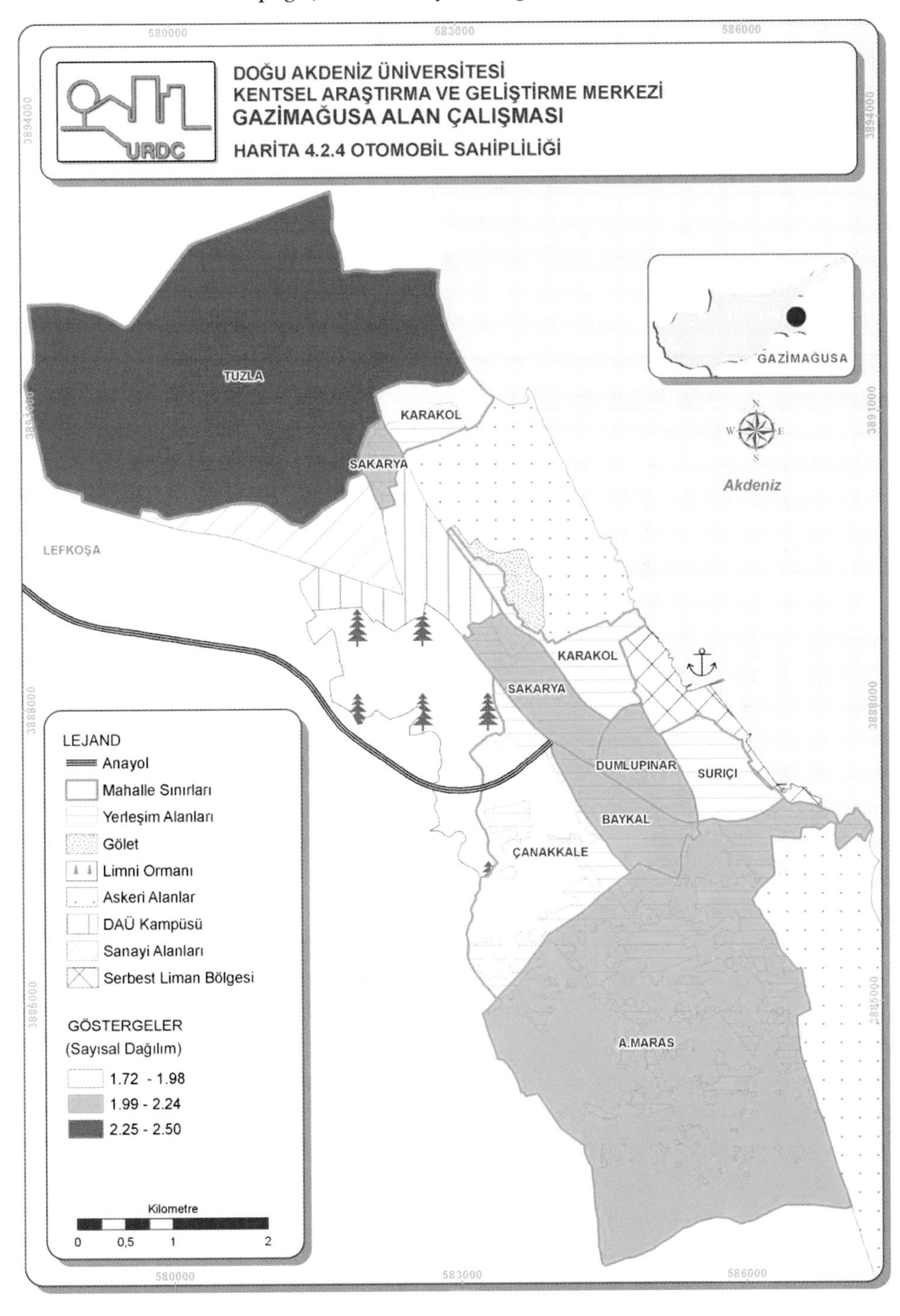

Tablo 4.2.8. Hane başına düşen bilgisayar sayısı (Yüzdelik değerler)

Hane başına düşen bilgisayar sayısı	Suriçi	Baykal	Karakol	Tuzla	Sakarya	Dumlupınar	Çanakkale	A.Maraş	TOPLAM
Hiç	75.0	45.0	25.9	40.0	25.6	35.6	25.6	45.6	38.3
1	8.3	40.0	43.5	33.3	58.1	48.9	59.0	45.6	43.3
2	16.7	10.0	27.1	26.7	16.3	15.5	15.4	8.8	17.1
3+		5.0	3.5						1.3
TOPLAM	100.0	100.0	100.0	100.0	100.0	100.0	100.0	100.0	100.0

Tablo 4.2.9. Günlük ortalama internet kullanım süresi (Yüzdelik değerler)

Günlük internet kullanım süresi	Suriçi	Baykal	Karakol	Tuzla	Sakarya	Dumlupınar	Çanakkale	A.Maraş	TOPLAM
Hiç	69.4	57.9	38.8	60.0	31.8	35.7	43.6	71.8	51.2
1 saatten az	2.8	13.2	9.4	10.0	10.3	9.5	23.1	1.3	9.0
1-2 saat	19.4	18.4	18.9	30.0	57.9	52.4	25.6	24.4	29.2
2 saatten fazla	8.4	10.5	32.9			2.4	7.7	2.5	10.7
TOPLAM	100.0	100.0	100.0	100.0	100.0	100.0	100.0	100.0	100.0

Yıl içinde ortalama en az bir kere CD/Kaset satın alanların oranı %63, en az bir kere dergi/magazin satın alanların oranı ise %66'dır.

4.3 Konut ve taşınma

Giriş

Konut, psikolojik ve sosyal boyutları dikkate alındığında, bireylerin günlük yaşamlarında karşı karşıya kaldığı en önemli çevresel bütündür. Bir konut çevresi yaşayanların günlük plan ve etkinliklerini düzenleyebilecekleri, güvenli, rahat ve destekleyici bir ortamı sağlayabilir. Yaşayanlar ve çevresi arasında uyum olmadığında ise duygusal rahatsızlıklar, sağlık sorunları, ve toplumsal sorunların ortaya çıkması olasıdır (VLIET 1999). Bu nedenle, barınma aracı olan konut bir kentin gelişmesinde en önemli toplumsal gereksinme olduğu söylenebilir. Öte yandan, dünyadaki kentlerin büyük çoğunluğundaki kentleşmenin %80'ini konut işlevinin oluşturması, konut alanlarının önemini destekler.

Yaşanılan konutun genel durumu, özellikleri, ve kullanıcıların konut ile ilgili memnuniyeti, yaşam kalitesinin önemli bir belirleyicisidir. Konut alanlarında memnuniyet düzeyinin yüksek olması, kentle ilgili memnuniyetin de önemli bir belirleyicisidir.

Raporun bu bölümünde, konut alanları planlamasına katkıda bulunmak üzere, konut geçmişi, özellikleri, konut hareketliliği ve konut tercihi, konut memnuniyeti, nesnel (objektif) ve öznel (subjektif) değişkenlere bağlı olarak analiz edilecektir.

Konut

Konut kalitesi, geniş ölçekte, değişen zaman, yer ve toplumsal koşullarla birlikte, ve farklı kişilerin bakışıyla değişime uğrayan, göreceli bir kavramdır. Bu bağlamda, "iyi konut" kavramının tanım ve algılanması da toplumsal yaşamın değişen gereksinmelerine ve önceliklerine göre değişir. Konut kalitesi, kentsel yaşam kalitesi, konut algısı, mahalle kalitesi, ve konut birimi kalitesi kavramlarıyla özdeşleşir, ve hem fiziksel hem de sosyal (sosyo-ekonomik ve sosyo-kültürel) boyutlara sahiptir.

Konut geçmişi

Konut geçmişi ile ilgili bulgular, Gazimağusa'da ve yaşanan konutta geçirilen süreyi kapsamaktadır.

Gazimağusa'da geçirilen süre - Tablo 4.3.1, Şekil 4.3.1, ve Harita 4.3.1'de görüldüğü gibi, görüşmecilerin %57'si 12 yıldan fazla süredir, %19'u 1-4 yıl, % 17'si ise 4.1-12 yıl, %8'i ise 1 yıldan az süredir Gazimağusa'da yaşamaktadır. Kentte en uzun süreli barınma, Aşağı Maraş (%85) ve Suriçi (%84) mahalellerinde saptanmıştır. Gazimağusa'da geçirilen sürenin en az olduğu mahalle Çanakkale mahallesidir.

Tablo 4.3.1. Gazimağusa'da geçirilen süre (Yüzdelik değerler)

Gazimağusa'da ne zamandır oturuyorsunuz?	**Suriçi**	**Baykal**	**Karakol**	**Tuzla**	**Sakarya**	**Dumlupınar**	**Çanakkale**	**A.Maraş**	**TOPLAM**
1 ay - 1 yıl		5.0	13.1	6.7		6.7	32.3	1.3	7.5
1.1 - 4 yıl	8.1	7.5	35.7	13.3	18.6	17.8	41.9	7.6	19.3
4.1 - 12 yıl	8.1	30.0	22.6	13.3	20.9	17.8	12.9	6.3	16.5
12 - 70 yıl	83.8	57.5	28.6	66.7	60.5	57.7	12.9	84.8	56.7
TOPLAM	100.0	100.0	100.0	100.0	100.0	100.0	100.0	100.0	100.0

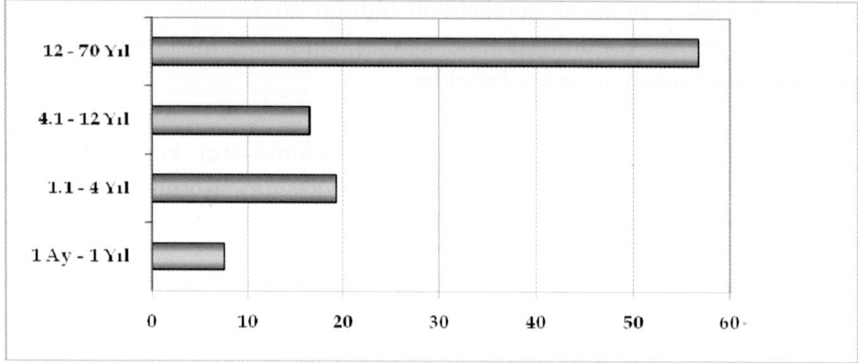

Şekil 4.3.1. Gazimağusa'da geçirilen süre (Yüzdelik değerler)

Konutta geçirilen süre - Tablo 4.3.2, Şekil 4.3.2, ve Harita 4.3.1'de görüldüğü gibi, ankete katılanların %37'si 12 yıldan fazla süredir, %23'ü 1 yıldan az süredir, %20'si 1-4 yıl, ve diğer % 20'si 4.1-12 yıl arası süredir konutunda yaşamaktadır. Bu anlamda en uzun barınma süresine, Aşağı Maraş (%71) ve Suriçi (%65) mahallelerinde rastlanmıştır. Konutta geçirilen sürenin en az olduğu mahalleler ise Çanakkale (%58) ve Karakol (%41) mahalleleridir.

Harita 4.3.1. Gazimağusa'da Geçirilen Süre (Ortalama Değerler)

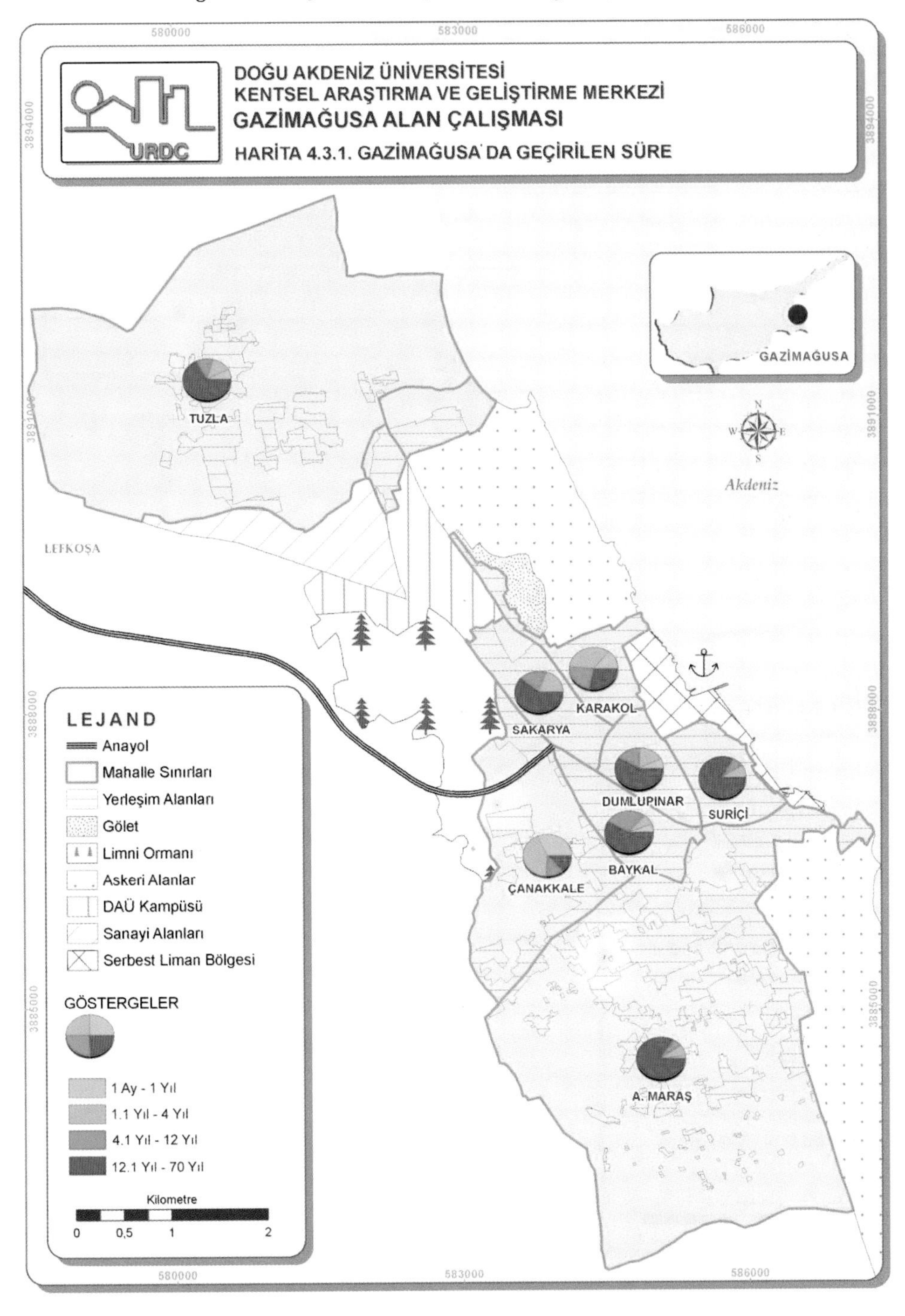

Harita 4.3.2. Konutta Geçirilen Süre (Ortalama Değerler)

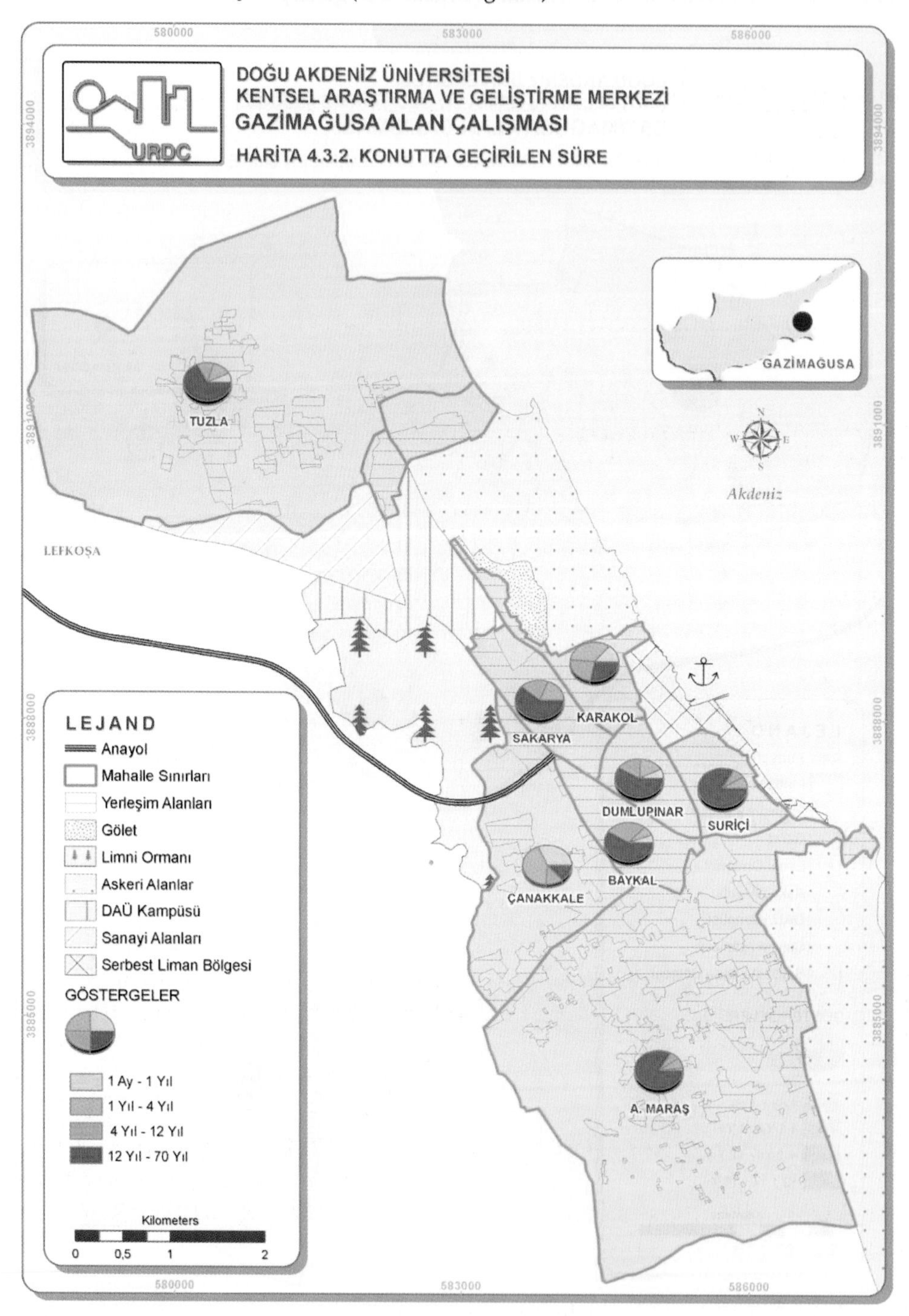

Tablo 4.3.2. Konutta geçirilen süre (Yüzdelik değerler)

Bu evde / dairede ne zamandır oturuyorsunuz?	Suriçi	Baykal	Karakol	Tuzla	Sakarya	Dumlupınar	Çanakkale	A.Maraş	TOPLAM
1 Ay - 1 yıl	8.1	25.0	40.5	20.7	4.8	22.7	58.1	7.6	23.1
1.1 - 4 yıl	16.2	7.5	33.3	10.3	40.5	11.4	22.6	10.1	19.9
4.1 - 12 yıl	10.8	32.5	11.9	41.4	19.0	36.4	16.1	11.4	19.9
12 - 70 yıl	64.9	35.0	14.3	27.6	35.7	29.5	3.2	70.9	37.1
TOPLAM	100.0	100.0	100.0	100.0	100.0	100.0	100.0	100.0	100.0

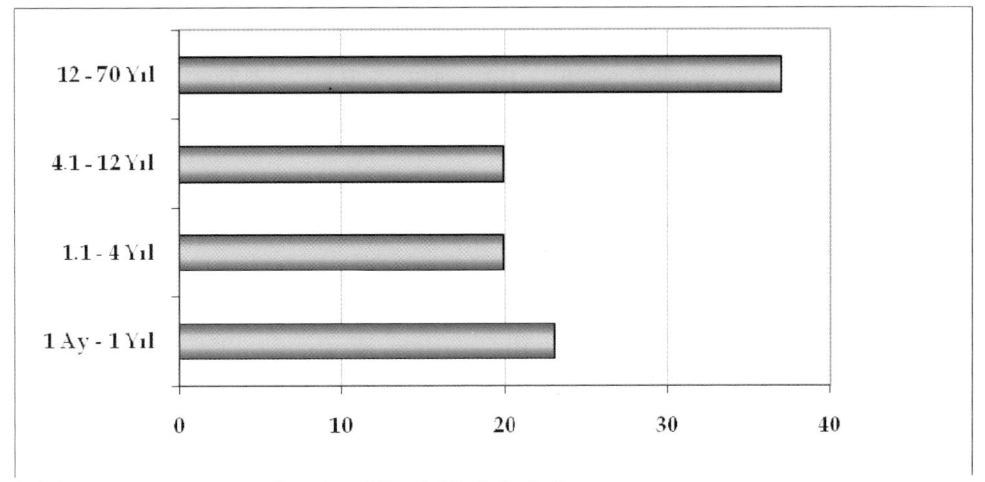

Şekil 4.3.2. Konutta geçirilen süre (Yüzdelik değerler)

Mahalleye/konuta taşınma nedenleri

Mahalleye taşınma nedenleri arasında en yaygın olanlar, merkezi konum (%22), işe yakınlık (%17), düşük kira (%15), ve alışveriş, okul ve diğer gereksinmeler için uygun bir yer oluşu (%15), ve akraba ve arkadaşlara yakınlık (%13) olarak saptanmıştır. Tüm sonuçların ortalama değerlerine bakıldığında, satış fiyatlarının ucuz oluşu, boş zamanlarını değerlendirecek fırsatların bulunması, mahallenin çekici görünümü, mahallede yaşayanların tanıdık oluşu, mahallenin bildikleri bir mahalle olması, doğal alanların varlığı, caminin yakın oluşu, ve açık ve ferah bir yer oluşu gibi nedenler, dikkate değer bir rol oynamamaktadır (Tablo/Şekil 4.3.3, Tablo/Şekil 4.3.4., Harita 4.3.3).

Hane temsilcilerine sayılan nedenler dışında taşınma kararlarını etkileyen nedenler sorulduğunda, yaşanan evin kendi evlerinin olması (%28), zorunluluk (%22), daha rahat oluşu (%11), ve satın alarak kendi evinde yaşama fırsatının doğması (%11) gibi nedenler ifade edilmiştir.

Tablo 4.3.3. Mahalleye/konuta taşınma nedenleri (Yüzdelik değerler)

Hangi sebep sizin için en önemlidir?	Suriçi	Baykal	Karakol	Tuzla	Sakarya	D.pınar	Çanakkale	A.Maraş	TOPLAM
İşe yakınlık	14.3	8.3	19.1	22.2		22.2	14.7	42.9	16.8
Merkezi konum		33.3	25.0	11.1	13.3	44.4	11.8		21.5
Konut fiyatlarının ucuzluğu		8.3	2.9	11.1	20.0			14.3	5.2
Kira bedellerinin ucuzluğu	42.9	8.3	17.6	5.6	26.7		17.6		14.7
Alışveriş /okul ve diğer ihtiyaçlar için uygunluk		16.7	8.8	11.1	40.0	11.1	23.5		14.7
Boş zamanları değerlendirecek fırsatlar			5.9						2.1
Mahallenin çekici görünümü			1.5			11.1	2.9		2.1
Semtin tanıdıklığı			1.5				5.9		1.6
Doğal alanların varlığı		4.2	1.5				2.9	14.3	2.1
Caminin yakınlığı			1.5						.6
Açıklık ve ferahlık		4.3	5.9	11.1			11.8		5.9
Akrabalara ve arkadaşlara yakınlık	42.8	12.6	8.7	27.8		11.2	8.9	28.6	12.7
TOPLAM	100.0	100.0	100.0	100.0	100.0	100.0	100.0	100.0	100.0

Tablo 4.3.4. Mahalleye/konuta taşınmayı genelde en çok etkileyen faktörler

Mahalleye taşınma nedeni	En fazla önemsendiği mahalleler
1. Merkezi bir yerde oluşu	Dumlupınar, Baykal, Sakarya
2. İşe yakın oluşu	A. Maraş
3. Alışveriş/okul ve diğer ihtiyaçlar için uygun oluşu	Sakarya
4. Kira bedellerinin ucuz oluşu	Suriçi, Sakarya
5. Akrabalara ve arkadaşlara yakın oluşu	Suriçi, A. Maraş, Tuzla

Harita 4.3.3. Mahalleye/Konuta Taşınma Nedenleri (Ortalama Sayısal Değerler)

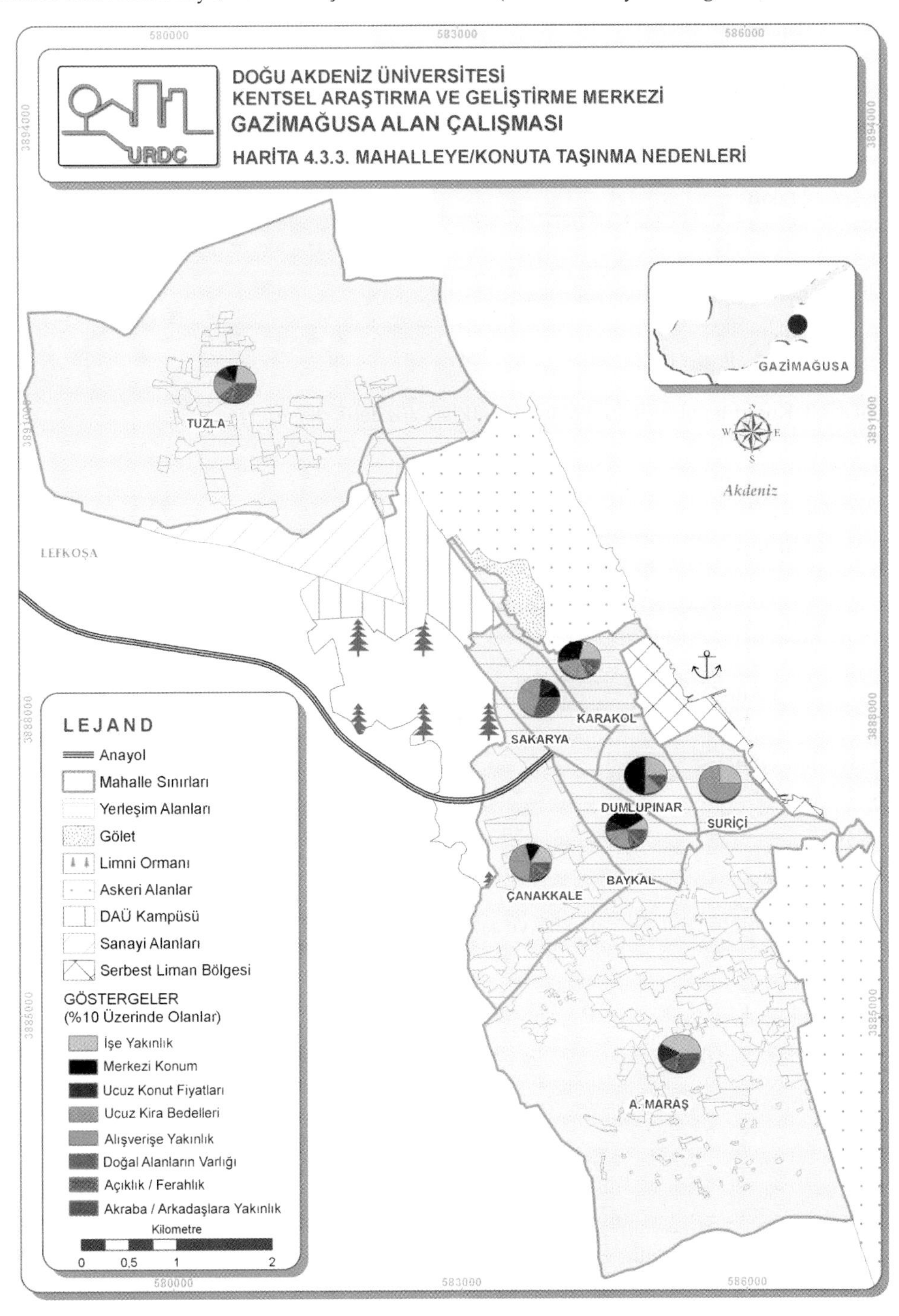

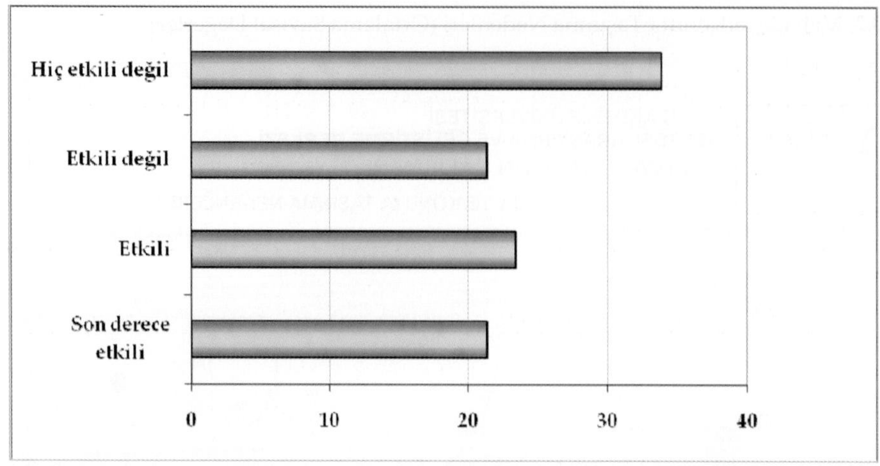

Şekil 4.3.3. Konut tercihinde işe yakınlığın etkisi (Yüzdelik değerler)

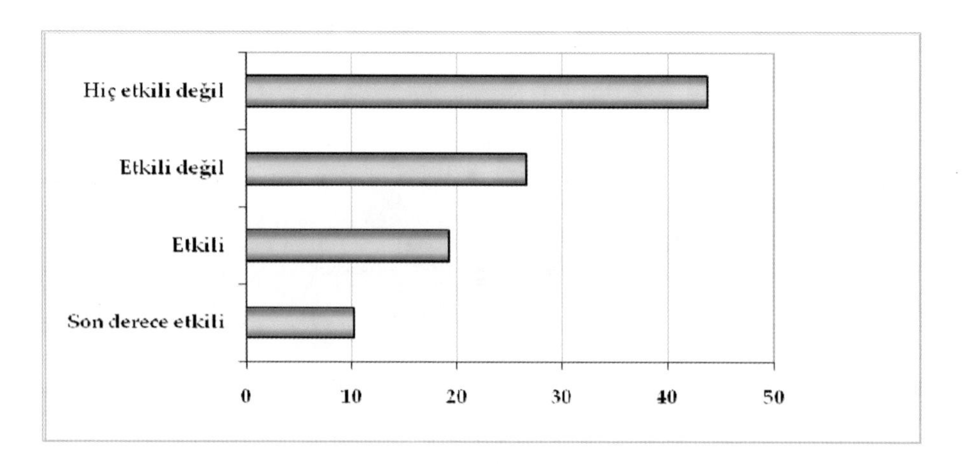

Şekil 4.3.4. Konut tercihinde ucuz kira ve satış bedelinin etkisi (Yüzdelik değerler)

Daha önce yaşanan konutun yeri
Araştırma kapsamında, görüşmecilerin %54'ü konutuna taşınmadan önce Gazimağusa bölgesinde başka bir yerde, %28'i KKTC'de başka bir kentte/yerleşimde, %18'i ise Gazimağusa'da yaşamıştır (Tablo 4.3.5)

Tablo 4.3.5. Daha önce yaşanan konutun yeri (Yüzdelik değerler)

Daha önce Gazimağusa'da başka bir konutta yaşadınız mı?	Suriçi	Baykal	Karakol	Tuzla	Sakarya	D.pınar	Çanakkale	A.Maraş	TOPLAM
Bu bölgede başka bir konutta	27.6	14.3	28.0	18.2	2.6	10.0	17.7	17.7	18.5
Gazimağusa'da başka bir konutta	48.3	54.3	47.6	68.2	57.9	63.3	52.9	52.9	54.0
Başka bir şehirde	24.1	31.4	24.4	13.6	39.5	26.7	29.4	29.4	27.5
TOPLAM	100.0	100.0	100.0	100.0	100.0	100.0	100.0	100.0	100.0

Konutla ilgili özellikler

Bu bölümde, konuta ait büyüklük, tip, oda sayısı, onarım gereksinmesi, hane halkı geliri ile konut fiyatı arasındaki ilişki ve sahiplik gibi nesnel değerler değerlendirilecektir.

Konut büyüklüğü
Bu araştırmada, görüşmecilerin %50'si toplam 3 odalı evde, %29'u 2 odalı, %8'i 4 odalı, %6'sı 1 odalı, %5'i ise 5 odalı evde yaşamaktadır.

Görüşmecilerin %78'i konutlarının büyüklüğünü normal olarak, ve %79'u konutlarındaki odaların büyüklüğünü normal olarak algılamaktadır (Şekil 4.3.5, Tablo 4.3.6).

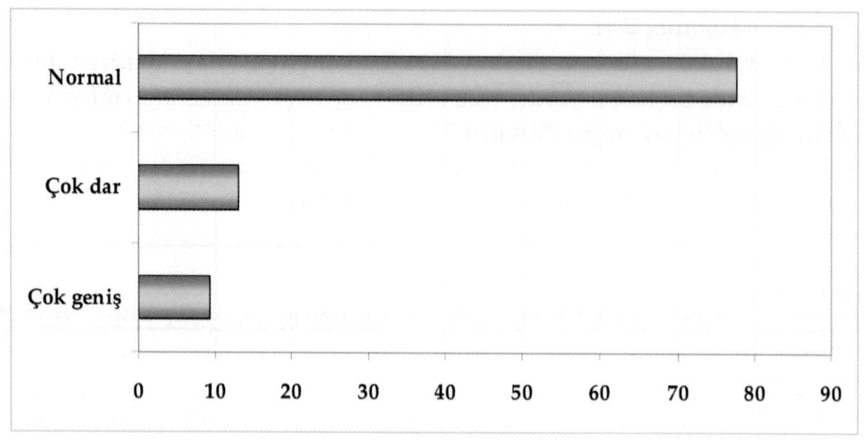

Şekil 4.3.5. Konut büyüklüğünün algılanması (Yüzdelik değerler)

Tablo 4.3.6. Odaların büyüklüğü ile ilgili algılama (Yüzdelik değerler)

Odalarınızın büyüklüğünü nasıl değerlendirirsiniz?	Suriçi	Baykal	Karakol	Tuzla	Sakarya	D.pınar	Çanakkale	A.Maraş	TOPLAM
Çok geniş	2.8	7.7	9.4	6.7			5.1	6.5	5.3
Çok dar	19.4	12.8	9.4	3.3	11.6	13.6	17.9	11.7	12.2
Normal	75.0	76.9	75.3	83.3	88.4	84.1	74.4	80.5	79.4
Karışık	2.8	2.6	5.9	6.7		2.3	2.6	1.3	3.1
TOPLAM	100.0	100.0	100.0	100.0	100.0	100.0	100.0	100.0	100.0

Onarım gereksinmesi

Araştırma sonuçlarına göre, anket yapılan hanelerin %32'sinde küçük çapta tamire, %25'inde önemli tamire, %17'sinde çok küçük çapta tamire gereksinem vardır. Konutların %20'sinde tamire gereksinme yoktur. Konutlarda tamire en fazla gereksinme duyulan mahalleler Suriçi (%74), Sakarya (%74) ve Aşağı Maraş (%71)'tır.

Konut sahipliği

2006 KKTC Nüfus ve Kayıt Sayımına göre, Gazimağusa'daki toplam 18,541 konutta yaşayanların %61'i ev sahibi, %25'i kiracı, %9'u kendi evi değil ama kira ödemiyor (oğlunun ya da ailesinin evinde kira ödemeden oturuyor), %4'ü ise lojmandır.

Araştırma sonuçlarına göre, ev sahibi olanların oranı ortalama %57'dir. En fazla sahiplik oranı Tuzla (%77) ve Aşağı Maraş (%76)'ta, en az sahiplik oranı ise Karakol (%34) ve Çanakkale (%37)'dedir.

Konut türü

Görüşme yapılan hanelerin konut tipleri incelendiğinde, en yaygın konut tipinin apartman dairesi (%50) ve müstakil ev (%37) olduğu saptanmıştır. Az oranda ikiz/sıra evler, ve çok işlevli (giriş katlarında ticari ve diğer işlevlerin bulunduğu apartmanlarda yer alan) daireler bulunmaktadır. Bunların egemen olduğu mahalleler ve kent içindeki genel dağılım Harita 4.3.4, Tablo 4.3.7 - 4.3.8, ve Şekil 4.3.6'da gösterilmiştir.

Tablo 4.3.7. Yaşanan konut tipi (Yüzdelik değerler)

Yaşanan konut tipi	Suriçi	Baykal	Karakol	Tuzla	Sakarya	D.pınar	Çanakkale	A.Maraş	TOPLAM
Müstakil ev	62,2	25,6	6,0	40,7	40,5	20,9	10,3	84,4	37,2
İkiz Ev	2,7		1,2	14,8			2,6		1,8
Sıra evler	16,2			18,5	4,8				3,4
Apartman dairesi - 3 ya da daha az katlı, 5 ya da daha az daireli		23,1	31,3	14,8	14,3	4,7	43,6	7,8	18,1
Apartman dairesi - 4 ya da daha fazla katlı, 6 ya da daha fazla daireli		43,6	47,0	3,7	40,5	67,4	41,0	7,8	32,3
Çok işlevli binada daire		7,7	14,5			7,0			4,7
Diğer	18,9			7,4			2,6		2,6
TOPLAM	100,0	100,0	100,0	100,0	100,0	100,0	100,0	100,0	100,0

Tablo 4.3.8. Konut tipleri ve egemen olduğu mahalleler

Konut tipi	*Egemen olduğu mahalleler*
Müstakil ev	A. Maraş, Suriçi, Tuzla
İkiz / Sıra evler	Tuzla, Suriçi
Apartman dairesi	Çanakkale, Karakol, Dumlupınar, Baykal, Sakarya,
Çok işlevli binada daire	Karakol

Harita 4.3.4. Yaşanan Konut Türü (Ortalama Değerler)

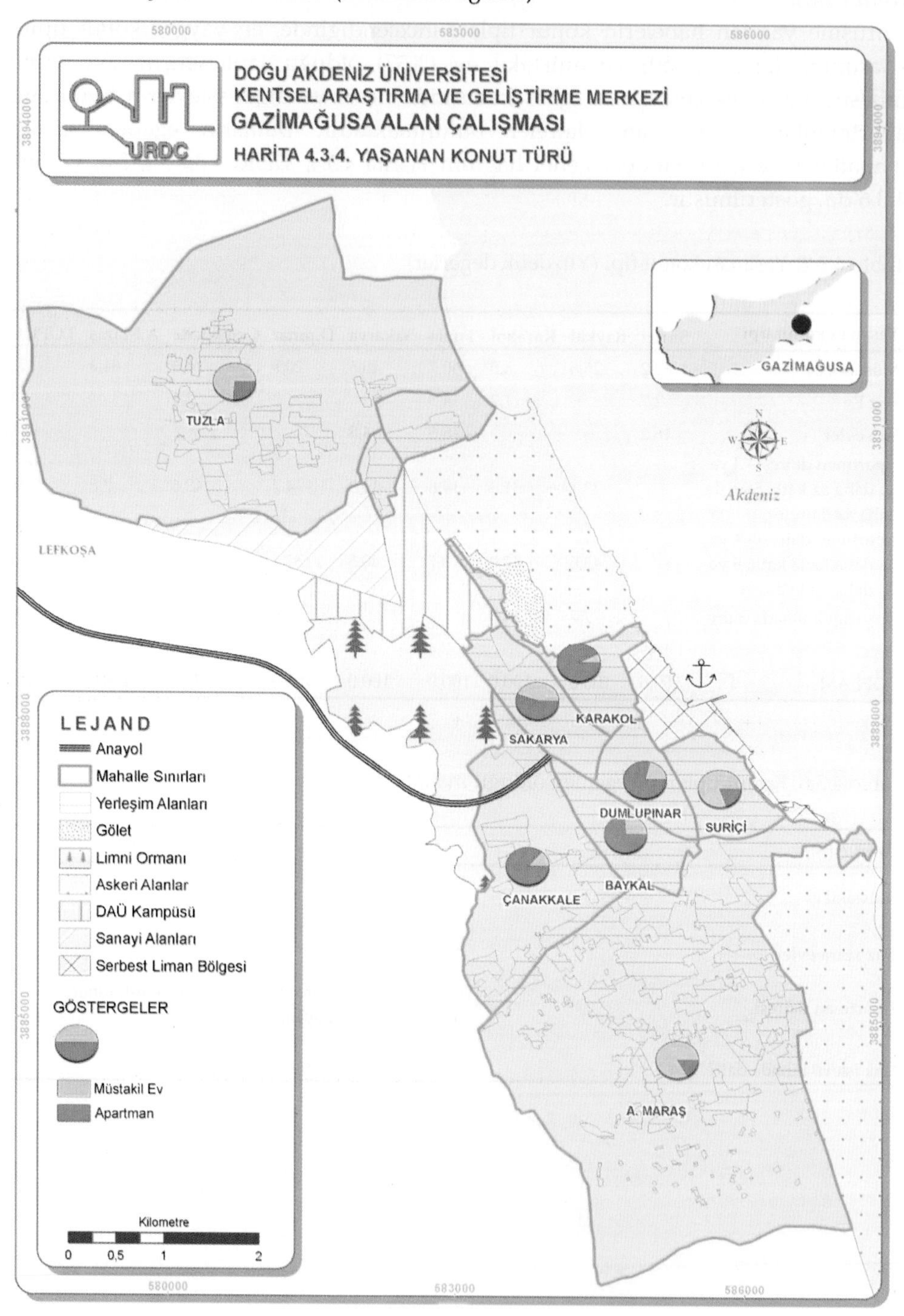

Konut harcamaları ve hane geliri ilişkisi

Birleşmiş Milletler Habitat II - Istanbul Toplantısı (1996) sonuçlarına göre, konu fiyatlarının görüşmecilerin yıllık gelirinin 5 katını aşmaması, kira bedelinin de aylık gelirlerinin %25'ini aşmaması gerekmektedir.

Görüşmecilere, "evin/dairenin genel maliyetini düşünürseniz, bakım masrafları, aylık giderler gibi özelliklerini de dikkate alarak, bu ev/daire için nasıl bir değerlendirme yapardınız?" sorusu yöneltilmiştir. Elde edilen bulgulara göre, görüşmecilerin %66'sı konutlarını orta derecede pahalı, %29'u pahalı, ve %5'i ucuz bulmaktadır (Şekil 4.3.7).

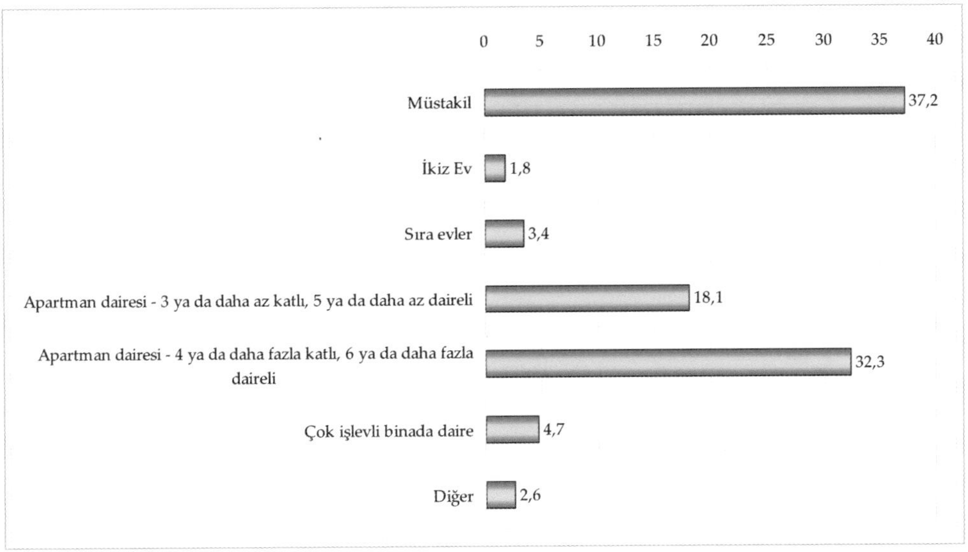

Şekil 4.3.6. Gazimağusa'daki konut tipleri

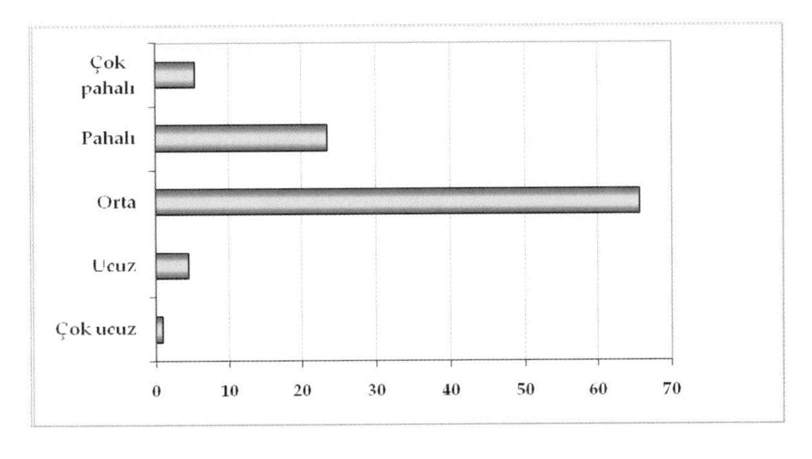

Şekil 4.3.7. Konutun maliyet değerlendirmesi (Yüzdelik değerler)

Araştırmada, görüşmecilerin %24'ünün, yukarıda belirtilen orana aykırı olarak, aylık gelirlerinin yarısını (%50) ev kirasına verdikleri anlaşılmaktadır. Bu anlamda kira bedellerinin beklentilerden fazla olduğu mahallelerin başında Çanakkale (%48) ve Baykal (%33) gelmektedir.

Görüşmecilere, "kira ve diğer giderler gibi özellikleriyle, konutun kendilerine maliyetlerini düşündüğünüzde, bu konut için nasıl bir değerlendirme yaparsınız?" sorusu yöneltildiğinde alınan yanıtlara göre, %50'si orta, %47'si pahalı, %3'ü ucuz olarak nitelendirmiştir (Şekil 4.3.8).

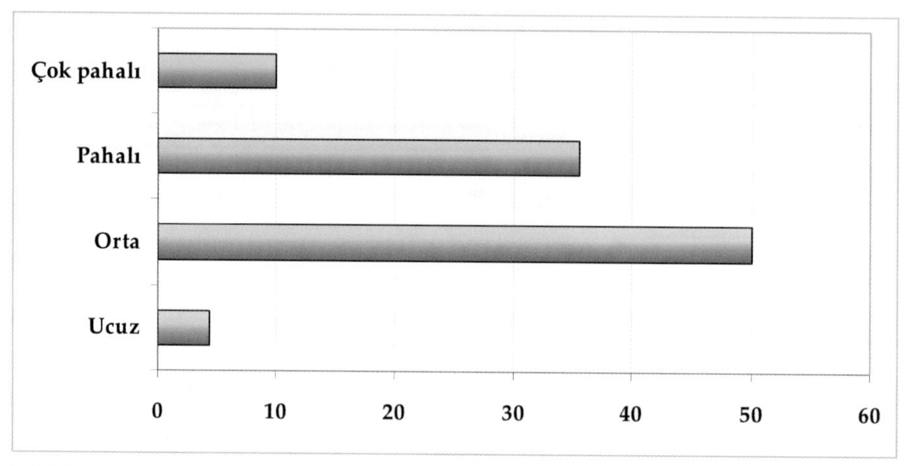

Şekil 4.3.8. Kira ve diğer giderlerine göre konutların maliyet değerlendirmesi

Konuttan memnuniyet

Konut biriminin fiziksel özellikleri mekansal, görsel, işitsel ve iklimsel boyutlara sahip olup, konutta yaşayanların memnuniyetini etkiler. Konutların biçimi, büyüklüğü, ve diğer özellikleri sosyal etkileşimi büyük ölçüde etkiler (LANG 1987). Öte yandan, konut alanlarındaki dış mekanların, konut kompleksi tercihinde iç mekanlardan daha fazla etkili olduğu araştırmalarla kanıtlanmıştır (COOPER MARCUS & SARKISSIAN, 1986). Konut alanlarını destekleyen sosyal tesisler de genel konut memnuniyetini etkileyen ögelerdir.

Oda büyüklüğüyle ilgili bulgulara göre, görüşmecilerin %80'i odalarının büyüklüğünün normal olduğunu düşünmektedir. Suriçi (%18) ve Çanakkale (%19) mahallelerindeki konutlardaki görüşmeciler odalarını çok küçük bulmaktadır. Görüşmeciler arasında konut büyüklüğünü normal bulanların oranı %78'dir. Bu anlamda en olumsuz sonuçlar yine Suriçi (%19) ve Çanakkale (%18)'ye aittir.

Konutla ilgili genel memnuniyet konusunda, görüşmecilerin %63'ü memnun ya da çok memnun olduklarını ifade etmiştir. En yüksek memnuniyet Dumlupınar (%80)'da, en düşük memnuniyet ise Çanakkale'de (%30) saptanmıştır (Harita 4.3.5, Tablo 4.3.9).

Tablo 4.3.9. Evden/daireden genel memnuniyet (Yüzdelik değerler)

Bu evden veya daireden genel memnuniyetinizi belirtiniz	Suriçi	Baykal	Karakol	Tuzla	Sakarya	D.pınar	Çanakkale	A.Maraş	TOPLAM
1-Hiç memnun değilim		10.7	5.1		4.0		15.2	13.9	6.9
Memnun değilim	18.2		11.4	12.5	12.0		15.2	3.4	8.5
Ne memnunum ne değilim	18.2	28.6	22.8	37.5	28.0	20.0	18.2	6.9	21.4
Memnunum	45.5	50.0	53.2	25.0	52.0	71.4	42.3	72.4	54.9
5-Çok memnunum	18.1	10.7	7.5	25.0	4.0	8.6	9.1	3.4	8.5
Toplam	100.0	100.0	100.0	100.0	100.0	100.0	100.0	100.0	100.0

Konut açık ve yarı-açık mekanlarından memnuniyet. Konut açık ve yarı-açık mekanlarıyla ilgili araştırmada, apartman dairelerinde yaşayanların yarıdan fazlasının, diğer konutlarda (müstakil, sıra evler, ikiz evler) yaşayanların ise % 40'ının açık ve yarı-açık mekanlarından memnun olmadıkları saptanmıştır. En fazla şikayet edilen konular, balkonların küçüklüğü, yetersiz gün ışığı, ve mahremiyet sorunudur. Ortak dış mekanlarla ilgili olarak, tüm mahallelerde çok büyük oranda (%90) görüşmeci, bu mekanların yetersiz olduğunu belirtmiştir. Ortak dış mekanlarda en fazla rahatsızılık yaratan konular, gürültü, uygun olmayan konum ve boyutlar (küçüklük), yetersiz mekansal tanım/düzenleme, manzaradan yoksunluk, ve aydınlatma yetersizliğidir.

Araştırma kapsamında, anketörler tarafından her hanenin bulunduğu sokak peyzaj açısından değerlendirildiğinde, sokaktaki bakımsız bahçe ve açık alanların %50 oranında görünüme egemen olduğu saptanmıştır (Tablo 4.3.10).

Tablo 4.3.10. Konut çevresinde bakımsız görünen bahçe ve açık alanların algılanması (Yüzdelik değerler)

Bakımsız bahçe ve açık alan algısı	Suriçi	Baykal	Karakol	Tuzla	Sakarya	Dumlupınar	Çanakkale	A.Maraş	Toplam
Bakımsız bahçeler ve açık alanlar var	8.1	42.1	62.7	77.3	56.2	30.2	79.5	48.1	50.1
Bakımsız bahçeler ve açık alanlar var	91.9	57.9	37.3	22.7	43.8	69.8	20.5	51.9	49.9
TOPLAM	100.0	100.0	100.0	100.0	100.0	100.0	100.0	100.0	100.0

Harita 4.3.5. Konuttan Memnuniyet (Ortalama Değerler)

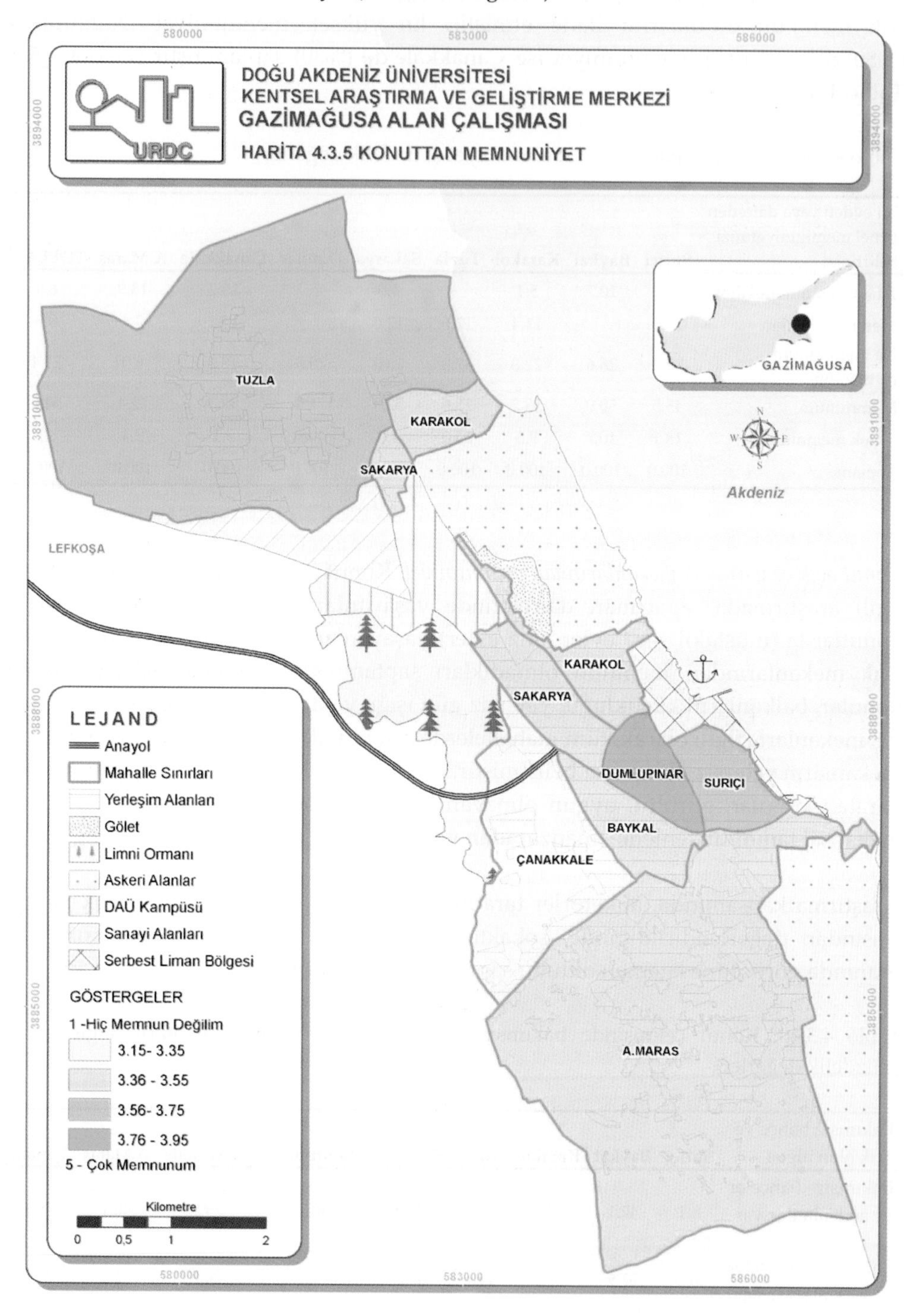

Konut hareketliliği (Taşınma)

Konut hareketliliği, görüşmecilerin yaşamakta olduğu konuttan başka bir konuta taşınmasıyla ilgilidir. Buradaki konut değişimi, taşınılan konut biriminin uzaklığı, ve bulunduğu yerin sınırlarıyla (ülke, kent, kaza, köy sınırları gibi) ilintisi yoktur.

Taşınma isteği

Görüşmecilerin %61'i taşınmayı düşünmemektedir. Taşınma düşüncesinin en fazla olduğu mahalleler Çanakkale ve Karakol (%50), en az olduğu mahalle ise Tuzla (%80)'dır (Tablo 4.3.11).

Tablo 4.3.11. Evden taşınma düşüncesi (Yüzdelik değerler)

Bu evden taşınmayı düşünüyorsunuz?	Suriçi	Baykal	Karakol	Tuzla	Sakarya	Dumlupınar	Çanakkale	A.Maraş	TOPLAM
Düşünmem	66.7	60.5	50.6	80.0	67.4	61.9	50.0	64.6	61.1
Düşünürüm	33.3	39.5	49.4	20.0	32.6	38.1	50.0	35.4	38.9
TOPLAM	100.0	100.0	100.0	100.0	100.0	100.0	100.0	100.0	100.0

Olanaklar elverdiğinde evden taşınma düşüncesi olan görüşmeciler arasında, çounluğun kent dışındaki yeni konut alanlarına taşınmak istediği mahalleler Tuzla, Suriçi, Baykal ve Sakarya'dadır. Gazimağusa'da başka bir yere taşınmak isteyenler Çanakkale, Dumlupınar ve Karakol'da yoğunlaşmıştır. Sakaryada yaşıyan görüşmecilerin %21'inin başka bir ülkeye taşınma isteği ise dikkat çekicidir (Tablo 4.3.12).

Tablo 4.3.12. Taşınmak istenen yer (Yüzdelik değerler)

Nereye taşınmak istersiniz?	Suriçi	Baykal	Karakol	Tuzla	Sakarya	Dumlupınar	Çanakkale	A.Maraş	TOPLAM
Gazimağusada baska bir yerde	18.2	20.0	59.0	16.7	7.1	53.3	81.0	40.0	44.7
Gazimağusa dışındaki yeni konut alanlarına	72.7	66.7	28.2	83.3	64.3	26.7	14.3	32.0	39.8
Başka bir kente		6.7	7.7		7.2	13.3	4.8	8.0	6.9
Başka bir ülkeye	9.1	6.7	5.1		21.4	6.7		12.0	7.6
Toplam	100.0	100.0	100.0	100.0	100.0	100.0	100.0	100.0	100.0

Taşınma eğilimi

Görüşmeciler, bulundukları koşullara paralel olarak, %52 oranda olasılıkla ya da kesinlikle taşınmayacaklarını bildirmiştir. Bu oranlar, Çanakkale'de %28'e, Aşağı Maraş'ta %40'a, Sakarya'da %42'ye düşmektedir.

Görüşmecilere, yaşadıkları yere bağlılıklarını kısmen ölçebilmek için, mahalleden taşınma durumunda üzülüp üzülmeyecekleri sorulduğunda, yarısı (%48) üzüleceğini belirtmiştir. Bu oranın daha yüksek olduğu, öteki deyişle bağlılığın daha fazla olduğu mahalleler, Dumlupınar, Baykal, Tuzla, ve Sakarya'dır. Bu bağlamda, en düşük değerler Çanakkale ve Karakol'da saptanmıştır (Tablo 4.3.13).

Tablo 4.3.13. Olası taşınmanın yaratacağı etki (Yüzdelik değerler)

Buradan taşınırsanız üzülür müsünüz?	Suriçi	Baykal	Karakol	Tuzla	Sakarya	D.pınar	Çanakkale	A.Maraş	TOPLAM
Üzülürüm	51.4	60.0	30.6	60.0	59.5	61.4	25.7	49.4	47.5
Fark etmez	27.0	35.0	43.5	26.7	21.4	29.5	56.4	38.0	36.1
Sevinirim	21.6	5.0	25.9	13.3	19.1	9.1	17.9	12.6	16.4
TOPLAM	100.0	100.0	100.0	100.0	100.0	100.0	100.0	100.0	100.0

Araştırmanın bu bölümünden ve konut çevresinden (mahalle ölçeğinde ve yakın çevre ölçeğinde) memnuniyeti ölçen kısımlardan elde edilen bulgulara göre, kişiler mahalle çevresinde bazı mekansal niteliklerin ve hizmetlerin eksikliğine rağmen, bazı kişisel ve toplumsal özelliklerin etkisiyle o mahalleye bağlılık hissedebilmektedir. Örneğin, araştırma kapsamında dört tipik mahallede yapılan araştırmanın sonuçları, mahalleye bağlılık açısından incelenip, istatistiksel yöntemlerle (Regression Analysis) test edildiğinde, bağlılığı en fazla etkileyen değişkenlerin, konut sahibiyeti, istihdam statüsü, ve konutta geçirilen süre olduğu saptanmıştır[11].

Konut tipi tercihi

Konut tercihleri, arzu edilen konut tiplerini yansıtır, ve konutun pek çok boyutuyla (örneğin bina tipi, sahiplik, konum, mahalle/site, nüfus kompozisyonu, ve politik yargılama, vb.) ilgili ipucu verir. Bir kentte yaşayanların tercih ettiği konut tipinin belirlenmesi, birkaç nedenle önemlidir. Birincisi, konut harcamalarının, hane gelirinin önemli bir kısmını kapsayacak kadar büyük olması nedeniyle, ekonomik açıdan önemlidir. İkincisi, konut tercihleri kamusal politikayla ilişkilidir. Belirli konut tipleri kamusal politika tarafından desteklenmekte, ve hatta teşvik edilmektedir. Kamu politikalarının bazı konut tiplerini ön yargılı şekilde desteklemesi ve diğerlerini desteklememesi, bu politikaların gerçek tercihleri yansıtıp yansıtmadığının, ya da biçimlendirip biçimlendirmediğinin anlaşılmasını

---

[11] OKTAY, D. & MARANS, R. W., 'Measures of Attachment in Four Famagusta Neighborhoods', *EDRA 39 Conference*, Veracruz, Mexico, May 28 – June 1, 2008.

daha önemli hale getirir. Son olarak, konut tercihleri politik açıdan önemlidir. Konut üretiminden memnuniyetin sağlanması, politik süreklilik için önemli bir etmendir. Bu nedenle, insanların konutlarının, ne istediklerini yansıtması, temel bir politik konudur (SHLAY, 1998, 481)

Konut tipi tercihi ile ilgili olarak hane temsilcilerine 3 tip konut modeli açıklanmış, ve bunlardan hangisine taşınmayı tercih edecekleri sorulmuştur (Tablo 4.3.14). Daha çok kente göre konumları ve ulaşım seçenekleri açısından farklılaşan bu üç seçenekten en fazla tercih edilen (%49) kamu ulaşımı etkin, 5-10 dakika yürüme mesafesinde alışveriş, park, okul gibi olanaklar bulunan (karma işlevli), diğer yerlere arabayla 5-10 dakika mesafede erişilebilen, birbirine yakın 4-5 katlı apartman bloklarından oluşan bir yerleşmedir. İkinci derecede tercih edilen (%38), arabaya bağımlı, kamu ulaşımı zayıf ancak arabayla diğer yerlere 30-45 dakika mesafede erişilebilen, doğayla ilişkili, bahçeli iki katlı evler şeklindeki yerleşim örneği, en az tercih edilen ise (%13), arabaya bağımlı, kamu ulaşımı zayıf, açık alanlarında yürüyüş yapılabilen, ve 15-25 dakika yürüme mesafesinde alışveriş, park, okul gibi olanaklar bulunan, diğer yerlere arabayla 15-25 dakika mesafede erişilebilen bir yerleşme olmuştur (Tablo 4.3.15).

Sakarya, Dumlupınar ve Çanakkale gibi merkezi konumlu mahallelerde, büyük ağırlıkla 1. tip konut seçeneği (%76–%54) tercih edilmiştir. Suriçi mahallesinde yaşayan görüşmecilerin tamamı ise kente uzaki fakat bahçeli evlerde yaşama isteği göstermektedirler. Buradakilerin, yeşil alanlarla ilgili sıkıntıları dikkate alındığında, bu arzuları anlamlıdır.

Tablo 4.3.14. Konut tipi seçenekleri

	***TİP 1*** KAMU ULAŞIMI ETKİN, 5-10 DAKİKA YÜRÜME MESAFESİNDE ALIŞVERİŞ, PARK, OKUL GİBİ OLANAKLAR BULUNAN, DİĞER YERLERE ARABAYLA 5-10 DAKİKA MESAFEDE ERİŞİLEBİLEN, BİRBİRİNE YAKIN 4-5 KATLI APARTMAN BLOKLARINDAN OLUŞAN BİR YERLEŞİM
	***TİP 2*** ARABAYA BAĞIMLI, KAMU ULAŞIMI ZAYIF, AÇIK ALANLARINDA YÜRÜYÜŞ YAPILABİLEN, VE 15-25 DAKİKA YÜRÜME MESAFESİNDE ALIŞVERİŞ, PARK, OKUL GİBİ OLANAKLAR BULUNAN, DİĞER YERLERE ARABAYLA 15-25 DAKİKA MESAFEDE ERİŞİLEBİLEN BİR YERLEŞİM
	***TİP 3*** OTOMOBİLE BAĞIMLI, KAMU ULAŞIMI OLMAYAN, ANCAK ARABAYLA DİĞER YERLERE 30-45 DAKİKA MESAFEDE ERİŞİLEBİLEN, DOĞAYLA İLİŞKİLİ, BAHÇELİ İKİ KATLI EVLER ŞEKLİNDEKİ BİR YERLEŞİM

Tablo 4.3.15. Ulaşım imkanları bakımından farklı, masrafları eşit olan üç tip konut bölgesi arasında tercih (Yüzdelik değerler)

Hangi konut tipinde yaşamak isterdiniz?	**Suriçi**	**Baykal**	**Karakol**	**Tuzla**	**Sakarya**	**D.pınar**	**Çanakkale**	**A.Maraş**	**TOPLAM**
Tip 1		45.5	54.2	20.0	76.0	76.9	64.3	37.1	48.5
Tip 2		36.4	22.9	40.0	4.0	7.7	14.3	6.5	13.1
Tip 3	100.0	18.1	22.9	40.0	20.0	15.4	21.4	56.6	38.4
TOPLAM	100.0	100.0	100.0	100.0	100.0	100.0	100.0	100.0	100.0

4.4 Ulaşım

Giriş

Ulaşım, bir kentteki ekonominin ve yaşam kalitesinin temel belirleyicilerinden olup, ulaşım şeklindeki ve niteliğindeki en küçük bir değişiklik bile yaşam kalitesine doğrudan yansır. Otomobil kullanımının artması, kentsel yayılmanın en önemli nedenlerinden biri olup, kamusal ulaşım kullanımının artması sürdürülebilir kentleşme için esastır.

Ev-işyeri seyahatlerinde etkin ulaşım altyapısının sağlanması, gerek çalışanların verimliliğinin artırılmasında gerekse iş ve özel yaşam dengesinin kurulabilmesinde önemli rol oynar. Benzer şekilde okul ve ev arasında gerçekleştirilen seyahatlerde de yeterli ve ekonomik ulaşım altyapısının sağlanması, gerek gençlerin verimliliği ve gelişimi açısından, gerekse ailenin ekonomik yapısı açısından önem taşımaktadır. Diğer yandan, yeterli ve ekonomik bir ulaşım, halkın kent içerisindeki hareketliliğini artırmakta, böylece hem halkın rekreasyon amaçlı kamu hizmetlerinden yararlanma olanaklarına katkıda bulunmakta, hem de haneler arasındaki ziyaretler aracılığıyla sosyal ilişkilerin gelişmesini sağlamaktadır. Dolayısıyla ulaşımın, toplum genelinde sosyal bütünleşmeyi destekleyen ögelerden biri olduğu söylenebilir.

Araştırmanın ulaşım ile ilgili bölümünde görüşmecilerin yaşadığı bölgedeki kamu ulaşımı ile ilgili bilgiler ve iş/okul ve alışverişe gidiş-geliş amaçlı seyahat örüntüleri saptandıktan sonra, görüşmecilerin bölgedeki kamusal ulaşımı ve kullanımını değerlendirmeleri istenmiştir.

Toplu ulaşımın değerlendirilmesi

Toplu taşıma olanağı ve kullanımı

Yaşadıkları bölgede toplu taşıma olup olmadığı sorulduğunda, görüşmecilerin %72'si bulunmadığını ifade etmiştir. Bu oran Suriçi ve Aşağı Maraş'ta %100'e yaklaşmıştır (Tablo 4.4.1). Hane başına düşen aylık gelirin diğer mahallere göre daha düşük olduğu saptanan bu iki mahallede toplu taşıma olanağının bulunmaması ya da (Aşağı Maraş'ta) çok kısıtlı olması, fiziksel olarak kentin kuzey yönündeki canlı bölgelerinden uzak olan bu çevrelerin kentten daha da soyutlanmasına neden olduğu söylenebilir.

Tablo 4.4.1. Yaşadığınız bölgede toplu taşıma olanağı var mı? (Yüzdelik değerler)

Toplu taşıma olanağı var mı?	Suriçi	Baykal	Karakol	Tuzla	Sakarya	D.pınar	Çanakkale	A.Maraş	TOPLAM
Evet	2.7	25.0	36.5	40.0	23.8	61.4	38.5	3.9	27.7
Hayır	97.3	75.0	63.5	60.0	76.2	38.6	61.5	96.1	72.3
TOPLAM	100.0	100.0	100.0	100.0	100.0	100.0	100.0	100.0	100.0

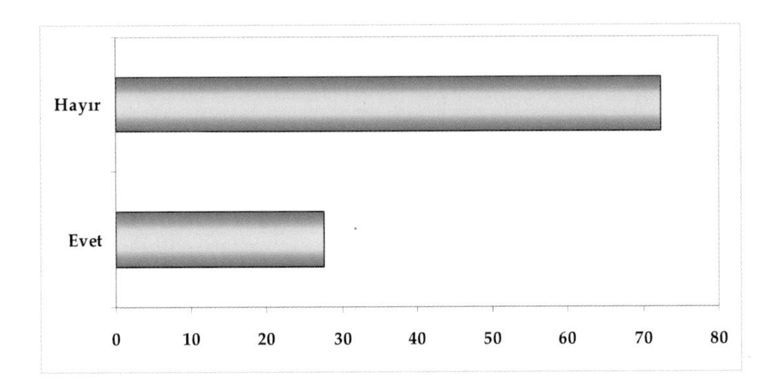

Şekil 4.4.1. Yaşadığınız bölgede toplu taşıma olanağı var mı? (Yüzdelik değerler)

Görüşmecilere yöneltilen *"Bölgede toplu taşıma olanağı olsaydı insanların toplu taşıma araçlarını kullanmaktan ne kadar memnun olacaklarını düşünüyorsunuz?"*sorusuna ise çok büyük çoğunluğu memnun olacağını (%51 çok memnun, %39 oldukça memnun) ifade etmiştir. Suriçi'nde görüşmecilerin tamamı, Aşağı Maraş, Tuzla, ve Karakol'da ise çok büyük çoğunluğu bu düşüncededir (Tablo 4.4.2).

Tablo 4.4.2. İnsanların olası kamu ulaşımını kullanmaktan memnuniyet öngörüsü (Yüzdelik değerler)

Bölgede toplu taşıma olsaydı insanlar ne kadar memnun olurlardı?	Suriçi	Baykal	Karakol	Tuzla	Sakarya	D.pınar	Çanakkale	A.Maraş	TOPLAM
Çok	55.6	34.5	64.2	33.3	56.7	6.7	42.3	60.0	50.7
Oldukça	44.4	37.9	26.4	61.1	26.7	73.3	42.3	35.4	38.6
Hiç		27.6	9.4	5.6	16.6	20.0	15.4	4.6	10.7
TOPLAM	100.0	100.0	100.0	100.0	100.0	100.0	100.0	100.0	100.0

Toplu taşıma araçlarını ne sıklıkla kullandıkları sorulduğunda, görüşmecilerin %21'i hiç kullanmadığını, %50'si nadiren kullandığını, %7'si bazen, %22'si ise daima ya da sık sık kullandığını belirtmiştir (Tablo 4.4.3).

"Sizce buradan kamu ulaşımı olmadan bir yere gitmek zor mu?" sorusuna yanıt olarak, görüşmecilerin büyük çoğunluğu "oldukça zor" ya da "çok zor" (%49 çok zor, %21 zor) yanıtını vermiştir (Tablo 4.4.4).

Tablo 4.4.3. Toplu taşıma araçlarını kullanım sıklığı (Yüzdelik değerler)

Toplu taşıma araçlarını ne sıklıkta kullanıyorsunuz?	**Suriçi**	**Baykal**	**Karakol**	**Tuzla**	**Sakarya**	**D.pınar**	**Çanakkale**	**A.Maraş**	**TOPLAM**
Hergün		11.1	25.8		14.3	17.9	5.9		12.3
Haftada 1-3 kere		22.2	25.8			7.2	5.9		10.0
Ayda 1-3 kere			9.7		14.3	10.7	11.7		6.9
Ayda 1'den az	100.0	22.3	19.4	100.0	71.4	57.1	35.3	68.0	50.0
Hiç		44.4	19.3			7.1	41.2	32.0	20.8
TOPLAM	100.0	100.0	100.0	100.0	100.0	100.0	100.0	100.0	100.0

Tablo 4.4.4. Bölgede toplu taşıma araçları olmadan ulaşım zorluğunun algılanması (Yüzdelik değerler)

Sizce buradan toplu taşıma araçları olmadan bir yere gitmek zor mu?	**Suriçi**	**Baykal**	**Karakol**	**Tuzla**	**Sakarya**	**D.pınar**	**Çanakkale**	**A.Maraş**	**TOPLAM**
Çok zor	100.0	20.0	52.4	66.7	50.0	53.8	22.2	60.0	49.3
Oldukça zor		40.0	19.0		12.5	30.8	11.1	26.7	21.3
Zor değil		40.0	28.6	33.3	37.5	15.4	66.7	13.3	29.4
TOPLAM	100.0	100.0	100.0	100.0	100.0	100.0	100.0	100.0	100.0

Bölgedeki toplu ulaşım sisteminden memnuniyet

Görüşmecilerden yaşadıkları çevreden kamu ulaşımını, 1'in en az, 5'in en çok değeri gösterdiği ölçek kullanılarak yaılan değerlendirmelere göre %45'i çok kötü ya da kötü, %34 ne iyi ne kötü, %20'si ise iyi ya da çok iyi olduğunu söylemiştir. Bu konuda en olumsuz bulgular Sakarya, Aşağı Maraş, ve Çanakkale'deki anketlerden elde edilmiştir (Tablo 4.4.5, Harita 4.4.1, Şekil 4.4.2). Bulgulara göre, Gazimağusa'daki Bölgelerdeki Toplu Ulaşım Sisteminden Memnuniyet Göstergesi 2.55'dir.

Tablo 4.4.5. Toplu ulaşım sisteminin değerlendirilmesi (Yüzdelik değerler)

Genel olarak toplu ulaşım sistemini nasıl değerlendiriyorsunuz?	**Suriçi**	**Baykal**	**Karakol**	**Tuzla**	**Sakarya**	**D.pınar**	**Çanakkale**	**A.Maraş**	**TOPLAM**
Çok kötü		20.0	9.7	25.0	55.6	3.7	23.5	53.8	24.1
Kötü		10.0	19.4	16.7	22.2	25.9	29.4	23.1	21.8
Ne iyi ne kötü	100.0	40.0	51.6	50.0	22.2	29.6	35.3	7.7	33.8
İyi		20.0	9.7	8.3		33.4	11.8	15.4	15.8
Çok iyi		10.0	9.7			7.4			4.5
TOPLAM	100.0	100.0	100.0	100.0	100.0	100.0	100.0	100.0	100.0

Harita 4.4.1. Bölgedeki Toplu Ulaşım Sisteminden Memnuniyet

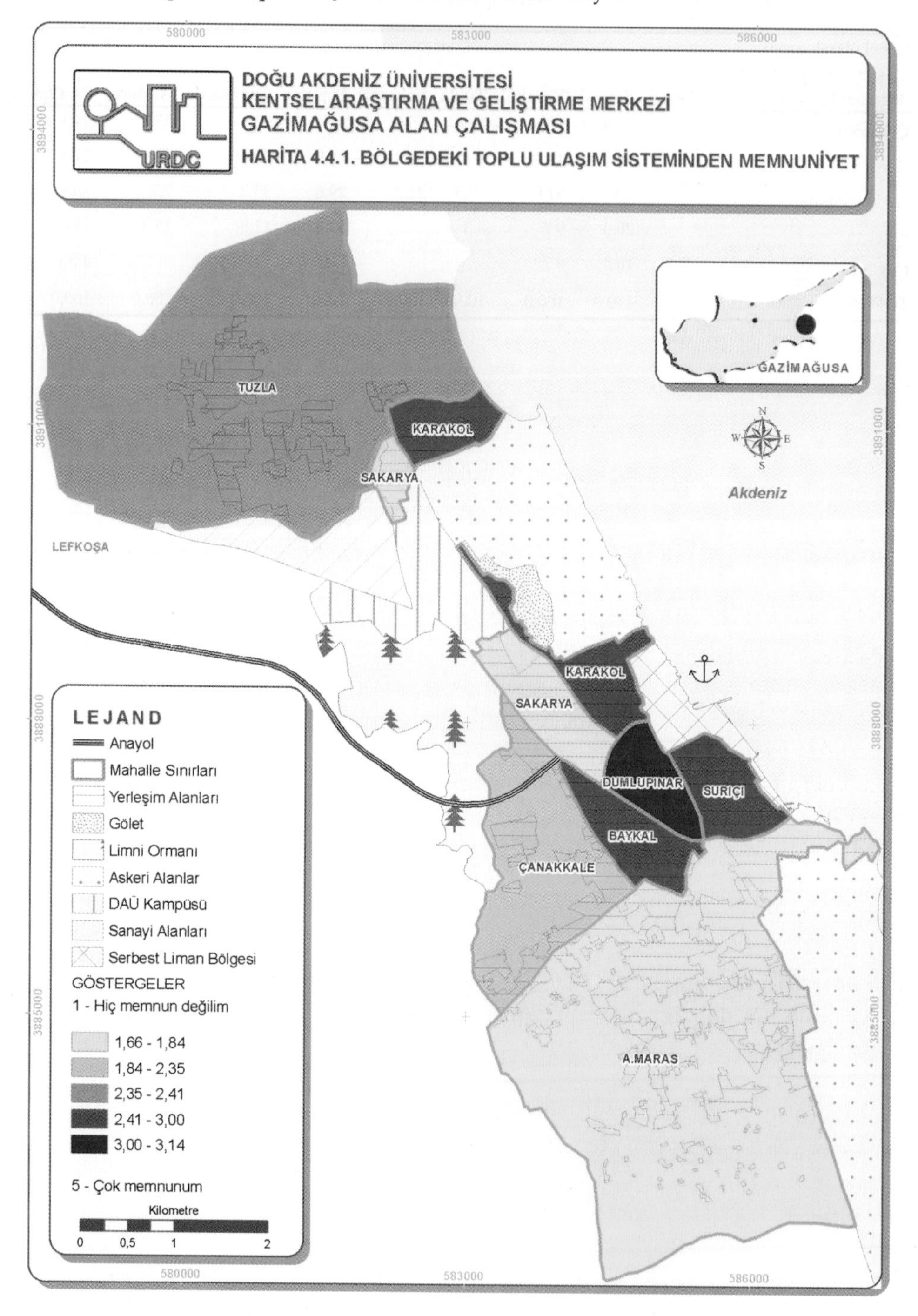

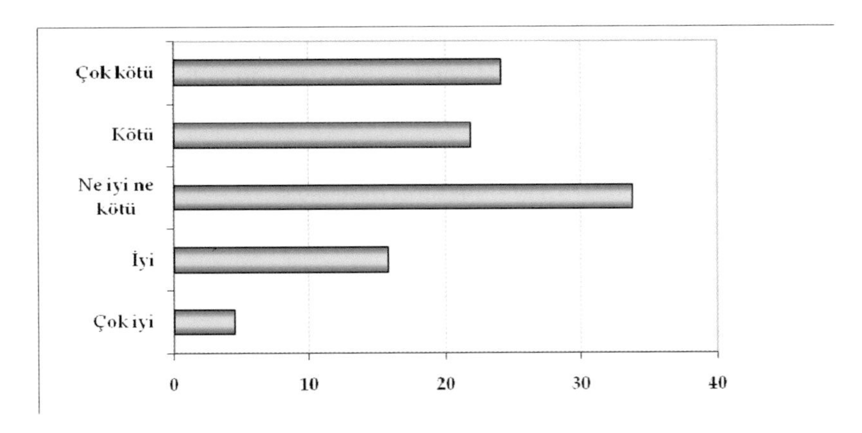

Şekil 4.4.2. Toplu ulaşım sisteminin değerlendirilmesi (Yüzdelik değerler)

İş/okul ve ev arasındaki ulaşım

Hava kirliliğinin azaltılması, enerjinin korunması ve sosyal yaşamın canlandırılması için otomobil kullanımının azaltılması, 20. Yüzyılın son on yılında yadsınamaz bir gereksinme olarak benimsenmiştir. Otomobilin çevre üzerindeki olumsuz etkileri geniş ölçüde anlaşılmış olmasına karşın, toplumsal yaşama olan etkileri yeterince algılanamamaktadır. Yoğun taşıt trafiği mahalleleri böler, ve insanları birbirinden uzaklaştırır. Trafik karmaşası nedeniyle çalışan nüfus evi ve iş yeri arasında her gün daha fazla saatini harcamaktadır. Bazı yerlerde kaldırımların bulunmaması, sorunu iyice belirgin hale getirir. Yoğun trafik, doğal olarak çocukların güvenliği için de önemli bir engeldir, ve çocukların yüz yüze iletişim kurarak sosyalleşmesinde geleneksel olarak etkili bir rol oynayan sokakta oynama özgürlüğünü de kısıtlar. Yoğun trafiğin söz konusu olduğu yerlerde, komşuluk ilişkilerinin de daha az olduğu araştırmalarla saptanmıştır.

İş/üniversite ve ev arasında gerçekleştirilen seyahat gereksinmesi
İşe ve okula seyahat için ulaşım gereksinmesi ve türü ile ilgili değerlendirmeler, hem görüşmeci, hem de eşi için yapılmıştır.

Görüşmecilerin %56'sı haftada 5 gün, %20'si haftada 6 gün, ve %9'u her gün işe/okula gitmekte, diğerleri daha az sıklıkta işe gitmektedir. Görüşmeciler arasında otomobil kullanmanın stresli olduğu görüşünde olanlarla, bu görüşte olmayanların oranları eşit dağılım göstermektedir.

Görüşmecilerin %62'si işe/okula otomobil ile gittiklerini bildirmiş olup, bu oranın %13'ü paylaşımlı olarak gerçekleşmektedir. %16'sı işe/okula yürüyerek gitmekte, %15'i servis aracı kullanmakta, diğer seyahat türleri ise çok düşük oranda (%3'ü otobüsle, %1'i bisikletle) gerçekleşmektedir. İşe/okula otomobil kullanarak gidenlerin oranı Aşağı Maraş, Baykal ve Tuzla'da genel ortalamanın üzerindedir. Yürüyerek işe/okula gidenlerin oranı Sakarya, Çanakkale ve Karakol'da, diğer semtlere göre çok daha fazladır (ortalama %25). Üniversite öğrencilerinin bu semtlerde yoğunlaşmış olması, ve bunların çoğunun otomobili bulunmaması nedeniyle bu sonucun anlamlı olduğu söylenebilir (Tablo 4.4.6, Şekil 4.4.3).

Tablo 4.4.6. İşyerine veya okula ulaşım türü (Yüzdelik değerler)

İşyerine veya okula ne şekilde gidersiniz?	Suriçi	Baykal	Karakol	Tuzla	Sakarya	D.pınar	Çanakkale	A.Maraş	TOPLAM
Özel araçta	45.5	60.7	41.0	52.6	40.0	44.8	38.7	72.5	49.4
Özel araçta ve birkaç kişiyle	9.1	7.1	4.9	31.6	23.3	6.9	22.6	10.0	12.9
Servis	18.2	14.3	23.0	10.5	10.0	20.7	9.7	10.0	15.3
Belediye otobüsü		3.6	4.9			13.8			3.2
Bisiklet		3.6					3.2		.8
Yürüyerek		7.1	23.0	5.3	26.7	13.8	25.8	7.5	16.1
Diğer	27.2	3.6	3.2						2.3
TOPLAM	100.0	100.0	100.0	100.0	100.0	100.0	100.0	100.0	100.0

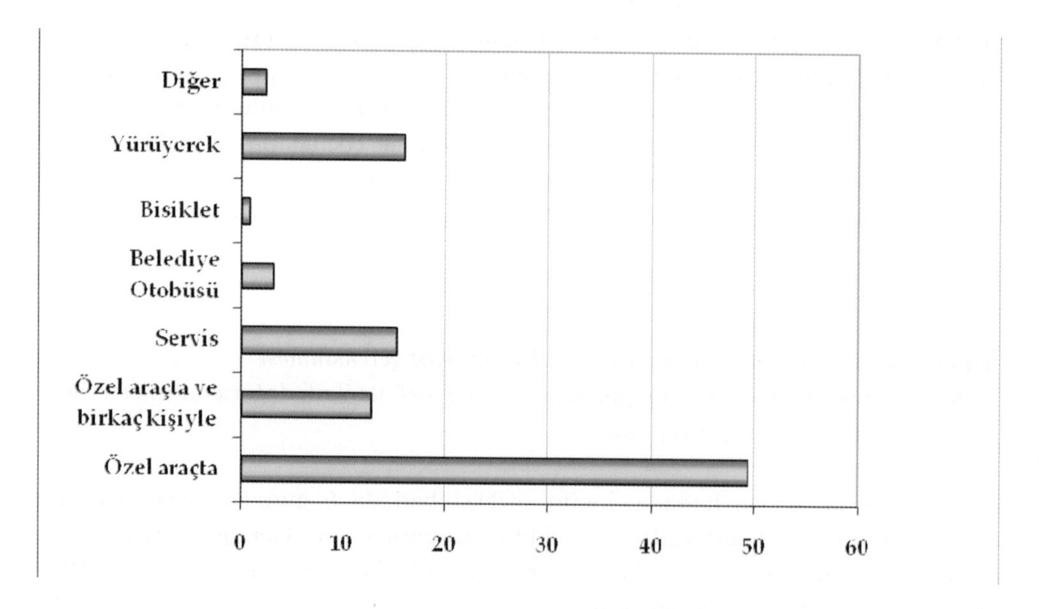

Şekil 4.4.3. İşyerine veya okula ulaşım türü (Yüzdelik değerler)

Harita 4.4.2. İşe/Üniversiteye Ulaşım Türü

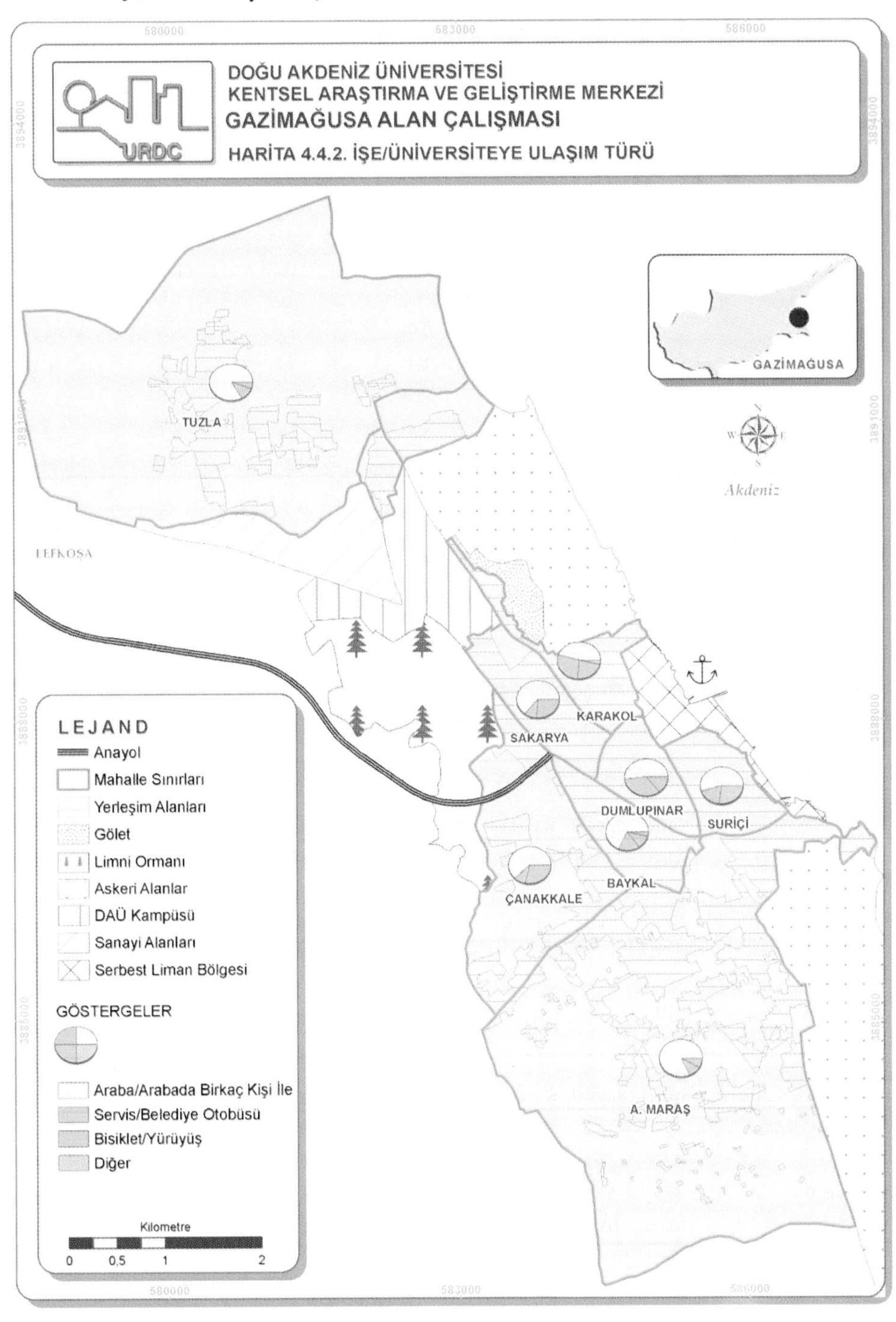

Araştırma bulgularına göre, özel araç ile işe/okula gidiş şekli ile gelir düzeyinin yüksekliği arasında doğrudan bir ilişki vardır (Tablo 4.4.7).

Tablo 4.4.7. Farklı gelir gruplarına göre işe/okula gidiş şekli (Yüzdelik değerler)

	HANE AYLIK GELİRİ				
İŞE/OKULA GİDİŞ ŞEKLİ	850	850-1499	1499-2499	2500+	TOPLAM
Özel araçta	36,8	35,7	56,7	62,5	50,7
Özel araçta birkaç kişiyle	10,5	8,6	11,7	17,5	12,7
Servisle	21,1	28,6	10,0	6,3	15,3
Otobüsle		2,9	5,0	3,8	3,5
Bisikletle		1,4	1,7		,9
Yürüyerek	31,6	20,0	11,7	7,5	14,4
Diğer		2,8	3,2	2,4	2,5
TOPLAM	100.0	100.0	100.0	100.0	100.0

Görüşmecilerin %40'ı özel aracını işe/okula gidişte başkalarıyla paylaşmaya hazır olduğunu belirtmiş, %47'si otomobil kullanmanın her zaman ya da bazen stresli olduğunu ifade etmiştir (Tablo 4.4.8, Tablo 4.4.9).

Tablo 4.4.8. Özel aracın işe/okula gidişte başkalarıyla paylaşılması konusunda isteklilik (Yüzdelik değerler)

Özel aracınızı başkalarıyla paylaşmayı tercih eder miydiniz?	**Suriçi**	**Baykal**	**Karakol**	**Tuzla**	**Sakarya**	**D.pınar**	**Çanakkale**	**A.Maraş**	**TOPLAM**
Evet	28.6	35.3	36.0	60.0	30.0	54.5	58.3	34.4	40.3
Hayır	71.4	64.7	64.0	40.0	70.0	45.5	41.7	65.6	59.7
TOPLAM	100.0	100.0	100.0	100.0	100.0	100.0	100.0	100.0	100.0

Tablo 4.4.9. Özel araç kullanmanın yarattığı stres (Yüzdelik değerler)

Özel araç kullanmak sizin için stresli mi?	**Suriçi**	**Baykal**	**Karakol**	**Tuzla**	**Sakarya**	**D.pınar**	**Çanakkale**	**A.Maraş**	**TOPLAM**
Her zaman stresli		10.0	24.0			27.3		15.6	12.7
Bazen stresli	14.3	35.0	32.0	30.0	70.0	27.3	54.5	25.0	34.1
Stresli degil	85.7	55.0	44.0	70.0	30.0	45.5	45.5	59.4	53.2
TOPLAM	100.0	100.0	100.0	100.0	100.0	100.0	100.0	100.0	100.0

Özel araç kullanımını her zaman stresli bulanların oranının Sakarya semtinde diğer semtlerde elde edilen oranlara göre çok daha yüksek olması, bu semtte plansız kentleşmenin yarattığı dolaşım örüntüsü sorununun en yüksek düzeyde olması, düzgün bir ızgara sisteminin bulunmaması (pek çok çıkmaz sokağın varlığı) ve ticari ve rekreatif işlevlerin her geçen gün artarak otomobil trafiğini ve otopark ihtiyacını artırması ile açıklanabilir.

Görüşmecilere, işe gidiş geliş ve başka amaçlarla yapılan seyahatlar için haftada ortalama kaç kilometre seyahat yaptıkları sorulmuş, ve %14'ünün 100 km, %13'ünün 200 km, %10'unun 150 km, %5'inin 300 km, %5'inin 20 km uzunluğunda seyahat gerçekleştirdiği belirlenmiştir. Diğerleri daha küçük oranlarda dağılarak farklılık göstermektedir. *"Eğer elinizde olsaydı, işyerine/okula başka bir şekilde gitmek ister miydiniz?* sorusuna, %56'sı *"evet"* yanıtı vermiştir (Tablo 4.4.10). Bunların %28'i otomobille tek başına, %24'ü servisle, %16'sı otomobille ve paylaşarak, %12'si belediye otobüsüyle, %12'si yürüyerek, ve %6'sı bisikletle gitmeyi tercih edeceğini ifade etmiştir (Tablo 4.4.11).

Tablo 4.4.10. İşyerine/okula başka bir şekilde gitme isteği (Yüzdelik değerler)

İşyerinize veya okulunuza başka bir şekilde gitmek ister miydiniz?	**Suriçi**	**Baykal**	**Karakol**	**Tuzla**	**Sakarya**	**D.pınar**	**Çanakkale**	**A.Maraş**	**TOPLAM**
Evet	45.5	57.1	59.0	73.7	48.3	70.4	58.1	36.8	55.7
Hayır	54.5	42.9	41.0	26.3	51.7	29.6	41.9	63.2	44.3
TOPLAM	100.0	100.0	100.0	100.0	100.0	100.0	100.0	100.0	100.0

Tablo 4.4.11. İşyerine/okula gidiş şekli tercihi (Yüzdelik değerler)

Hangi şekilde gitmeyi tercih ederdiniz?	**Suriçi**	**Baykal**	**Karakol**	**Tuzla**	**Sakarya**	**D.pınar**	**Çanakkale**	**A.Maraş**	**TOPLAM**
Özel araçta	40.0	16.7	44.4	7.1	27.3	36.8	28.6		28.0
Özel araçta birkaç kişiyle		16.7	16.7	14.3	18.2	15.8	21.4	14.3	16.0
Servisle		33.3	8.3	42.9	9.1	15.8	28.6	64.3	24.0
Otobüsle	40.0		11.1	28.6	9.1	10.5		14.3	12.0
Bisikletle	20.0	8.3			18.2	10.5	7.1		5.6
Yürüyerek		25.0	16.7		9.1	10.5	14.3	7.1	12.0
Diğer			2.8	7.1	9.1				2.4
TOPLAM	100.0	100.0	100.0	100.0	100.0	100.0	100.0	100.0	100.0

İşe/okula gitmek, genellikle, görüşmecilerin %29'unun 10 dakikasını, %22'sinin 5 dakikasını, %16'sının 15 dakikasını, %11'inin 20 dakikasını almaktadır. İşlerinin ya da okullarının bulunduğu yer adı olarak, %39'u Doğu Akdeniz Üniversitesi, %11'i Lefkoşa, ve küçük oranlarda kentin çeşitli bölgelerine dağılım göstermektedir.

İşe/okula ulaşım şeklinden memnuniyet

"Tüm yönleriyle düşünürseniz işinize veya okulunuza gidişinizden memnuniyetinizi değerlendiriniz" şeklinde, 1'den 5'e kadar artan değerler ölçeği kapsamında değerlendirme istendiğinde, görüşmecilerin %72'si memnun, %15'i ne memnun olduğunu ne de olmadığını, %13'ü ise memnun olmadığını söylemiştir (Tablo 4.4.12).

Tablo 4.4.12. Tüm yönleriyle düşünüldüğünde işe/okula gidişten memnuniyet (Yüzdelik değerler)

İşinize veya okulunuza gidişinizden memnun musunuz?	Suriçi	Baykal	Karakol	Tuzla	Sakarya	D.pınar	Çanakkale	A.Maraş	TOPLAM
Hiç memnun değilim	9.1	3.4	3.3		6.9		3.3		2.8
Memnun değilim		6.9	18.0	10.5	6.9	10.7	10.0	4.9	10.1
Ne memnunum ne de değil	27.3	17.2	19.7	21.1	6.9	10.7	16.7	9.8	15.3
Memnunum	63.6	55.2	54.1	57.9	72.4	71.4	56.7	80.5	63.7
Çok memnunum		17.3	4.9	10.5	6.9	7.2	13.3	4.8	8.1
TOPLAM	100.0	100.0	100.0	100.0	100.0	100.0	100.0	100.0	100.0

Çocukların okula ulaşım şekli

İlköğretim düzeyinde çocukları olan görüşmecilerin (%14'ünde 1 çocuk, %2'sinde 2 çocuk) %56'sının çocukları özel otomobille, %25'i yürüyerek, %16'sı ise servisle, ve çok küçük oranlarda kamu ulaşımıyla ve diğer şekillerde okula gitmektedir (Tablo 4.4.13).

Tablo 4.4.13. En küçük çocuğun okula ulaşım şekli (Yüzdelik değerler)

En küçük çocuğunuz (ya da tek çocuğunuz) okula nasıl gidiyor?	Suriçi	Baykal	Karakol	Tuzla	Sakarya	D.pınar	Çanakkale	A.Maraş	TOPLAM
Yürüyerek	66.7		42.9			11.1		42.1	25.4
Okul servisiyle			14.3	33.3			14.3	31.6	15.9
Özel araçla	33.3	100.0	42.9	33.3	100.0	88.9	85.7	26.3	55.6
Kamu ulaşımıyla				16.7					1.6
Diğer				16.7					1.6
TOPLAM	100.0	100.0	100.0	100.0	100.0	100.0	100.0	100.0	100.0

Çocuğu olan görüşmecilerin %81'i çocuklarının okula gidişinin kolay ya da çok kolay olduğunu, %19'u zor ya da çok zor olduğunu ifade etmiştir (Tablo 4.4.14). Çocukların okula gidiş zorluğunun en fazla yansıtıldığı mahalleler sırasıyla, Sakarya, Baykal, Suriçi, ve Karakol'dur. Bu sonuca göre, çocuğunu okula kendi aracıyla götürüp getiren ailelerin, bu durumdan çok memnun olmadığı söylenebilir.

Tablo 4.4.14. Çocuğun okula gitme kolaylığı Yüzdelik değerler)

Sizce çocuğunuzun okula gitmesi kolay mı zor mu?	Suriçi	Baykal	Karakol	Tuzla	Sakarya	D.pınar	Çanakkale	A.Maraş	TOPLAM
Çok kolay		36.4	20.0			8.3	33.3	10.0	14.5
Kolay	66.7	27.3	60.0	100.0	50.0	83.3	55.6	75.0	66.3
Zor	33.3	36.3	20.0		50.0		11.1	15.0	18.0
Çok zor						8.4			1.2
TOPLAM	100.0	100.0	100.0	100.0	100.0	100.0	100.0	100.0	100.0

Alışveriş amaçlı ulaşım

Alışveriş amaçlı ulaşım türü

Görüşmeciler, alışveriş yapmaya ne şekilde gittikleri sorulduğunda, birinci olarak %64'ü otomobille, %26'sı yürüyerek, %7'si taksiyle ya da başka araçlarla, %3'ü otobüsle, çok küçük bir kesim (%1) ise bisikletle gittiğini ifade edilmiştir. İkinci olarak ise çoğunlukla yürüyerek ve taksi tercih edilmektedir (Tablo 4.4.15).

Tablo 4.4.15. Alışverişlerinizi ne tür ulaşım seçenekleri ile yapıyorsunuz

Alışverişlerinizi ne tür ulaşım seçenekleri ile yapıyorsunuz?	Suriçi	Baykal	Karakol	Tuzla	Sakarya	D.pınar	Çanakkale	A.Maraş	TOPLAM
Özel araç ile	55.6	51.4	57.6	76.7	69.8	63.6	61.5	73.1	63.8
Otobüs ile		2.7	2.4	3.3		11.4	7.7	1.3	3.3
Yürüyerek	36.1	43.2	30.6	16.7	9.3	25.0	15.4	24.4	25.5
Bisiklet ile	2.8						2.6	1.3	.8
Diğer	5.5	2.7	9.4	3.3	20.9		12.8		6.6
TOPLAM	100.0	100.0	100.0	100.0	100.0	100.0	100.0	100.0	100.0

Alışverişe yönelik ulaşımdan memnuniyet

1'den 5'e kadar artan değerler ölçeği kapsamında değerlendirme istendiğinde, Görüşmecilerin %76'sı alışverişle ilgili ulaşım şeklinden memnun ya da çok memnun olduğunu, %16'sının memnun olmadığını ya da hiç memnun olmadığını, %8'inin ise ne memnun olduğunu ne de olmadığını belirtmiştir (Tablo 4.4.16).

Tablo 4.4.16. Gıda alışverişinizi yapılan yere ulaşım biçiminden memnuniyet (Yüzdelik değerler)

Gıda alışverişinizi yaptığınız yere ulaşım biçiminizden ne derecede memnunsunuz?	Suriçi	Baykal	Karakol	Tuzla	Sakarya	D.pınar	Çanakkale	A.Maraş	TOPLAM
Hiç memnun değilim	8.3	2.6	7.1	3.3	4.8		7.7	3.9	4.9
Memnun değilim	16.7	2.6	15.3	6.7	14.3	13.6	10.3	7.9	11.3
Ne memnunum ne değilim	11.1	2.6	8.2	10.0	7.1	9.1	15.4	3.9	7.9
Memnunum	61.1	63.3	60.0	66.7	69.0	72.7	48.7	81.6	66.4
Çok memnunum	2.8	28.9	9.4	13.3	4.8	4.6	17.9	2.7	9.5
TOPLAM	100.0	100.0	100.0	100.0	100.0	100.0	100.0	100.0	100.0

Kentteki genel ulaşım sisteminden memnuniyet ve beklentiler

Görüşmecilerden, kentteki genel ulaşım sistemini değerlendirmeleri istendiğinde, %58'i çok kötü ya da kötü, %26'sı ne iyi ne kötü, %17'si ise iyi ya da çok iyi şeklinde yanıtlamıştır (Tablo 4.4.17). 1'in en az, 5'in en çok değeri gösterdiği ölçek kullanılarak yapılan değerlendirmelere göre, Genel Ulaşım Sisteminden Memnuniyet Göstergesi 2.38'dir.

Tablo 4.4.17. Gazimağusa'nın genel ulaşım sisteminin değerlendirilmesi (Yüzdelik değerler)

Gazimağusa'nın genel ulaşım sistemini değerlendiriniz	Suriçi	Baykal	Karakol	Tuzla	Sakarya	D.pınar	Çanakkale	A.Maraş	TOPLAM
Çok kötü	29.7	17.5	21.4	28.6	34.9	8.9	35.9	20.0	23.5
Kötü	56.8	30.0	25.0	21.4	51.1	24.4	35.9	34.7	34.0
Ne iyi ne kötü	10.8	32.5	29.8	42.9	14.0	31.1	20.5	25.3	25.8
İyi	2.7	17.5	22.6	3.6		31.2	5.1	16.0	14.3
Çok iyi		2.5	1.2	3.5		4.4	2.6	4.0	2.4
TOPLAM	100.0	100.0	100.0	100.0	100.0	100.0	100.0	100.0	100.0

Görüşmecilere, "gelişmiş ve güvenilir bir toplu iletişim sistemi kentteki yaşam kalitesini artıracaktır" önermesine, 1'in en az, 5'in en fazla değeri gösterdiği ölçek kullanılarak, ne derece katıldıkları sorulmuştur. Buradan elde edilen bulgulara göre, görüşmecilerin çok büyük kısmı (%86) bu düşünceye katılmaktadır (Tablo 4.4.18).

Harita 4.4.3. Kentin Genel Ulaşım Sisteminden Memnuniyet

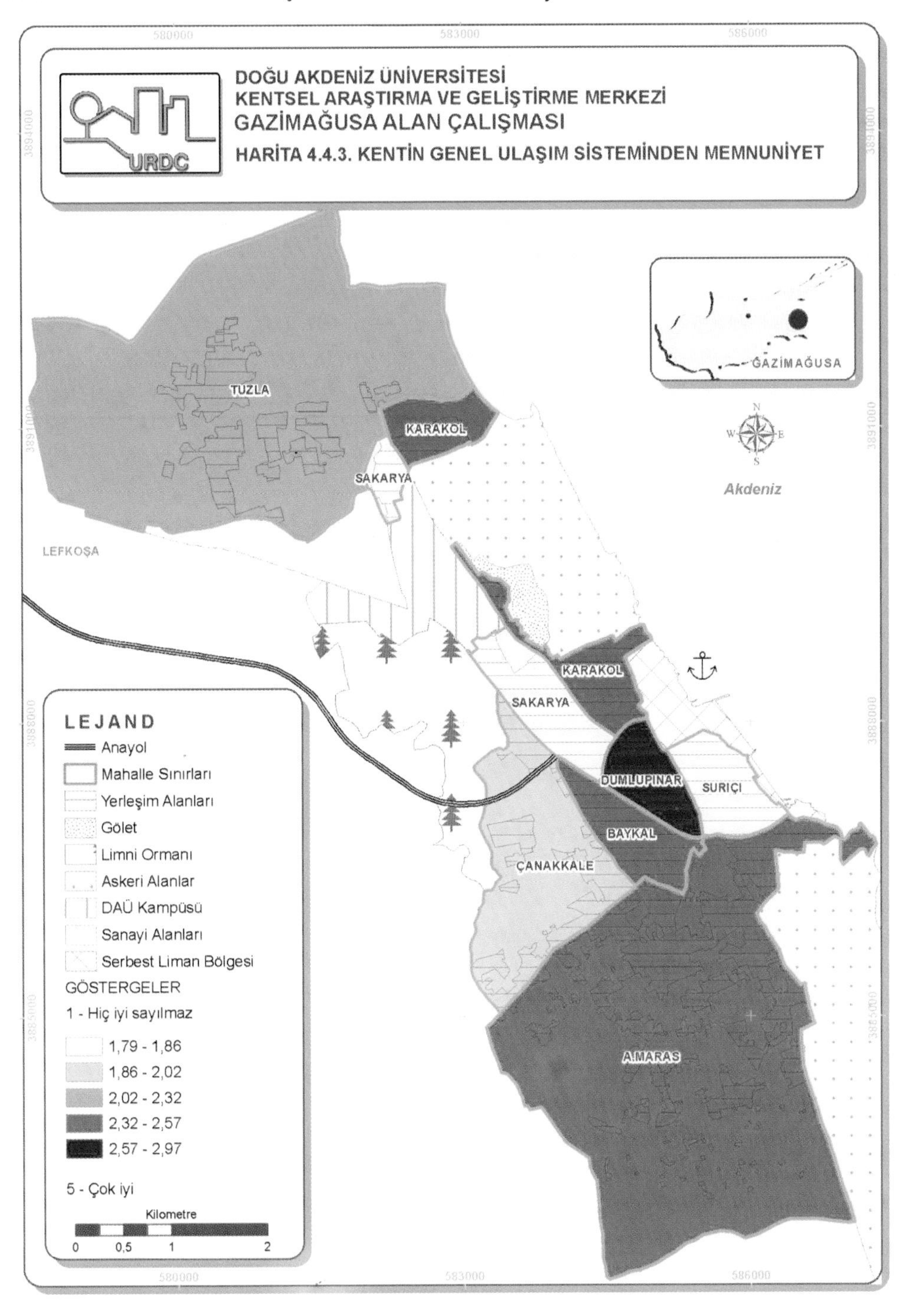

Tablo 4.4.18. Gelişmiş ve güvenilen bir toplu ulaşım sistemi ve kentteki yaşam 2alitesi arasındaki ilişkinin algılanması (Yüzdelik değerler)

"Gelişmiş ve güvenilir bir toplu iletişim sistemi kentteki yaşam kalitesini artıracaktır"	**Suriçi**	**Baykal**	**Karakol**	**Tuzla**	**Sakarya**	**D.pınar**	**Çanakkale**	**A.Maraş**	**TOPLAM**
1-Kesinlikle ayni fikirdeyim	38.9	41.0	59.0	30.0	31.0	40.0	61.5	49.3	46.3
2-Ayni fikirdeyim	58.3	28.2	33.7	66.7	57.1	28.9	33.3	34.2	40.1
3-Ne aynı fikirdeyim ne değilim	2.8	20.5	6.0	3.3	9.5	24.4	5.2	11.0	10.3
4-Aynı fikirde değilim		5.1	1.3		2.4	6.7		5.5	2.8
5-Hiç aynı fikirde değilim		5.2							.5
TOPLAM	100.0	100.0	100.0	100.0	100.0	100.0	100.0	100.0	100.0

4.5 Mahalle ve konut çevresi

Giriş

Konut çevresinin özellikleri yaşam kalitesinin en önemli göstergelerinden biridir ve yaşam kalitesi araştırmalarının sonuçları konut çevreleri tasarımlarına doğrudan yansır. İyi düzenlenmiş ve planlanmış konut çevreleri hem yaşam kalitesini yükseltir, hem de kişileri orada yaşamak için seçime yönlendirir. Bir konut çevresi ne kadar iyi planlanmışsa o çevreden memnuniyeti o ölçüde artırır.

Kentlerin ve konut çevrelerinin planlanmasında/tasarımında, endüstriyel kentleşmenin etkisiyle başlayarak 1960'lardan itibaren uzun bir süre ihmal edilen ya da edilmekte olan bir boyut, konut alanlarındaki sosyal boyutlarıdır. Bu bağlamda, kentlerdeki yaşam, topluluk ruhundan uzaklaşarak, bireyselliği ön plana çıkaran bir perspektifle biçimlendirilmeye çalışılmış, ve modern kentte topluluk yaşamı olanağı sorgulanmıştır (DURKHEIM, 1893; WIRTH, 1938).

Buna alternatif bir bakış açısı ise kentlerde sosyal bütünlüğü olan yerel toplulukları savunanlar tarafından ortaya konan yaklaşımdır. Bu görüşün öncülerinden Jane Jacobs'ın (JACOBS, 1961), kentbilim araştırmalarında hala geçerli olan düşüncelerine göre, kent, konut alanları ölçeğinde sosyal düzenlemenin doğal bir sonucu olarak sosyalleşebilmeyi ve dostça ilişkiler kurmayı kolaylaştırması gereken "insani" bir yerdir. Modern toplumda yerel topluluk kavramının yitirilişi, ayrıca pek çok sosyolojik araştırma ile kanıtlanmıştır.

Yaşam kalitesinin belirlenmesi için, konut çevresinin hem fiziksel hem de sosyal boyutlarının birlikte ele alınması zorunludur. Yerel topluluğun bütünlüğü bir konut çevresindeki sosyal ilişkilerin ve etkileşimlerin çokluğuna ve niteliğine bağlıdır. Yerel topluluk bütünleşmesinin davranışsal ve algısal değişkenlere bağlı olarak ölçütlerini belirleyebilmek için çeşitli yaklaşımlar söz konusudur. Örneğin, Smith, şu dört boyuta dayalı olarak bir çoklu değişken göstergesi uygular (SMITH, 1975): (1) yerel hizmetlerin kullanımı; (2) konut çevresiyle kişisel özdeşleşme; (3) konut çevresinde yaşayanlarla sosyal etkileşim, (4) konut çevresinde yaşayanların belirli değerler ve davranış biçimlerinde uzlaşması.

Öte yandan, iyi tanımlanmış, sosyal bütünlüğü olan konut alanlarındaki yerel topluluklar kanıtladığı üzere, bireyler eş zamanlı olarak hem bir (coğrafi) konut çevresinin, hem de daha geniş (sosyolojik) bir topluluğun üyeleri olabilirler (PACIONE 2001, 377).

Sosyal birleşmenin sağlanması ya da "yerel topluluk" (community) ruhunun geliştirilmesi, toplumsal yaşam kalitesinin yükseltilmesi açısından önemlidir. Konut çevrelerinin araştırılması kent yenileme için öncelikli alanların belirlenmesi açısından da büyük önem taşımaktadır. Bu alanların belirlenmesi aynı zamanda ekonomik, sosyal, kültürel, çevresel, güvenlik ve ulaşım konularının bütünleşmesi için planlama etkinliğine katkıda bulunacaktır.

Yeni konut alanlarında gözlemlenen ve geleneksel dokulara zıt olduğunu düşündüğümüz olumsuz özelliklerin insanların yaşam kalitesini ne derece etkilediği konusunda karar vermek için, tek taraflı olarak uzman gözüyle yapılan gözlemler yeterli değildir. Yaşayan halkın kendisinden duyulan olumlu ve olumsuz değerlendirmeler, savlama ve saptamalarımızı doğrulamak ya da doğru olan yönlerini bulmak için son derece önemlidir.

Bu araştırma çerçevesinde "tümel mahalle" (macro-neighborhood) genel anlamda semt düzeyini, "konut yakın çevresi" (micro-neighborhood) ise konuttan dışarı çıkıdığında görülebilen çevreyi ifade etmektedir. Tümel mahalle görüşmecinin yaşamını geçirdiği, kendini ait hissettiği çevreyi, konut yakın çevresi ise yaşayanlarla ilişki kurduğu çevreyi ifade etmektedir. Bu iki ölçekteki çevre, doğal olarak birbiriyle karşılıklı etkileşim içindedir.

Bu bölümde, mahalle / konut alanı ve komşuluk ile ilgili konular, ilk olarak, örneklem kapsamındaki görüşmecilerin mahalleleriyle ilgili algılamalarının, yaşanan yerin seçimini etkileyen mahalle ve komşuluk konularıyla ilgili düşüncelerinin değerlendirilmesi yoluyla irdelenerek araştırılmaktadır. Bu bağlamda yapılan değerlendirmeler, "tümel mahalle" ve "konut yakın çevresi" düzeylerinde yapılacaktır. İkinci olarak, mahalle kalitesi ile ilgili algılamalar, kişilerin fiziksel ve sosyal çevreleri ile ilgili yaptıkları irdelemeler değerlendirilerek araştırılmaktadır. Bu bölümde ayrıca mahallenin fiziksel ve sosyal nitelikleri ve sorunları irdelenmektedir Dördüncü olarak, komşular ve komşuluk konuları, özellikle komşular arası ilişkilerin önemsendiği bir çerçevede, sosyal bağların gücüyle ilgili ayrıntıları öğrenmek üzere araştırılmaktadır. Beşinci olarak, yerel yönetimin mahalleye verdiği hizmetlerle ilgili konular, altıncı olarak güvenlik konusu, ve son olarak, yerel topluluk içi iletişim kanalları irdelenerek değerlendirilmektedir. Araştırma kapsamında en önemli konuların ve sonuçların vurgulanmasıyla, bir mahalle ve komşuluk profili ortaya çıkacaktır, ki bu da yaşayan halkın sosyal, ekonomik ve çevresel yaşamının niteliğinin belirlenmesinde son derece önemli bir rol oynayacaktır.

"Mahalle", anketler kapsamında, görüşmecilerin yaşadığı konut bölgesi (semt) olarak tanımlanmıştır.

Mahalle/konut seçimini etkileyen faktörler ve önemi

Mahalle ile ilgili memnuniyetin ölçülmesinde en önemli verilerden biri, mahallenin yaşam çevresi olarak tercih edilme nedenlerinin anlaşılması, ve bu tercihte önemli olan temel gereksinmelerin belirlenmesidir.

Mahalle seçiminde etkili olan en önemli nedeni belirleyebilmek için, Görüşmecilere *"Eğer şu anda oturduğunuz eve son 10 yılda taşındıysanız, aşağıdaki nedenler ne derece etkili olmuştur?"* sorusu kapsamında çoklu liste içinde ilgili olanların işaretlenmesi istenmiş, bunun ardından, *"Hangi neden sizin için en önemlidir?"* diye sorulmuştur.

Görüşmecilerin mahalleye taşınmasına neden olan en önemli beş özellik, merkezi konum (%22), işe yakınlık (%17), düşük kiralar (%15), okula ve alışverişe yakınlık (%15), ve akraba ve arkadaşlara yakınlık (%13) olmuştur. Çoğunlukla düşük gelirli halkın yaşadığı Suriçi mahallesinde, akraba ve arkadaşlara yakınlığın, düşük kiralarla birlikte en önemli neden olarak belirlenmesi, bu mahallede geleneksel sosyal yaşamın hala oldukça etkili olduğunu göstermektedir. Kentin merkezden en uzak, ve yerleşime kapalı Kapalı Maraş'a (Varosha) komşu olması nedeniyle gelişmeye en kapalı olan mahallesi olan Aşağı Maraş'ın (Kato Varosha) tercih edilmesinde ise en etkili özelliğin işe yakınlık (%43) olması, bu bölgede yer alan hafif endüstri ve ticaret bölgesinin varlığıyla ilişkilendirilebilir.

Mahalleye/konuta taşınılmasında en az rol oynayan nedenler, camiye yakınlık (%0.5), mahalleye aşinalık (%2), mahallenin çekici görünümü (%2), mahalledekilerin tanıdık olması (%2), ve doğal alanlara (deniz, göl, orman, vb.) yakınlık (%2), olarak saptanmıştır. Bir kıyı kenti olan Gazimağusa'da, denize yakınlık özelliğinin bu kadar önemsiz bir neden olarak çıkması, kentin büyük ölçüde (liman bölgesinin ve askeri bölgenin yarattığı bariyer nedeniyle) denize kapalı olmasının yanında, kent halkının yaşamında denizle içiçeliğin önem kazanamadığının göstergesi olabilir.

Boş zamanları değerlendirecek fırsatlar sunması diğer mahallelerde hiç işaretlenmezken, sadece Karakol'da az da olsa (%6) önemli bir neden olarak belirtilmiştir.Mahallenin çekici bir görünüme sahip olma özelliği, sadece Dumlupınar'daki bir grup tarafından önemli neden olarak belirlenmiş olması ise, mahalleler genelinde insanları cezbedecek kadar etkili bir kentsel peyzaj estetiğinin bulunmadığının kanıtı olarak yorumlanabilir (Tablo 4.5.1 - 4.5.2).

Algılanan mahalle kalitesi (Memnuniyet)

Tümel mahalle ölçeğinde algılanan mahalle kalitesi

Tümel mahalle kalitesi araştırılırken, görüşmecilere, kendilerine yansıyan şekilde, fiziksel, çevresel ve sosyal göstergeler dikkate alınarak çevrelerini, 1'in en az, 5'in en fazla değeri gösterdiği ölçek kullanılarak değerlendirmeleri istenmiştir. Örneklem genelinde, görüşmecilerin %64'ü mahallelerinden memnun olduklarını ifade etmiş, %25'inin olumlu ya da olumsuz bir düşünceye sahip olmadığı, %11'inin ise memnun olmadığı saptanmıştır. Memnuniyet düzeyinin en yüksek olduğu mahalleler sırasıyla Dumlupınar, Baykal, Suriçi, ve Tuzla'dır. Burada ilk iki mahallenin en yüksek gelir düzeyine sahip, ve Kıbrıs doğumlu görüşmecilerin egemen olduğu mahalleler areasında olması, bu etmenlerin önemini gösterse de, Suriçi'ndeki memnuniyetin Karakol, Sakarya, Aşağı Maraş ve Çanakkale'deki memnuniyet düzeyinden yüksek olması, mahallede geçirilen sürenin diğer etmenlerden daha önemli olduğunu ortaya koymaktadır (Tablo 4.5.3, Şekil 4.5.1, Harita 4.5.1)

Tablo 4.5.1. Mahalle/konut seçimini etkileyen faktörler (Yüzdelik değerler)

Aşağıdaki nedenler buraya taşınmanızda ne derece etkili olmuştur?	Suriçi	Baykal	Karakol	Tuzla	Sakarya	D.pınar	Çanakkale	A.Maraş	TOPLAM
İşe yakın oluşu	14.3	8.3	19.1	22.2		22.2	14.7	42.9	16.9
Merkezi konumu		33.3	25.0	11.1	13.3	44.4	11.8		21.6
Konut fiyatlarının ucuzluğu		8.3	2.9	11.1	20.0			14.3	5.3
Kira bedellerinin ucuzluğu	42.9	8.3	17.6	5.6	26.7		17.6		14.7
Alışveriş/okul ve diğer ihtiyaçlar için uygunluk		16.7	8.8	11.1	40.0	11.1	23.5		14.7
Boş zamanları değerlendirme fırsatları			5.9						2.1
Semtin çekici görünümü			1.5			11.1	2.9		2.1
Semtin tanıdık oluşu			1.5				5.9		1.6
Doğal alanların varlığı		4.2	1.5				2.9	14.3	2.1
Caminin yakınlığı			1.5						.5
Açık, ferah bir yer oluşu		4.3	5.9	11.1			11.8		5.8
Akrabalara/arkadaşlara yakınlığı	42.8	12.6	8.8	27.8		11.2	8.9	28.5	12.6
TOPLAM	100.0	100.0	100.0	100.0	100.0	100.0	100.0	100.0	100.0

Tablo 4.5.2. Mahalle/konut seçimini etkileyen en önemli nedenler (Yüzdelik değerler)

Mahalle/konut seçimini etkileyen en önemli 5 neden	%
1. Merkezi konumu	21.5
2. İşe yakınlık	16.8
3. Kira bedellerinin ucuzluğu	14.7
4. Alışveriş/okul ve diğer ihtiyaçlar için uygunluk	14.7
5. Akrabalara/arkadaşlara yakınlık	12.6

Tablo 4.5.3. Tümel mahalle ölçeğinde memnuniyet (Yüzdelik değerler)

Yaşadığınız yerden genel memnuniyetinizi değerlendiriniz	Suriçi	Baykal	Karakol	Tuzla	Sakarya	D.pınar	Çanakkale	A.Maraş	TOPLAM
Hiç memnun değilim	5.4		5.9		2.3	4.5	7.7	2.5	3.8
Memnun değilim	13.5	5.0	14.1	6.7	4.7		2.6	8.9	7.8
Ne memnunum ne değilim	13.5	22.5	31.8	26.7	27.9	13.7	30.8	25.3	24.9
Memnunum	64.9	57.5	44.7	63.3	65.1	65.9	51.3	58.2	57.2
Çok memnunum	2.7	15.0	3.5	3.3		15.9	7.6	5.1	6.3
TOPLAM	100.0	100.0	100.0	100.0	100.0	100.0	100.0	100.0	100.0

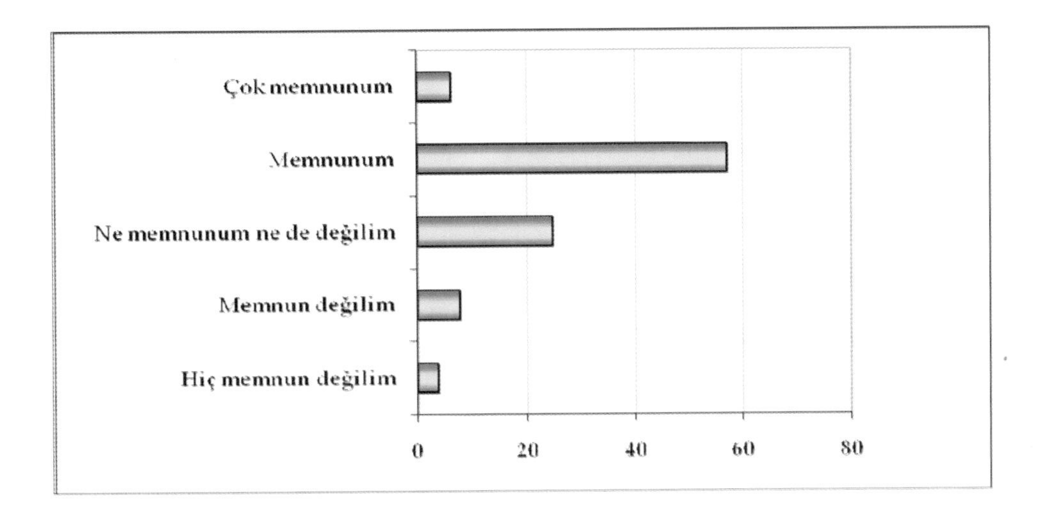

Şekil 4.5.1. Gazimağusa'da tümel mahalle ölçeğinde memnuniyet (Yüzdelik değerler)

Tablo 4.5.3 ve Harita 4.5.1'de görüldüğü gibi, tümel mahalle ölçeğinde memnuniyet konusunda elde edilen bulgular, daha hareketli ve bulunduğu çevreyi değiştirme potansiyeli olan genç (öğrenci) nüfusun yoğunlaştığı Karakol mahallesinde bir ölçüde daha olumsuz olmasına karşın, daha hareketsiz ve bulunduğu çevreyi kolay değiştirmeyecek orta yaşlı ve yaşlıların yoğunlaştığı mahallerde (Baykal, Suriçi) elde edilen sonuçlara göre büyük bir farklılık göstermemektedir. Ne var ki, elde edilen bulgular Regresyon Analizi ile irdelediğinde, yerel halkın ve genç nüfusu oluşturan öğrencilerin mahalleden memnuniyetlerini etkileyen çevresel ögelerin birbirinden farklı olduğu ortaya çıkmıştır (Oktay, Rüstemli ve Marans, 2010).

Harita 4.5.1. Tümel Mahalle Ölçeğinde Memnuniyet

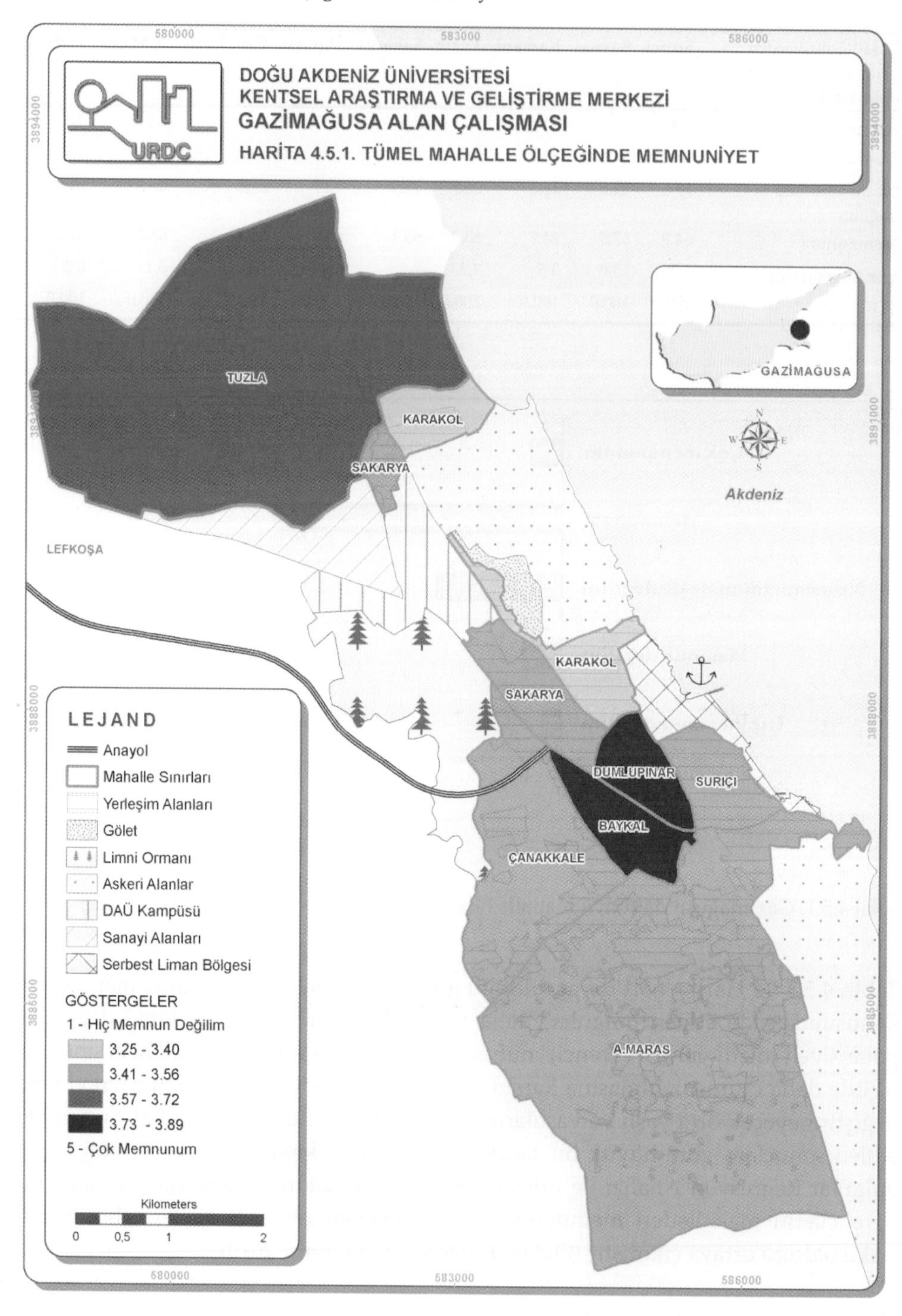

Bu analizlerin sonuçlarına göre, yerel halkın memnuniyetini en çok etkileyen ögeler "mahallenin yaşamak için uygun bir yer" olması ve "mahalle duygusu" sağlaması iken, öğrencilerin menuniyetini en çok etkileyen ögeler, "mahallenin çekici bir yer" olması ve "çevrenin bakımlılığı"dır.

Öte yandan, burada elde edilen bulgular Chi-Square Analizi ile irdelendiğinde, konut mülkiyeti ile ilgili statü (ev sahipliği ya da kiracılık) ile mahalleden memnuniyet arasında güçlü bir ilişki saptanmamıştır (Oktay, Rüstemli ve Marans, 2010).

Gelecek 10 yıl için yaşanan semtteki yaşam kalitesi ile ilgili öngörü. Görüşmecilerin, mahallelerinde gelecekteki gelişmelerden umutlu olup olmadıklarını anlayabilmek için, kendilerine, "daha iyi olacak", "daha kötü olacak", ve "aynı kalacak" önermelerinden birini seçmeleri istenmiştir. Buradan elde edilen bulgulara göre, %64'ü daha iyi olacağını, %21'i daha kötü olacağını, %15'i ise aynı kalacağını ifade etmiştir (Tablo 4.5.4).

Tablo 4.5.4. Gelecek 10 yıl için mahalledeki yaşam kalitesi ile ilgili öngörü (Yüzdelik değerler)

Gelecek 10 yıl içinde yaşadığınız semtteki yaşam kalitesi nasıl bir değişim gösterecek?	**Suriçi**	**Baykal**	**Karakol**	**Tuzla**	**Sakarya**	**D.pınar**	**Çanakkale**	**A.Maraş**	**TOPLAM**
Daha iyi olacak	58.8	58.3	57.7	83.3	62.5	86.1	60.6	50.0	64.2
Daha kötü olacak	29.4	12.5	25.0		33.3	8.3	24.2	28.6	20.7
Aynı kalacak	11.8	29.2	17.3	16.7	4.2	5.6	15.2	21.4	15.1
TOPLAM	100.0	100.0	100.0	100.0	100.0	100.0	100.0	100.0	100.0

Görüşmecilerin çoğunluğunun fiziksel çevre, toplu ulaşım, ve belediye hizmetleriyle ilgili konularda şikayetçi olmasına karşın, daha önce saptandığı gibi önemli bir kısmının (%61) başka bir yere taşınmayı düşünmemesi, ve %64'ünün gelecek 10 yıl için yaşadıkları mahalledeki yaşam kalitesinin daha iyi olacağına inanması psikolojik bir olgu olarak kabul edilerek, "bilişsel çelişki"[12] kuramıyla çok iyi açıklanabilir. Öz olarak, insanlar hizmetlerden memnun olmadıkları halde halen o semtte oturuyor

[12] 1952 yılında Festinger tarafından geliştirilen "bilişsel çelişki" kuramı sosyal psikolojinin en önemli kuramlarından olup, tutum ile davranış arasındaki tutarsızlığa ilişkin yapılmış açıklamalar içerir. Festinger'e göre, bilişsel çelişki, bireyin tutum ve davranışları çeliştiğinde ortaya çıkan ruhsal gerginlik durumudur; ve birey, bu çelişkiyi ortadan kaldırmaya çalışarak bu gerginlikten kurtulmaya çalışır (http://www.psikolojievi.com; ve Proje Danışmanı Prof. Dr. Ahmet Rüstemli ile yapılan görüşmeler, 1-2 Mart 2009).

olmaları bilişsel bir çelişki yaratır. Bu çelişkiyi gidermenin yolu, "ben herşeye rağmen burada oturuyorsam bu semti sevdiğim için oturuyorum" şeklinde bir gerekçeyi anlaşılır bir neden olarak kabul etmektir. Öte yandan, özellikle toplu ulaşım konusundaki zayıflığın, otomobil sahibiyeti (ortalama 2.14) ve kullanımının kent ulaşımında - ne yazık ki – egemen olması ve çok kısa mesafeler için bile otomobil kullanma alışkanlığının, ya da otomobil bağımlılığının yaygınlığının, insanların toplu taşıma konusundaki eksikliğe çok da aldırmamalarına neden olduğu söylenebilir. Ekoloji ve sürdürülebilirlik konusundaki bilinçsizliğin de doğal olarak böyle bir bakış açısını desteklediği düşünülebilir.

Konut yakın çevresi ölçeğinde algılanan mahalle kalitesi

İnsanların yaşadıkları yerle ilgili düşünceleri, tümel mahalleyle ilgili algılamaları kadar, konut yakın çevresiyle ilgili algılamalarıyla ilgilidir. Görüşmecilerin yakın çevrelerinden ne ölçüde memnun olduklarını anlamak için, *"Bütün herşeyi düşündüğünüzde, burada yaşamaktan ne kadar memnunsuz?"* sorusu yöneltilmiş, ve 1'in en az ("hiç memnun değilim"), 5'in en fazla değeri ("çok memnunum") gösterdiği ölçek kullanılarak yanıtlanması istenmiştir.

Tüm mahalleler bir arada değerlendirildiğinde, görüşmecilerin %64'ü memnuniyet (%60 memnun, %4 çok memnun) ifade etmiş, en yüksek memnuniyet değerleri Sakarya, Dumlupınar, Baykal, ve Aşağı Maraş'ta yaşayanlar arasında saptanmıştır. Çanakkale mahallesi dışında diğer tüm mahallelerde görüşmecilerin yarıdan fazlası yakın çevrelerinden memnun olduklarını bildirmişlerdir. Konutun bulunduğu kesimin merkeze yakın ya da uzak olması, eski ya da yeni oluşturulmuş bir çevre olması, düşük ya da yüksek yoğunluğa sahip olması, vb. büyük farklar yaratmamıştır (Harita 4.5.2, Tablo 4.5.5, Şekil 4.5.2).

Tablo 4.5.5. Konut yakın çevresi ölçeğinde genel memnuniyet (Yüzdelik değerler)

Konut yakın çevresi ölçeğinde genel memnuniyetinizi değerlendiriniz	**Suriçi**	**Baykal**	**Karakol**	**Tuzla**	**Sakarya**	**D.pınar**	**Çanakkale**	**A.Maraş**	**TOPLAM**
Hiç memnun değilim	2.7	7.5	5.9	3.3	2.3	2.3	7.7	3.9	4.6
Memnun değilim	16.2	10.0	12.9	3.3	9.3	9.1	10.3	9.1	10.4
Ne memnun ne de değil	18.9	12.5	29.4	26.7	11.6	15.9	35.9	16.9	21.3
Memnunum	56.8	62.5	49.4	63.3	72.1	68.2	43.6	67.5	60.0
Çok memnunum	5.4	7.5	2.4	3.4	4.7	4.5	2.5	2.6	3.7
TOPLAM	100.0	100.0	100.0	100.0	100.0	100.0	100.0	100.0	100.0

Harita 4.5.2. Konut Yakın Çevresi Ölçeğinde Memnuniyet

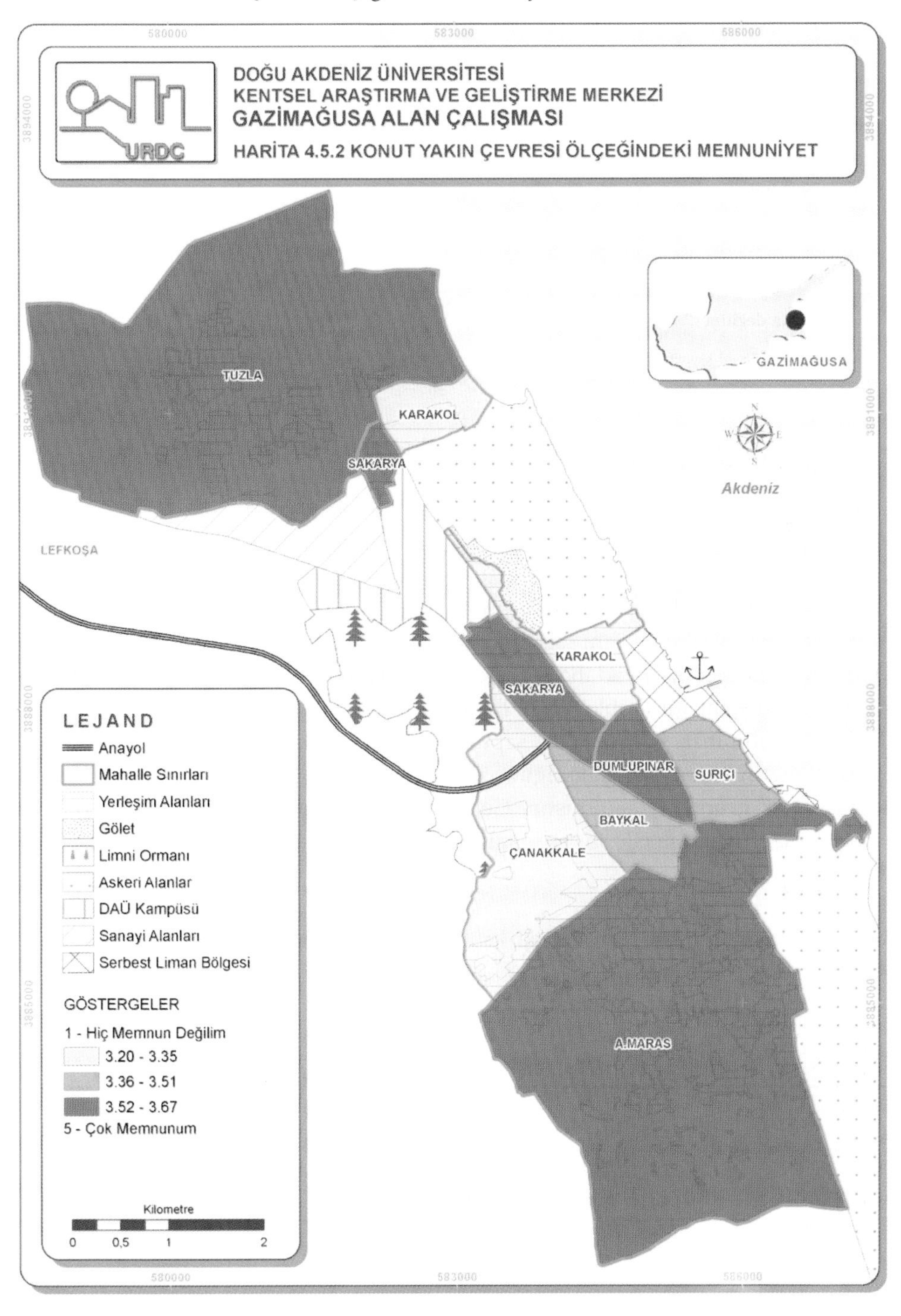

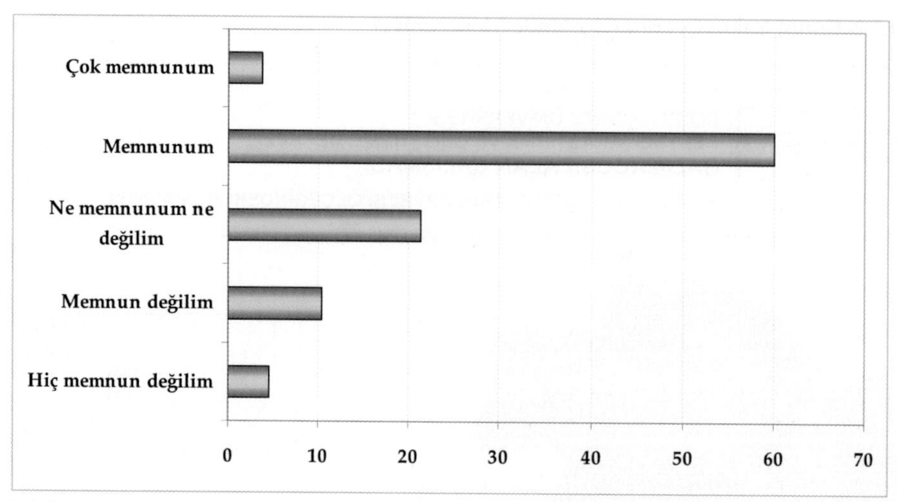

Şekil 4.5.2. Gazimağusa'da konut yakın çevresi ölçeğinde genel memnuniyet algısı (Yüzdelik değerler)

Gelecek 5 yıl için konut yakın çevresindeki yaşam kalitesi ile ilgili öngörü. Görüşmecilerin yaşadıkları yerle ilgili genel memnuniyeti öğrenildikten sonra, "Burasının gelecek 5 yıl içinde nasıl nasıl olacağını tahmin edersiniz?" sorusu yönletilmiştir. Burada elde edilen bulgulara göre, %35 daha iyi olacağını, %41 aynı kalacağını, %24 ise daha kötü olacağını ifade etmiştir (Tablo 4.5.6). Bu konuda gelecekteki gelişmelerden en umutlu olanlar Dumlupınar ve Tuzla'da saptanmış, Aşağı Maraş, Baykal, ve Sakarya'da görüşmecilerin yarısı aynı kalacağını ifade etmiş, diğer mahallelerde alınan yanıtlar ise üç yanıt grubuna dağılmıştır. Gelecekteki gelişmelerle ilgili olarak olumsuz görüşte olan görüşmecilerin en fazla oranda olduğu mahalleler Çanakkale ve Suriçi'dir.

Tablo 4.5.6. Konut yakın çevresindeki kaliteyle ilgili gelecek 5 yıl için öngörü (Yüzdelik değerler)

Burasının gelecek 5 yıl içinde nasıl olacağını tahmin edersiniz?	**Suriçi**	**Baykal**	**Karakol**	**Tuzla**	**Sakarya**	**D.pınar**	**Çanakkale**	**A.Maraş**	**TOPLAM**
Daha iyi	21.7	27.5	38.1	65.5	27.9	56.8	43.6	17.3	35.0
Aynı	45.9	50.0	32.1	13.8	48.8	34.1	23.1	62.7	40.9
Daha kötü	32.4	22.5	29.8	20.7	23.3	9.1	33.3	20.0	24.0
TOPLAM	100.0	100.0	100.0	100.0	100.0	100.0	100.0	100.0	100.0

Mahalle özelliklerinin irdelenmesi

Kent planlamacıların ve kentsel tasarımcıların günümüzdeki önemli bir sorumluluğu, yeni konut çevrelerini tasarıma başlamadan önce, geleneksel ve çağdaş konut alanlarını analiz etmektir; bu, sadece konut alanlarının fiziksel ve çevresel özellikleri açısından değil, yaşayanların yaşam tarzıyla yakından ilişkili olan işlevsel boyutlarını irdelemek için yapılacaktır. Bu nedenle, araştırmanın mahalle özellikleri ile ilgili bölümünde, mahalleden memnuniyeti oluşturan ve düzeyini belirleyen fiziksel, çevresel ve sosyal boyutlar anlaşılmaya çalışılmaktadır. Mahalle ile ilgili memnuniyet, hem konut yakın çevresi özellikleri, hem de mahallenin belirli özellikleri ile ilgili düşüncelerin yansımasıyla oluşur. Bu bölümde, mahallenin tümel ölçekte ve konut yakın çevresi ölçeğindeki özelliklerinin genel bir değerlendirmesini ortaya koymak için, belirli göstergeler vurgulanacaktır.

Tümel Mahalle ölçeğinde özellikler

Tümel mahalle ölçeğindeki kalite irdelenirken, görüşmecilerin bazı boyutlarla ilgili daha ayrıntılı görüşlerinin alınması için, kendilerine bir dizi önerme sunulmuş, ve 1'in en az, 5'in en fazla değeri gösterdiği ölçek kullanılarak yanıtlamaları istenmiştir. Mahallenin çekici bir görünüme sahip olup olmadığı sorusuna genelde %29 oranında olumsuz yanıt alınmıştır. Yakın çevresini çekici bulanların oranı %44'de kalmış, %27 ise orta derecede çekici olduğunu ifade etmiştir. Dumlupınar, Suriçi, ve Sakarya'da yaşayanlar en yüksek memnuniyet oranını yansıtmışlardır. Bu bağlamda en olumsuz tepkiler Çanakkale ve Tuzla'daki görüşmecilerden gelmiş olup, bu mahallelerde alınan olumsuz yanıtların oranı, mahalleler ortalamasının üzerindedir (Tablo 4.5.7).

Mahallenin yaşamak için güzel bir yer olup olmadığı sorusuna, görüşmecilerin %20'si güzel bir yer olmadığını belirtmiş, güzel bir yer olduğunu ifade edenlerin oranı %56 düzeyinde kalmıştır. %24'ü ise orta derecede olumludur. Bu soruya en olumlu yanıtlar Dumlupınar, Baykal, ve Suriçi'ndeki görüşmecilerden gelmiştir. en düşük değerler, Karakol ve Çanakke'de alınmıştır (Tablo 4.5.8).

Tablo 4.5.7. Mahalle görünümünün çekiciliği (Yüzdelik değerler)

Mahallenin estetik görünümü	**Suriçi**	**Baykal**	**Karakol**	**Tuzla**	**Sakarya**	**Dumlupınar**	**Çanakkale**	**A.Maraş**	**TOPLAM**
1-Çekici bir yer Degil	5.4	27.5	21.4	33.3	2.3	4.5	30.8	23.1	18.7
2	10.8	7.5	10.7	6.7	11.6	13.6	15.4	10.3	10.9
3	27.0	22.5	38.1	23.3	32.6	18.2	28.2	17.9	26.6
4	48.6	7.5	11.9	13.3	32.6	38.6	15.4	11.5	20.5
5-Çekici bir yer	8.2	35.0	17.9	23.4	20.9	25.1	10.2	37.2	23.3
TOPLAM	100.0	100.0	100.0	100.0	100.0	100.0	100.0	100.0	100.0

Tablo 4.5.8. Mahallenin bir yaşam çevresi olarak niteliği (Yüzdelik değerler)

Mahallenin yaşam çevresi olarak uygunluğu	Suriçi	Baykal	Karakol	Tuzla	Sakarya	D.pınar	Çanakkale	A.Maraş	TOPLAM
1-Yasamak için güzel bir yer değil	8.1	5.0	25.0	13.3	2.4	11.4	7.7	15.4	12.9
2	5.4	10.0	13.1	3.3	4.8		10.3	6.4	7.4
3	21.6	17.5	26.2	23.3	33.3	11.4	33.3	21.8	23.6
4	59.5	20.0	15.5	10.0	40.5	52.3	25.6	16.7	27.7
5-Yaşamak için güzel bir yer	5.4	47.5	20.2	50.0	19.0	25.0	23.1	39.7	28.4
TOPLAM	100.0	100.0	100.0	100.0	100.0	100.0	100.0	100.0	100.0

Tüm mahallelerde, çevrede boş zamanlarda yapılabilecek bir şey olup olmadığı sorusuna görüşmecilerin en az yarısı olumsuz yanıt vermiş (ortalama %57 olumsuz) olup, Çanakkale mahallesinde elde edilen bulgular en olumsuz değerlerdir (Tablo 4.5.8).

Tablo 4.5.9. Mahallede boş zamanlarda yapılabilecek şeylerin yeterliliği (Yüzdelik değerler)

Mahallede yapılacak şeylerin yeterliliği	Suriçi	Baykal	Karakol	Tuzla	Sakarya	D.pınar	Çanakkale	A.Maraş	TOPLAM
1-Yapacak pek bir şey yok	2.7	42.5	47.6	56.7	11.9	22.7	64.1	23.1	33.8
2	45.9	7.5	15.5	10.0	33.3	36.4	12.8	25.6	23.1
3	27.0	17.5	23.8	13.3	23.8	22.7	12.8	26.9	22.1
4	18.9	10.0	7.1		16.7	13.6		6.4	8.9
5-Yapacak çok şey var	5.4	22.5	6.0	20.0	14.3	4.5	10.3	17.9	12.2
TOPLAM	100.0	100.0	100.0	100.0	100.0	100.0	100.0	100.0	100.0

Mahalleden diğer bölgelere erişim konusunda, görüşmecilerin %62'si erişimin kolay olduğunu, %16'sı orta derecede zor olduğunu, %23'ü ise zor olduğunu bildirmiştir. Bu konuda en olumlu yanıtlar Sakarya, Dumlupınar, ve Baykal'dan gelmiştir. Aşağı Maraş ve Karakol'da elde edilen değerler, genel ortalama olan %62'nin altında kalmıştır (Tablo 4.5.10).

Tablo 4.5.10. Mahallenin erişilebilirliği (Yüzdelik değerler)

Mahalle erişilebilirliği	Suriçi	Baykal	Karakol	Tuzla	Sakarya	D.pınar	Çanakkale	A.Maraş	TOPLAM
1-Ulaşılması zor	2.7	15.0	23.8	33.3		4.5	17.9	24.7	16.5
2	5.4	2.5	9.5		7.1	4.5	7.7	6.5	6.1
3	32.4	15.0	17.9	3.3	11.9	11.4	12.8	16.9	15.8
4	56.8	2.5	8.3		50.0	34.1	25.6	15.6	22.2
5-Ulaşılması kolay	2.7	65.0	40.5	63.3	31.0	45.5	35.9	36.4	39.4
TOPLAM	100.0	100.0	100.0	100.0	100.0	100.0	100.0	100.0	100.0

Mahallenin çocuk yetiştirmek için iyi bir yer olup olmadığı sorusuna, görüşmecilerin %58'i olumlu yanıt vermiş olup, en olumlu yanıtlar Baykal, Dumlupınar, ve Tuzla'dan gelmiştir. Karakol ve Çanakkale'de elde edilen bulgular en düşük değrelri içermektedir (Tablo 4.5.11).

Çevre kirliliği açısından, mahalleler genelinde olumlu, olumsuz düşünen, ya da kararsız olanların oranları eşit bir dağılım göstermektedir. En olumlu yanıtlar Dumlupınar ve Baykal'dan gelmiştir (Tablo 4.5.12).

Tablo 4.5.11. Mahallenin çocuk yetiştirmek açısından niteliği (Yüzdelik değerler)

Mahallenin çocuk yetiştirmeye uygunluğu	Suriçi	Baykal	Karakol	Tuzla	Sakarya	D.pınar	Çanakkale	A.Maraş	TOPLAM
1-Çocuk yetiştirmek için iyi bir yer degil	5.4	2.5	35.0	17.2		11.4	12.8	10.3	14.2
2	16.2	7.5	8.8		3.1	2.3	15.4	5.1	7.4
3	16.2	12.5	20.0	10.3	37.5	13.6	25.6	23.1	20.1
4	59.5	17.5	10.0	6.9	28.1	31.8	23.1	23.1	23.5
5-Çocuk yetiştirmek için iyi bir yer	2.7	60.0	26.3	65.5	31.3	40.9	23.1	38.5	34.8
TOPLAM	100.0	100.0	100.0	100.0	100.0	100.0	100.0	100.0	100.0

Tablo 4.5.12. Mahalle çevresinin temizlik düzeyi (Yüzdelik değerler)

Mahalle çevresinin temizliği	Suriçi	Baykal	Karakol	Tuzla	Sakarya	D.pınar	Çanakkale	A.Maraş	TOPLAM
1-Çevre kirli	2.7	22.5	31.0	36.7	9.5	11.4	25.6	15.4	19.8
2	37.8	2.5	9.5	6.7	7.1	4.5	28.2	17.9	14.0
3	40.5	25.0	23.8	36.7	52.4	18.2	17.9	39.7	31.5
4	16.2	17.5	15.5	3.3	28.6	52.3	12.8	6.4	18.4
5-Çevre temiz	2.8	32.5	20.2	16.7	2.4	13.6	15.4	20.5	16.5
TOPLAM	100.0	100.0	100.0	100.0	100.0	100.0	100.0	100.0	100.0

Mahalledeki trafik ile ilgili olarak, tüm görüşmecilerin ortalama %48'i yoğun trafiği sorun olarak göstermiş, %16'sı orta derecede trafik olduğunu, %35'i ise az trafik olduğunu bildirmiştir. Sakarya, Dumlupınar, Karakol, ve Tuzla'da hane halkı temsilcilerinin yarıdan fazlası mahallelerindeki trafiği yoğun bulmaktadır (Tablo 4.5.13).

Tablo 4.5.13. Mahalledeki trafik yoğunluğu (Yüzdelik değerler)

Mahalledeki trafik yoğunluğu	Suriçi	Baykal	Karakol	Tuzla	Sakarya	D.pınar	Çanakkale	A.Maraş	TOPLAM
1-Trafik çok	2.7	35.0	33.3	45.0	23.8	20.5	23.1	29.5	26.8
2	45.9	2.5	16.7	5.0	31.0	34.1	12.8	19.2	21.1
3	10.8	20.0	19.0	5.0	26.2	22.7	15.4	9.0	16.4
4	27.0	25.0	11.9		19.0	20.5	25.6	15.4	18.0
5-Trafik az	13.6	17.5	19.0	45.0		2.3	23.1	26.9	17.7
TOPLAM	100.0	100.0	100.0	100.0	100.0	100.0	100.0	100.0	100.0

Gürültü ile ilgili soruya verilen yanıtlara göre, genelde %45 mahallelerinin sessiz olduğunu, %22 orta derecede gürültülü olduğunu, %34 ise gürültülü olduğunu bildirmiştir. Suriçi ve Karakol'daki bulgular, genel ortalamadan daha yüksek bir olumsuzluk yansıtmaktadır. Aşağı Maraş mahallesindeki trafik yoğunluğu, bulunduğu konumla uyumlu olarak yeni yapılaşmalara kapalı olmanın etkisiyle, en az değerlerdedir (Tablo 4.5.14).

Tablo 4.5.14. Mahalledeki gürültü düzeyi (Yüzdelik değerler)

Mahalledeki gürültü düzeyi	Suriçi	Baykal	Karakol	Tuzla	Sakarya	D.pınar	Çanakkale	A.Maraş	TOPLAM
1-Gürültülü		30.0	32.1	25.0	4.9	18.6	33.3	9.0	19.4
2	51.4		13.1		29.3	11.6	2.6	9.0	14.4
3	10.8	17.5	17.9		34.1	44.2	15.4	21.8	21.5
4	24.3	17.5	15.5	10.0	24.4	23.3	23.1	5.1	16.7
5-Sakin	13.5	35.0	21.4	65.0	7.3	2.3	25.6	55.1	28.0
TOPLAM	100.0	100.0	100.0	100.0	100.0	100.0	100.0	100.0	100.0

Konut yakın çevresi ölçeğinde özellikler

Konut yakın çevresinin değerlendirilmesinde, bu çevrenin belirli özellikleriyle ilgili düşünceler büyük ölçüde etkileyici olur. Konut yakın çevresi düzeyinde özelliklerin değerlendirilmesinde, konuttan bakıldığında görülebilecek çevre kapsamındaki fiziksel ve sosyal özellikler ele alınmaktadır. Bu bağlamda, *"Sokak kapınıza çıktığınızda görebildiğiniz uzaklıktaki çevre için aşağıdaki özellikleri, 1'in en az, 5'in en fazla değeri gösterdiği ölçeği kullanarak değerlendirir misiniz?"* sorusu yöneltilmiş, ve fiziksel ve sosyal çevre ile ilgili bazı önermeler arasından, en uygun olanı seçmeleri istenmiştir. *Fiziksel özellikler.* Bu kapsamda, görüşmecilerin, konut yakın çevresindeki gürültü düzeyi, konutların ve dış mekanların/yolların bakımlılığı, nüfus yoğunluğu (kalabalıklık), trafik yoğunluğu, ağaçlar ve yeşil bir çevrenin varlığı, güvenlik düzeyi, ve otoparklar ile ilgili sorulara verdikleri yanıtlar irdelenmektedir.

Yakın çevredeki gürültü düzeyi ile ilgili olarak, örneklem genelinde %48 sessiz, %23 orta derecede sessiz, %28 ise gürültülü olduğunu bildirmiştir. En gürültülü semtler Suriçi (%49), Karakol (%42) ve Sakarya (%33) olarak saptanmıştır (Tablo 4.5.15).

Tablo 4.5.15. Konut yakın çevresi ölçeğinde gürültü algısı (Yüzdelik değerler)

	Suriçi	**Baykal**	**Karakol**	**Tuzla**	**Sakarya**	**Dumlupınar**	**Çanakkale**	**A.Maraş**	**TOPLAM**
1-Gürültülü	2.7	15.4	32.5	16.7	7.0	11.4	17.9	6.4	15.0
2	45.9		9.6	3.3	25.6	11.4	5.1	10.3	13.2
3	16.2	20.5	21.7	13.3	27.9	40.9	35.9	15.4	23.4
4	24.3	17.9	12.0	23.3	34.9	34.1	17.9	6.4	19.1
5-Sessiz	10.9	46.2	24.1	43.3	4.7	2.3	23.1	61.5	29.3
TOPLAM	100.0	100.0	100.0	100.0	100.0	100.0	100.0	100.0	100.0

Konutların bakımlılığı açısından en olumlu değerler, yerel halkın nüfusun çoğunluğu oluşturduğu Dumlupınar, Tuzla ve Baykal'da saptanmıştır. Konutların en bakımsız olduğu mahalle ise, en eski dokuya sahip, ve daha düşük gelirli nüfusun yaşadığı Suriçi'nde saptanmıştır (Tablo 4.5.16).

Tablo 4.5.16. Konut yakın çevresi ölçeğinde konutların bakımlılığı (Yüzdelik değerler)

Konutların bakımlılığı	**Suriçi**	**Baykal**	**Karakol**	**Tuzla**	**Sakarya**	**D.pınar**	**Çanakkale**	**A.Maraş**	**TOPLAM**
1-Konutlar çok bakımsız	10.8	12.8	23.8	16.7		4.5	25.6	24.7	16.5
2	54.1	2.6	16.7		11.6	13.6	12.8	11.7	15.3
3	24.3	20.5	27.4	16.7	48.8	13.6	20.5	41.6	28.5
4	8.1	30.8	13.1	13.3	39.5	59.1	28.2	9.1	23.2
5-Konutlar çok bakımlı	2.7	33.3	19.0	53.3		9.1	12.8	13.0	16.5
TOPLAM	100.0	100.0	100.0	100.0	100.0	100.0	100.0	100.0	100.0

Bahçeler ve yolların bakımı konusunda en düşük değerler Suriçi'nde saptanmış, Aşağı Maraş, Karakol ve Çanakkale'de de görüşmecilerin yarısı bu konuda sorun olduğunu bildirmiştir. En yüksek memnuniyet düzeyinin saptandığı Baykal'da bile oran, görüşmecilerin yarısından biraz azdır (Tablo 4.5.17).

Tablo 4.5.17. Konut yakın çevresi ölçeğinde bahçe ve yolların bakımlılığı (Yüzdelik değerler)

Bahçe ve yolların bakımlılığı	Suriçi	Baykal	Karakol	Tuzla	Sakarya	D.pınar	Çanakkale	A.Maraş	TOPLAM
1-Bahçe ve yollar bakımsız	8.1	28.2	30.1	30.0	2.3	6.8	25.6	37.3	23.1
2	56.8	2.6	20.5	6.7	14.0	20.5	23.1	13.3	19.2
3	21.6	25.6	30.1	30.0	53.5	38.6	25.6	34.7	32.8
4	8.1	17.9	12.0	3.3	30.2	34.1	17.9	5.3	15.4
5- Bahçe ve yollar bakımlı	5.4	25.6	7.2	30.0			7.7	9.3	9.5
TOPLAM	100.0	100.0	100.0	100.0	100.0	100.0	100.0	100.0	100.0

Konut yakın çevresinin kalabalık olup olmadığı konusundaki değerlendirmelerde, örneklem genelinde görüşmecilerin %43'ü kalabalık olmadığını, %31'i orta derecede kalabalık olduğunu, %36'sı ise kalabalık olduğu görüşünü bildirmiştir. Aşağı Maraş (%64) ve Tuzla (%60)'da alınan değerler, bu iki mahallenin diğerlerine göre çok daha tenha olduğunu doğrulamıştır. Kentin güneyindeki Aşağı Maraş'ta, yerleşime kapalı bölgeye (Kapalı Maraş) bitişik olunması nedeniyle yeni yapılaşmanın diğer bölgelere göre çok daha az olması, Tuzla'da ise, plansız ve çok düşük yoğunlukla gerçekleşen yapılaşma dikkate alındığında, bu sonuçlar şaşırtıcı değildir. Suriçi mahallesinde, örneklem ortalamasına göre daha yüksek bir kalabalık algısı söz konusudur (Tablo 4.5.18).

Tablo 4.5.18. Konut yakın çevresi ölçeğinde kalabalık algısı (Yüzdelik değerler)

Nüfus yoğunluğu	Suriçi	Baykal	Karakol	Tuzla	Sakarya	D.pınar	Çanakkale	A.Maraş	TOPLAM
1-Kalabalık	2.7	15.4	28.6	6.7		11.4	15.4	10.4	13.2
2	40.5	12.8	4.8		20.9	20.5	5.1	9.1	13.0
3	18.9	38.5	31.0	33.3	46.5	38.6	33.3	16.9	30.8
4	24.4	7.7	15.5	3.3	32.6	22.7	25.6	9.1	17.0
5-Tenha	13.5	25.6	20.2	56.7		6.8	20.5	54.5	26.0
TOPLAM	100.0	100.0	100.0	100.0	100.0	100.0	100.0	100.0	100.0

Trafik yoğunluğu açısından genelde %45 yoğun trafik olduğu, %23 orta derecede trafik olduğunu, %32 ise çok az trafik olduğu görüşü bildirilmiştir. En fazla trafik yoğunluğu Dumlupınar'da saptanmıştır (Tablo 4.5.19).

Tablo 4.5.19. Konut yakın çevresi ölçeğinde trafik yoğunluğu algısı (Yüzdelik değerler)

Trafik yoğunluğu	**Suriçi**	**Baykal**	**Karakol**	**Tuzla**	**Sakarya**	**Dumlupınar**	**Çanakkale**	**A.Maraş**	**TOPLAM**
1-Çok trafik	5.4	23.1	30.1	30.0	18.6	27.3	30.8	32.9	26.1
2	40.5	7.7	13.3		25.6	40.9	5.1	17.1	18.7
3	16.2	28.2	24.1	23.3	32.6	20.5	28.2	17.1	23.3
4	24.3	20.5	15.7	3.3	20.9	11.4	23.1	3.9	14.6
5-Az trafik	13.6	20.5	16.9	43.3	2.3		12.8	28.9	17.3
TOPLAM	100.0	100.0	100.0	100.0	100.0	100.0	100.0	100.0	100.0

Yeşillik ve ağaç konusunda genelde büyük çoğunluk (%59) olumsuz görüş bildirmiştir. %33 hiç ağaç/yeşillik bulunmadığını, %27 çok az ağaç/yeşillik, %24 orta derecede ağaç/yeşillik bulunduğunu, %8 bulunduğunu, %8 ise çok ağaç/yeşillik bulunduğunu bildirmiştir. Bu sonuçlara göre, Suriçi mahallesinde ağaç ve yeşilliğin yok denecek kadar az olduğu, Tuzla, Sakarya ve Karakol'da da ortalama değerlerin daha altında ağaç/yeşillik bulunduğu ortaya çıkmaktadır (Tablo 4.5.20).

Tablo 4.5.20. Konut yakın çevresi ölçeğinde ağaçlar ve yeşillik algısı (Yüzdelik değerler)

Ağaçlar ve yeşillik algısı	**Suriçi**	**Baykal**	**Karakol**	**Tuzla**	**Sakarya**	**D.pınar**	**Çanakkale**	**A.Maraş**	**TOPLAM**
1-Hiç ağaç/yeşillik yok	16.2	38.5	46.4	60.0	16.7	15.9	33.3	27.6	32.2
2	75.7	15.4	20.2	16.7	54.8	25.0	5.1	17.1	26.9
3	5.4	30.8	21.4	10.0	21.4	31.8	20.5	38.2	24.3
4		10.3	4.8		7.1	20.5	25.6	2.6	8.2
5-Çok ağaç/yeşillik var	2.7	5.1	7.1	13.3		6.8	15.4	14.5	8.4
TOPLAM	100.0	100.0	100.0	100.0	100.0	100.0	100.0	100.0	100.0

Yakın çevredeki güvenlik duygusu ile ilgili araştırmanın bulgularına göre, örneklem genelinde görüşmecilerin %72'i ise güvenli ya da çok güvenli hissettiğini, %15'i konut yakın çevresinde güvenlikle ilgili bazı endişeleri olduğunu, %14'ü ise orta derecede güvenli hissettiklerini belirtmiştir. Güvensizlik duygusunun en fazla olduğu mahalle, sırasıyla Suriçi ve Tuzla'dır. En güvenli semtler ise, en başta, hiçbir görüşmecinin olumsuz görüş bildirmediği Sakarya, ve bunu izleyen Aşağı Maraş ve Karakol mahalleleridir. Bu sonuçlara göre, mahallenin eski ya da yeni gelişmiş olmasının güvenlik duygusu üzerinde etkisi yoktur. Ne var ki, Suriçi mahallesinin işlevsel olarak kentin diğer kısımlarından soyutlanmış olması, Tuzla'nın ise kent dışında, sadece konut işlevini barındıran, aralarda büyük boşluklar içeren, düşük yoğunlu bir yerleşim olmasının, daha olumsuz sonuçlara neden olduğu söylenebilir (Tablo 4.5.21).

Tablo 4.5.21. Konut yakın çevresi ölçeğinde güvenlik algısı (Yüzdelik değerler)

Güvenlik duygusu	Suriçi	Baykal	Karakol	Tuzla	Sakarya	D.pınar	Çanakkale	A.Maraş	TOPLAM
1-Güvensiz	2.7	10.5	8.3	23.3		6.8	12.8	5.3	7.9
2	32.4	2.6	2.4	3.3		11.4	7.7	3.9	6.9
3	21.6	13.2	15.5	10.0	16.3	9.1	10.3	11.8	13.6
4	35.1	13.2	17.9	10.0	65.1	20.5	25.6	13.2	23.8
5-Güvenli	8.2	60.5	56.0	53.3	18.6	52.3	43.6	65.8	47.8
TOPLAM	100.0	100.0	100.0	100.0	100.0	100.0	100.0	100.0	100.0

Çevreye zarar verenler (vandalizm) konusunda, görüşmecilerin %26'sı çevreye zarar verenlerin bulunduğunu, %20'si bu sorunun orta derecede varlığını, %54'ü ise böyle bir sorunun bulunmadığını ifade etmiştir. Ortalamanın üzerinde olumlu değerler yansıtan mahalleler sırasıyla Baykal, Dumlupınar, Tuzla, Karakol ve Aşağı Maraş'tır. Çevreye zarar verenlerin en yoğun olduğu mahalleler ise Sakarya ve Tuzla olarak saptanmıştır (Tablo 4.5.22).

Tablo 4.5.22. Konut yakın çevresi ölçeğinde çevreye zarar verenlerin varlığı (Yüzdelik değerler)

Çevreye zarar verenlerin oranı	Suriçi	Baykal	Karakol	Tuzla	Sakarya	D.pınar	Çanakkale	A.Maraş	TOPLAM
1-Çevreye zarar verenler var		21.1	17.9	26.7	11.9	4.5	10.3	17.3	14.1
2	18.9	2.6	6.0	6.7	26.2	18.2	23.1	6.7	12.3
3	32.4	13.2	20.2	10.0	21.4	18.2	20.5	20.0	19.8
4	40.5	13.2	7.1	6.7	38.1	27.3	23.1	12.0	19.0
5-Çevreye zarar verenler yok	8.2	50.0	48.8	50.0	2.4	31.8	23.1	44.0	34.8
TOPLAM	100.0	100.0	100.0	100.0	100.0	100.0	100.0	100.0	100.0

Otoparkların yeterliliği konusunda, görüşmecilerin %59'u otoparkların yetersiz olduğunu, %16'sı orta derecede otopark sorunu bulunduğunu, %14'ü ise otoparkların yeterli olduğunu belritmişlerdir. Otoparklarla ilgili en büyük sıkıntı, Çanakkale, Karakol, Tuzla, ve Suriçi'nde yaşanmaktadır. En olumlu sonuçlar ise Dumlupınar'da alınmıştır.

Apartman tipi yerleşmelerde sıklıkla rastlanan bir sorun, giriş katlarında yaşayanların, apartmanın iki yan boşluğunu kendi özel alanları olarak görerek, bu boşlukların üzerini kapatıp kendilerine garaj yapmalarıdır. Bunun da hem estetik, hem güvenlik açısından olumsuz etkileri olmakta, ve üst kattaki komşular açısından çeşitli rahatsızlıklar ortaya çıkmaktadır (Tablo 4.5.23).

Tablo 4.5.23. Otopark yeterliliği (Yüzdelik değerler)

Otopark yeterliliği	Suriçi	Baykal	Karakol	Tuzla	Sakarya	D.pınar	Çanakkale	A.Maraş	TOPLAM
1-Otopark yok	10.8	38.5	56.5	60.0	25.6	13.6	53.8	48.0	39.9
2	54.1	10.3	10.1	6.7	27.9	18.2	15.4	16.0	18.9
3	21.6	23.1	11.6		16.3	36.4	10.3	9.3	15.7
4	10.8	12.8	7.2		27.9	20.5	17.9	1.3	11.4
5-Otopark yeterli	2.7	15.4	14.5	33.3	2.3	11.4	2.6	25.3	14.1
TOPLAM	100.0	100.0	100.0	100.0	100.0	100.0	100.0	100.0	100.0

Sosyal özellikler. Konut yakın çevresinde yaşayan insanların benzer yaşam standardında olması, iyi komşuluk ilişkileri, ve komşuların cana yakın kişiler olarak algılanması, yakın çevrenin sosyal boyutunun güçlenmesinde önemli etkenlerdir. Bu grupta, görüşmecilere bunlarla ilgili olarak sorulan sorulara alınan yanıtlar irdelenmektedir.

İnsanların kendi yaşam standardında olup olmadığı sorulduğunda, görüşmecilerin %15'i komşularıyla aynı standarda sahip olmadıklarını, %38 orta derecede benzerlik bulunduğunu, %47 ise aynı yaşam standardında olduğunu ifade etmiştir. En fazla benzerlik, sırasıyla Dumlupınar, Suriçi, Tuzla ve Baykal'da saptanmıştır. Yakın çevre içinde yaşayanlarla ortak noktalarının bulunmadığını ifade edenlerin en fazla olduğu mahalleler sırasıyla Tuzla, Baykal ve Karakol olarak belirlenmiştir. Bunların son 10 yılda en fazla yapılaşma ve dönüşümün yaşandığı mahalleler olması, ve Karakol'da öğrenci nüfusunun yoğunlaşması, söz konusu sonuçların ortaya çıkmasında etken olduğu söylenebilir (Tablo 4.5.24).

Tablo 4.5.24. Konut yakın çevresi ölçeğinde insanların yaşam standardı (Yüzdelik değerler)

Yakın çevredekilerin yaşam standardı	Suriçi	Baykal	Karakol	Tuzla	Sakarya	D.pınar	Çanakkale	A.Maraş	TOPLAM
1- İnsanlar benim yaşam standardımda değil	5.4	12.8	17.3	26.7				5.3	8.5
2	8.1	7.7	2.5		11.9	11.4	12.8	3.9	6.7
3	18.9	23.1	59.3	13.3	26.2	20.5	59.0	48.7	38.1
4	64.9	12.8	4.9	6.7	42.9	63.6	23.1	15.8	26.3
5- İnsanlar benim yaşam standardımda	2.7	43.6	16.0	53.3	19.0	4.5	5.1	26.3	20.4
TOPLAM	100.0	100.0	100.0	100.0	100.0	100.0	100.0	100.0	100.0

Mahallenin sosyal bütünleşmesinde en önemli etmenlerden biri, yakın çevre içinde iyi komşular bulunup bulunmamasıdır. Anket kapsamı içinde en olumlu sonuçlar, bu konudaki araştırmadan elde edilmiştir. Görüşmecilerin %72'si iyi komşuları bulunduğu düşüncesinde iken, %24'ü orta derecede olumlu düşüncede olduğunu, sadece %5'i ise iyi komşuları bulunmadığını ifade etmiştir. En eski, bütünleşik, ve insan ölçeğinde (1 ve 2 katlı) konutların bulunduğu, ve en düşük gelirlilerin yaşadığı Suriçi mahallesinde iyi komşuların bulunduğunu söyleyenlerin oranı en yüksek değerdedir. Tuzla, Dumlupınar, Baykal ve Aşağı Maraş'ta da ortalamanın üzerinde değerler ortaya çıkmıştır (Tablo 4.5.25).

Buradan elde edilen bulgulara göre, mahallenin eski ya da yeni gelişen bir mahalle olması, kent merkezinde ya da dışında olması, iyi komşuluk ilişkilerini önemli oranda etkilememektedir. Öte yandan, benzer geçmişe sahip olmak (yerel halk), konut sahibiyeti, ve istihdam durumu bu ilişkilerin gelişmesinde belirleyicidir.

Tablo 4.5.25. İyi komşuların varlığı (Yüzdelik değerler)

İyi komşuların varlığı	Suriçi	Baykal	Karakol	Tuzla	Sakarya	D.pınar	Çanakkale	A.Maraş	TOPLAM
1-İyi komşular yok			4.8	3.3	4.8	2.3	7.7	2.7	3.4
2			3.6		4.8	2.3		1.3	1.8
3	10.8	20.5	39.8	13.3	21.4	14.0	33.3	18.7	23.5
4	70.3	7.7	14.5	10.0	47.6	55.8	30.8	14.7	28.6
5-İyi komşular var	18.9	71.8	37.3	73.3	21.4	25.6	28.2	62.7	42.7
TOPLAM	100.0	100.0	100.0	100.0	100.0	100.0	100.0	100.0	100.0

Çevredeki insanların samimi olup olmaması konusunda, görüşmecilerin %63'ü olumlu düşünmekte olup, %29'u orta derecede olumlu düşündüklerini, %8'i ise kaba ve sevimsiz bulduklarını ifade etmiştir. Eski ve geleneksel bir dokuya sahip olan Suriçi'nde çevredeki insanlarla ilgili olumlu düşünenlerin sayısı, buradaki komşuluk ilişkilerinin canlılığıyla paralel olarak, %87'ye çıkmış, Dumlupınar, Aşağı Maraş, Tuzla, Baykal, ve Sakarya'da da ortalamanın üzerinde değerler saptanmıştır (Tablo 4.5.26).

Tablo 4.5.26. İnsanların samimiliği (Yüzdelik değerler)

İnsanlar kaba/sevimsiz ya da cana yakın	Suriçi	Baykal	Karakol	Tuzla	Sakarya	D.pınar	Çanakkale	A.Maraş	TOPLAM
1-İnsanlar kaba/sevimsiz		2.6	6.0	10.3	2.4		12.8	1.3	4.1
2	2.7		6.0		4.8	2.3	10.3	5.1	4.3
3	10.8	33.3	42.9	24.1	28.6	22.7	30.8	23.1	28.6
4	73.0	23.1	21.4	13.8	42.9	56.8	28.2	14.1	31.4
5-İnsanlar cana yakın	13.5	41.0	23.8	51.7	21.4	18.2	17.9	56.4	31.6
TOPLAM	100.0	100.0	100.0	100.0	100.0	100.0	100.0	100.0	100.0

Mahalle sorunlarının algılanması

Tümel mahalle ölçeğinde mahalle sorunları

Araştırmanın bu bölümünde, görüşmecilere hem sosyal hem de fiziksel çevre bağlamında sorular sorularak, en önemli sorunlar saptanmaya çalışılmıştır. Bu kapsamda elde edilen bulgular, hem ayrı ayrı, hem de birleştirilerek incelenmiş, ve Gazimağusa ve mahalleleri için "tümel mahalle sorunları göstergesi" ve ayrıca "konut yakın çevresi sorunlar göstergesi" belirlenmiştir.

Sosyal sorunlar. Sosyal sorunlar kapsamında sorulan sorular, mahalle çevresinde başıboş gençlerin, madde bağımlılarının, gündüzleri çocukları bırakacak bir bakımevinin/kreşin, gürültülü ve rahatsız edici komşuların varlığını sorgulamaya yöneliktir. Bu bölümde, görüşmecilere sunulan bazı önermelerin sorun olup olmadığı ile ilgili yanıtlar irdelenmektedir (Tablo 4.5.27).

Görüşmecilerin %46'sı yaşadıkları çevrede gündüzleri çocukları bırakacak yerin olmamasının, %31'inin yaşadıkları çevrede gürültülü komşuların varlığının, %26'sının yaşadıkları çevredeki sokaklarda başıboş dolaşan gençlerin varlığının sorun ya da büyük sorun olduğunu belirtmiştir. Yaşanan çevrede madde bağımlılığı, görüşmecilerin sadece %9'ı tarafından sorun olarak gösterilmiştir. Bununla ilgili olarak, Doç. Dr. Ebru Çakıcı ve Doç. Dr. Mehmet Çakıcı tarafından KKTC genelinde Birleşmiş Milletler destekli olarak 2003 yılında gerçekleştirilen ve 820 haneyi kapsayan anket çalışmasının sonuçlarına göre kullanım oranı %8.3 olup, bu değer Gazimağusa'da elde edilen ortalama ile uyum göstermektedir. Uzmanlar, daha önceki araştırmalarının sonuçlarını da dikkate alarak, KKTC'deki madde kullanım oranının Avrupa ülkelerinde ve Türkiye'de (İstanbul bazında) elde edilen oranlara göre anlamlı olarak çok düşük olduğunu, ne var ki, bir artış eğilimi de söz konusu olduğundan, konunun göz ardı edilmemesi gerektiğini belirtmişlerdir (Doç. Dr. Ebru Çakıcı - Yakın Doğu Üniversitesi Psikoloji Bölüm Başkanı - ile görüşme, Nisan 2010). Gazimağusa'daki anketlerde eğitim ve gelir düzeyinin görece yüksek olduğu Baykal'da ve öğrencilerin yoğunlaştığı Karakol'da alınan sonuçların, genel ortalamaya göre çok daha olumsuz olması (%42 ve %17), buralarda farkındalığın daha yüksek olması ile açıklanabilir.

Fiziksel sorunlar. Fiziksel sorunlar kapsamında sorulan sorular, yaşan çevrede boş binalar ve terkedilmiş araçların varlığını, bahçelerin, boş alanların ve sokakların bakımlılığını, inşaatı tamamlanmamış ya da tamamlanmadan kullanılan kaçak yapıların varlığını sorgulamaktadır.

Görüşmecilerin %56'sı yaşadıkları çevrede bahçeler ve boş alanlar bakımsızlığını, %54'ü yaşanan çevrede sokakların bakımsızlığını, %27'si yaşanan çevrede inşaatı tamamlanmamış veya tamamlanmadan kullanılan kaçak yapıların varlığını, ve

%24'ü yaşanan çevrede boş binaların ve terkedilmiş araçlar varlığını sorun ya da büyük sorun olarak göstermiştir (Tablo 4.5.28, Harita 4.5.3).

Tablo 4.5.27. Yaşanan çevredeki sosyal sorunların algılanması (Yüzdelik değerler)

Sosyal sorun	Suriçi	Baykal	Karakol	Tuzla	Sakarya	D.pınar	Çanakkale	A.Maraş	TOPLAM
"Yaşadığım çevrede sokaklarda başıboş dolaşan genç var"									
1-Büyük sorun	21.6	27.0	14.1	10.0	2.9	13.6	5.1	1.3	11.2
2-Sorun	16.2	18.9	25.9	26.7		13.6	12.8	5.1	15.1
3-Sorun değil	62.2	54.1	60.0	63.3	97.1	72.8	82.1	93.6	73.7
TOPLAM	100.0	100.0	100.0	100.0	100.0	100.0	100.0	100.0	100.0
"Yaşadığım çevrede madde bağımlıları var"									
1-Büyük sorun	2.7	22.3	9.4	3.3	2.9				4.9
2-Sorun		19.4	7.1					2.5	3.9
3-Sorun değil	97.3	58.3	83.5	96.7	97.1	100.0	100.0	97.5	91.2
TOPLAM	100.0	100.0	100.0	100.0	100.0	100.0	100.0	100.0	100.0
"Yaşanan çevrede gündüzleri çocukları bırakacak yer yok"									
1-Büyük sorun	37.8	35.9	13.7	31.0	4.0	9.1	35.9	8.9	20.4
2-Sorun	35.1	20.5	27.5	44.8	4.0	31.8	35.9	15.2	25.9
3-Sorun değil	27.1	43.6	58.8	24.2	92.0	59.1	28.2	75.9	53.7
TOPLAM	100.0	100.0	100.0	100.0	100.0	100.0	100.0	100.0	100.0
"Yaşadığım çevrede gürültülü komşular var"									
1-Büyük sorun	18.9	29.8	22.4	6.7	8.6	7.0	25.6	3.8	15.1
2-Sorun	16.2	24.3	16.5	6.7	37.1	18.6	20.5	5.1	16.6
3-Sorun değil	64.9	45.9	61.2	86.6	54.3	74.4	53.9	91.1	68.3
TOPLAM	100.0	100.0	100.0	100.0	100.0	100.0	100.0	100.0	100.0

Tablo 4.5.28. Yaşanan çevredeki fiziksel sorunların algılanması (Yüzdelik değerler)

Fiziksel sorun	Suriçi	Baykal	Karakol	Tuzla	Sakarya	D.pınar	Çanakkale	A.Maraş	TOPLAM
"Yaşadığım çevrede boş binalar ve terkedilmiş araçlar var"									
1-Büyük sorun	16.2	10.5	5.9		3.0	4.5	10.3	2.5	6.3
2-Sorun	18.9	10.6	21.2	20.7		27.3	25.6	15.2	18.0
3-Sorun değil	64.9	78.9	72.9	79.3	97.0	68.2	64.1	82.3	75.7
TOPLAM	100.0	100.0	100.0	100.0	100.0	100.0	100.0	100.0	100.0
"Yaşadığım çevrede bahçeler ve boş alanlar bakımsız"									
1-Büyük sorun	29.7	37.8	23.5	26.7	2.9	11.4	41.0	10.1	21.6
2-Sorun	35.1	37.8	42.4	46.7	17.7	38.6	38.5	24.1	34.8
3-Sorun değil	35.2	24.4	34.1	26.7	79.4	50.0	20.5	65.8	43.6
TOPLAM	100.0	100.0	100.0	100.0	100.0	100.0	100.0	100.0	100.0
Yaşadığım çevrede inşaatı tamamlanmamış/ tamamlanmadan kullanılan kaçak yapılar var									
1-Büyük sorun	8.1	11.8	27.4	6.9	2.9	9.1	10.3	2.5	11.3
2-Sorun	10.8	26.5	21.4	24.1	2.9	13.6	25.6	5.1	15.5
3-Sorun değil	81.1	61.7	51.2	69.0	94.2	77.3	64.1	92.4	73.2
TOPLAM	100.0	100.0	100.0	100.0	100.0	100.0	100.0	100.0	100.0

Tüm sorunlar dikkate alındığında bulunan, Gazimağusa genelindeki ve mahalleler bazındaki "tümel mahalle sorunları göstergesi" Tablo 4.5.26'da görülebilir. 1'in en olumsuz 5'in en olumlu değeri gösterdiği değerlendirme ölçeğine göre, Gazimağusa'daki ortalama "tümel mahalle sorunları göstergesi" 3.13'tür (Harita 4.5.3, Tablo 4.5.29). Bu da, ortanın üzerinde bir değere karşı gelmektedir.

Harita 4.5.3. Tümel Mahalle Sorunları Göstergesi

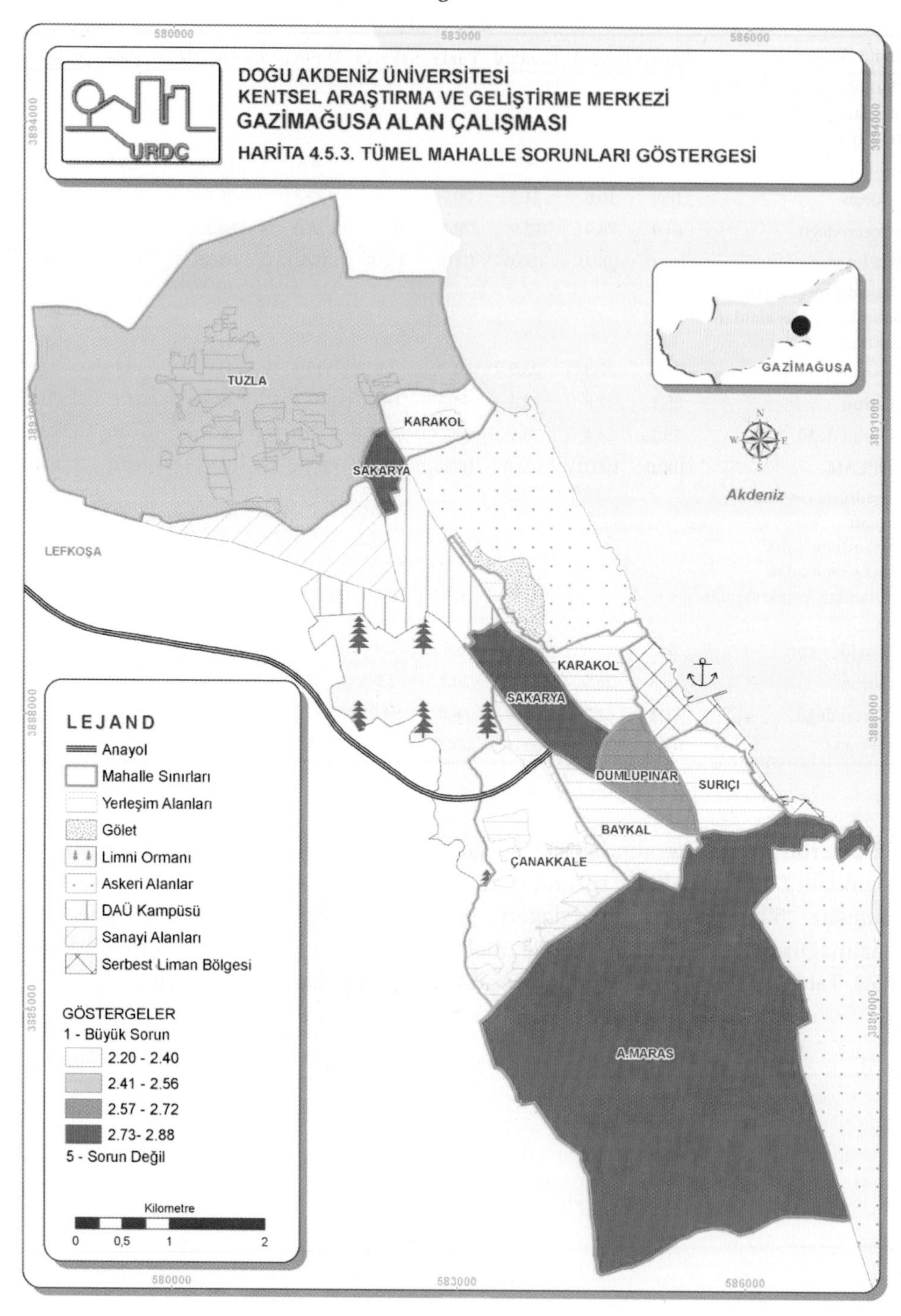

Tablo 4.5.29. Tümel mahalle sorunları göstergesi (Yüzdelik değerler)

Değişken	Suriçi	Baykal	Karakol	Tuzla	Sakarya	D.pınar	Çanakkale	A.Maraş	TOPLAM
Sorunlar Göstergesi (Tümel mahalle)	2.89	3.38	2.81	3.43	3.18	3.26	3.05	3.33	3.13
Standard sapma	0.60	0.73	0.68	0.73	0.49	0.55	0.76	0.66	0.68

Konut yakın çevresi ölçeğindeki sorunlar

Konut yakın çevresi kapsamında fiziksel ve sosyal sorunların değerlendirilebilmesi için, görüşmecilere "Sokak kapınıza çıktığınızda görebildiğiniz uzaklıktaki çevre için aşağıdaki özellikleri, 1 en olumsuz ve 5 en olumlu değer olmak üzere değerlendirir misiniz?" sorusuna karşılık hazırlanan yanıtlar içinde, yakın çevredeki sorunlarla ilgili olanlar, 4.5.4.2.'de "özellikler" kapsamında yapılan değerlendirmeden ayrı olarak tekrar değerlendirilmiştir. Bu bağlamda, yakın çevrenin gürültülü ya da sessiz oluşunu, konutların ve dış mekanların/yolların bakımsız ya da bakımlı oluşunu, kalabalık ya da tenha oluşunu, trafiğin çok ya da az oluşunu, güvenli ya da güvensiz oluşunu, çevreye zarar verenlerin bulunmasını ya da bulunmamasını, ve otopark olanağı yokluğunu da varlığını gösteren iki uçlu soruların yanıtlarının ortalaması (mean) alınarak, bir "konut yakın çevresi sorunlar göstergesi" oluşturulmuştur.

Tüm sorunlar dikkate alındığında, Gazimağusa genelinde ve mahalleler bazında "konut çevresi ölçeğinde sorunlar göstergesi" Tablo 4.5.29'da görülebilir. 1'in en olumsuz, 3'ün orta, ve 5'in en olumlu değeri ifade ettiği değerlendirme ölçeğine göre, Gazimağusa'daki ortalama Konut Yakın Çevresi Sorunlar Göstergesi 3.23'tür (Tablo 4.5.30, Harita 4.5.4). Bu da, konut yakın çevresi ölçeğinde orta derecede sorun yaşandığını göstermektedir.

Tablo 4.5.30. Konut yakın çevresi ölçeğinde sorunlar göstergesi (Yüzdelik değerler)

Değişken	Suriçi	Baykal	Karakol	Tuzla	Sakarya	D.pınar	Çanakkale	A.Maraş	TOPLAM
Sorunlar Göstergesi (Konut yakın çevresi)	2.91	3.51	3.09	3.58	3.16	3.19	3.13	3.38	3.23
Standard sapma	0.74	0.82	0.84	0.91	0.46	0.71	0.85	0.73	0.78

Harita 4.5.4. Konut Yakın Çevresi Ölçeğinde Sorunlar Göstergesi (Ortalama Değerler)

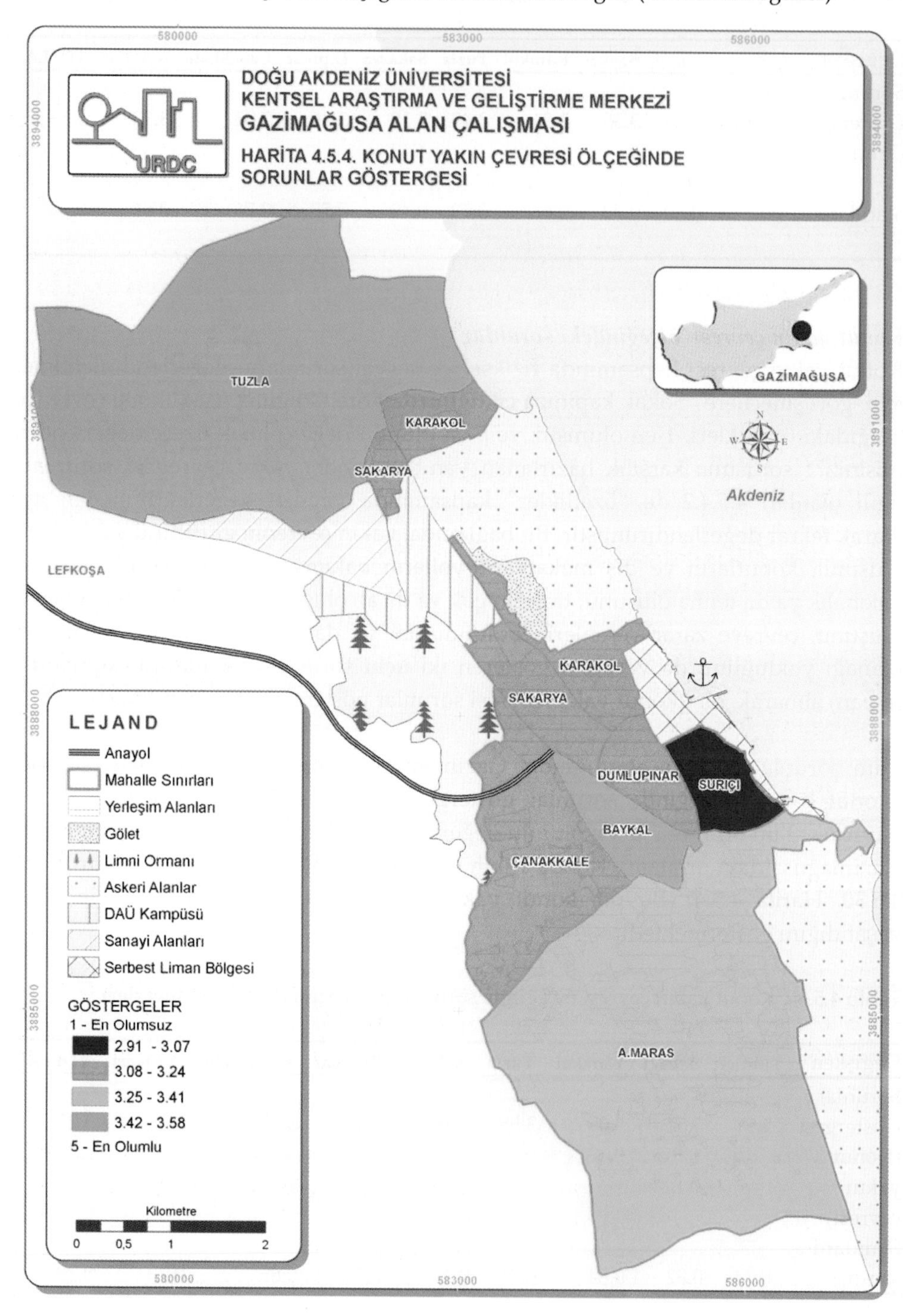

Konut yakın çevresinde sosyal yaşam

Sosyal bağlar

Komşuluk ilişkilerinin yoğunluğu, konut yakın çevresi kapsamında ortaya çıkan sorunların çözümlenmesinde önemli bir etmendir. İyi komşuluk ilişkileri toplumsal değerleri korumaya ve mahallenin bütünleşmesine katkıda bulunur. Bu nedenle, araştırmanın bu bölümünde, sosyal bağların gücü ve iletişimin sıklığı sorgulanmaktadır.

Konut yakın çevresi kapsamında sosyal bağlar, etkileşim ve aidiyet duygusu, sosyal bütünleşme ve toplumsal değerlerin korunması üzerinde doğrudan etkili olması nedeniyle önemlidir. Özellikle bir yerel topluluğa aidiyet duygusuna olan gereksinme, insanın sosyal davranışı için en az egemenlik sınırı ve mahremiyet kadar önemlidir (ALEXANDER 1979, 81). Yer ve yerel topluluk hissi oluşturan yaşanabilir konut çevreleri, Modernizmin tüm dünya kentlerindeki olumsuz etkilerinden sonra kritik bir sorun haline gelmiştir. Kapsamlı Planlama ve Modernite yalnız kentbilimi etkilemekle kalmamış, sosyal yaşamın de bozulmasına neden olmuştur. Kentlerin çeperlerinde ya da çok dışında oluşturulan konut alanları, insani olmayan bir yabancılaşmayı ve bireyselleşmeyi beraberinde getirmiştir.

Bu bilgiler ışığında, araştırmanın bu bölümünde, konut yakın çevresi kapsamındaki sosyal ilişkilerin ölçüsü, ve bu çevrede yaşayan arkadaş ve akrabaların yakınlığı ile ilgili sorulara verilen yanıtlar derlenmiştir.

Yakın çevre içinde yaşayan arkadaşların sayısı sosyal bağların nesnel göstergelerinden biridir. Akrabaların sayısı ise, mahallenin kuşaklararası karakteri ve genişlemiş aile nosyonunun var olup olmadığı ile ilgili fikir verir. Bu konular ayrı ayrı, ve birleştirilerek, bir konut yakın çevresi sosyal bağlar göstergesi yaratılarak, incelenmektedir.

Konut yakın çevresinde çok sayıda arkadaş ve akrabaya sahip olan görüşmecilerin mahalleye bağlılığının güçlü olduğu, az sayıda arkadaş ve akrabaya sahip, ya da hiç aile üyesi ve arkadaşı bulunmayanların bağlılığının ise daha zayıf olduğu kabul edilmektedir (Tablo 4.5.31, Harita 4.5.5).

Elde edilen bulgulara göre, Suriçi, Tuzla ve Dumlupınar'da büyük çoğunluğun, yakın çevrede yaşayan en az 1-2 akrabası vardır. Öte yandan, geçmişte yakın akrabaların aynı sokakta yaşama geleneği bilinen tarihi Suriçi mahallesinde bugün yaşamakta olan hanehalkının bu çevredeki akraba sayıları, çok yeni gelişen konut yerleşimlerinden biri olan Tuzla'daki görüşmecilerinkinden çok farklı değildir.

Harita 4.5.5. Konut Yakın Çevresi Sosyal Bağlar Göstergesi (Ortalama Değerler)

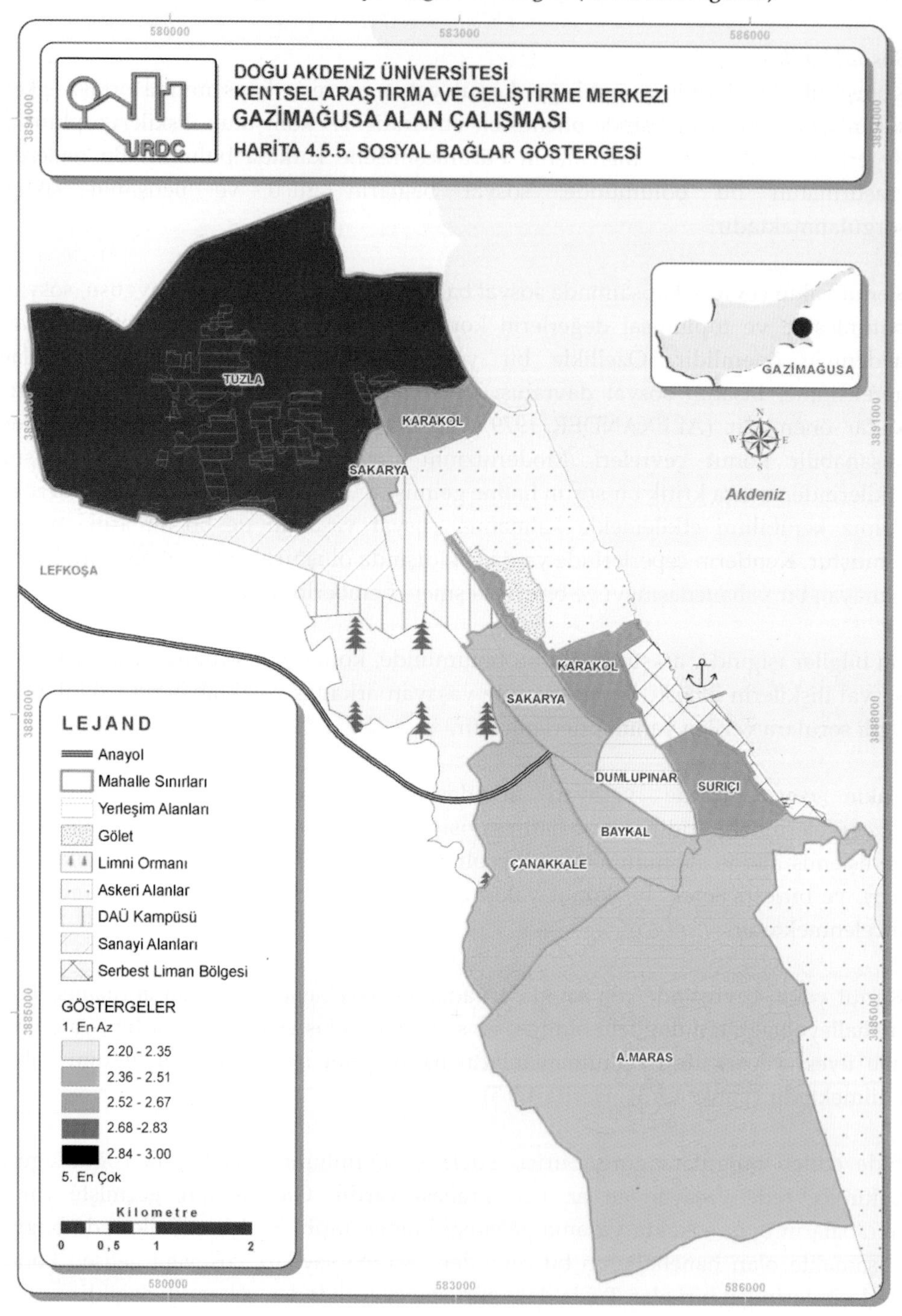

Tablo 4.5.31 Yakın çevrede yaşayan akraba ve arkadaşların sayısı (Yüzdelik değerler)

	Suriçi	Baykal	Karakol	Tuzla	Sakarya	D.pınar	Çanakkale	A.Maraş	TOPLAM
Kaç akrabanız bu çevrede yaşıyor?									
Hiç	32.4	42.5	56.5	37.9	69.0	38.6	71.8	50.6	51.1
1-2 akraba	18.9	40.0	17.6	13.8	16.7	40.9	15.4	17.7	22.0
3-5 akraba	21.6	10.0	11.8	10.3	11.9	20.5	2.6	19.0	13.9
6-9 akraba	10.8	5.0	2.4	10.3	2.4			5.1	4.1
10 ve üzeri akraba	16.3	2.5	11.8	27.6			10.3	7.6	8.9
TOPLAM	100.0	100.0	100.0	100.0	100.0	100.0	100.0	100.0	100.0
Kaç arkadaşınız bu çevrede yaşıyor?									
Hiç	24.3	12.5	12.9	20.0	7.1	6.8	10.3	31.6	16.7
1-2 arkadaş	16.2	22.5	11.8	3.3	11.9	43.2	15.4	15.2	17.2
3-5 arkadaş	16.2	32.5	17.6	36.7	40.5	29.5	28.2	13.9	24.5
6-9 arkadaş	29.7	12.5	10.6	13.3	31.0	9.1		16.5	14.9
10 ve üzeri arkadaş	13.6	20.0	47.1	26.7	9.5	11.4	46.2	22.8	26.7
TOPLAM	100.0	100.0	100.0	100.0	100.0	100.0	100.0	100.0	100.0
Sosyal Bağlar Göstergesi	2.76	2.45	2.81	3.00	2.36	2.28	2.59	2.42	2.58
Standard Sapma	1.12	.88	1.10	1.40	.73	.75	.96	1.22	1.07

* Sosyal Bağlar Göstergesi, "Yakın çevrede yaşayan akrabaların sayısı", ve "Yakın çevrede yaşayan arkadaşların sayısı" ile ilgili sorularının yanıtlarının birleştirilip ortalamasının (mean) alınmasıyla elde edilmiştir.

Sakarya ve Dumlupınar'da ise görüşmecilerin büyük çoğunluğunun bu çevrede yaşayan akrabası yoktur.

Yakın çevresinde en fazla arkadaşa sahip olan görüşmeciler Karakol ve Çanakkale'de, en az arakdaşa sahip olanlar ise Aşağı Maraş, Suriçi ve Tuzla'da saptanmıştır.

Burada elde edilen bulguların birleştirilmesiyle, "bir konut yakın çevresi sosyal bağlar göstergesi" elde edilmiştir. 1'in en az, 5'in en çok değerleri gösterdiği değerlendirme ölçeğine göre, Gazimağusa geneli için bu gösterge 2.62'dir.

Sosyal iletişim

Konut yakın çevresinde "insan ölçeği" (human scale), o çevrede yaşayanların sosyal ilişki ve etkileşimleri için esas olup, yaşayanların adlarıyla tanınabildiği ölçek olarak açıklanır. Bu bağlamda, komşularla iletişimin derecesini ve ilişkilerin yakınlık derecesini anlamaya yönelik olarak, görüşmecilere yakın çevrelerinde 10-15 kişi içinden kaç tanesini adıyla tanıdıkları, yakın çevredeki tanıdıklarını ne sıklıkla ziyaret ettikleri, ve ne sıklıkta yardımlaştıkları ile ilgili sorular sorulmuştur.

"Yakın çevrenizdeki 10-15 kişi içinden kaç kişiyi adıyla tanıyorsunuz?" sorusuna verilen yanıtlara göre, görüşmecilerin %79'u yakın çevresindeki 10-15 kişinin en az yarısını tanımakta, %18'i yarıdan azını tanımakta, %3'ü ise hiç kimseyi tanımamaktadır. En fazla tanışıklık düzeyi Suriçi'nde saptanmıştır (%89) (Tablo 4.5.32). Bütünleşik, organik dokusu ve tek/iki katlı konutların egemen olması nedeniyle Suriçi'nde bu sonuç anlaşılabilir olmanın ötesinde, eski doku içinde geleneksel sosyal yaşamın hala var olduğunu işaret etmektedir. Diğer mahallelerdeki görüşmecilerin de en az %45'i çevresindekilerin hepsini ya da hemen hemen hepsini tanıdığını ifade etmiştir. Tuzla'da yeni ve düşük yoğunluklu yerleşimler egemen olmasına karşın, yerel halkın yaşadığı, bitişik düzende sıra evlerin çoğunlukta olmasının, yakın çevre içindeki iletişimi desteklediği söylenebilir.

Tablo 4.5.32. Yakın çevredeki 10-15 kişi içinden tanınan kişi sayısı (Yüzdelik değerler)

Yakın çevrenizdeki 10-15 kişi içinden kaç kişiyi adıyla tanıyorsunuz?	**Suriçi**	**Baykal**	**Karakol**	**Tuzla**	**Sakarya**	**D.pınar**	**Çanakkale**	**A.Maraş**	**TOPLAM**
Hepsini	43.2	30.0	34.1	43.3	16.3	11.6	25.6	44.9	32.2
Hemen hemen hepsini	45.9	15.0	23.5	23.3	32.6	46.5	20.5	17.9	26.8
Yarıdan çoğunu	8.1	12.5	8.2	16.7	14.0	23.3	2.6	15.4	12.4
Yarısını		15.0	3.5	3.3	7.0	4.7	10.3	11.5	7.1
Yarıdan azını	2.8	15.0	15.3	6.7	9.3	9.3	30.8	9.0	12.4
Hemen hemen hiçbirini		10.0	4.7	3.3	20.8	4.7	7.6	1.3	6.1
Hiçbirini		2.5	10.7	3.4			2.6		3.0
TOPLAM	100.0	100.0	100.0	100.0	100.0	100.0	100.0	100.0	100.0

Görüşmecilerin "yakın çevredeki tanıdıklarınızı ne sıklıkta ziyaret ediyorsunuz?" sorusuna verdikleri yanıtlara göre, görüşmecilerin %83'ü en az ayda bir kez birbirini ziyaret etmekte, %9'u ayda birden az ziyaret gerçekleştirme, %8'i ise hiç ziyaret etmemektedir. Bu değerler, oldukça yüksek bir iletişim düzeyini göstermektedir. Mahalleler bazında değerlendirildiğinde, en yüksek değerler Dumlupınar, Karakol ve Sakarya'da ortaya çıkmaktadır. Suriçi, Aşağı Maraş ve Tuzla'da tanışıklık oranının en yüksek düzeyde olmasına karşın, buralarda yaşayanların birbirini daha az ziyaret ettiği görülmektedir. Bu durumun, bu mahallerdeki konut dokusunun özelliği (1-2 katlı sıra evlerin çoğunlukta olması), ve yerel iklimin 9-10 ay boyunca dış mekanı kullanmaya elverişli olması nedeniyle, yaşayanların kapı önlerinde ve bahçelerde birbiriyle sürekli iletişim içinde olmalarından kaynaklandığı söylenebilir. Bu özellik araştırmanın en başında yaptığımız gözlemlerde, özellikle Suriçi'nde, yaygın bir durum olarak saptanmıştır (Tablo 4.5.33).

Tablo 4.5.33 Yakın çevredeki tanıdıkları ziyaret etme sıklığı (Yüzdelik değerler)

Yakın çevrenizdeki tanıdıklarınızı ne sıklıkta ziyaret ediyorsunuz?	Suriçi	Baykal	Karakol	Tuzla	Sakarya	D.pınar	Çanakkale	A.Maraş	TOPLAM
Hergün	29.7	12.9	36.8	17.2	20.5	2.3	7.9	21.5	20.5
Haftada 1-3 kez	16.2	33.3	43.4	55.2	56.4	40.9	47.4	43.0	42.0
Ayda 1-3 kez	10.8	33.3	10.5	20.7	15.4	50.0	23.7	13.9	20.7
Ayda 1'den az	13.5	15.4	5.3	6.9	2.6	6.8	13.2	8.9	8.7
Hiç	29.8	5.1	3.9		5.1		7.8	12.7	8.1
TOPLAM	100.0	100.0	100.0	100.0	100.0	100.0	100.0	100.0	100.0

"Yakın çevrenizdeki insanlarla ne sıklıkta yardımlaşırsınız?" sorusuna verilen yanıtlara göre, görüşmecilerin %62'si en az ayda bir kez yardımlaştıklarını, %16'sı ayda bir kezden az yardımlaştıklarını, %22'si ise hiç yardımlaşmadıklarını belirtmiştir. En yüksek düzeyde yardımlaşma oranı Karakol'da, en az yardımlaşma ise Suriçi'nde saptanmıştır (Tablo 4.5.34).

Tablo 4.5.34. Yakın çevrenizdeki tanıdıklarınızla ne sıklıkta yardımlaşırsınız? (örneğin çocuklara göz kulak olma, ödünç malzeme alma, alışverişe yardım gibi) (Yüzdelik değerler)

Yakın çevrenizdeki tanıdıklarınızla ne sıklıkta yardımlaşırsınız?	Suriçi	Baykal	Karakol	Tuzla	Sakarya	D.pınar	Çanakkale	A.Maraş	TOPLAM
Hergün	21.6	15.4	26.3	13.8	7.5	13.6	15.8	1.3	14.2
Haftada 1-3	2.7	17.9	36.8	31.0	7.5	29.5	31.6	42.3	27.8
Ayda 1-3 kere	8.1	20.5	18.4	20.7	32.5	18.2	15.8	23.1	19.9
Ayda 1'den az	27.0	10.3	9.2	10.3	20.0	27.3	18.4	12.8	16.0
Hiç	40.6	35.9	9.3	24.2	32.5	11.4	18.4	20.5	22.1
TOPLAM	100.0	100.0	100.0	100.0	100.0	100.0	100.0	100.0	100.0

Aidiyet duygusu

Görüşmecilerin yakın çevrelerine ne düzeyde aidiyet duygusu geliştirdiklerini anlayabilmek için, kendilerine önce *"Kendimi buraya ait hissedemiyorum"*, daha sonra da *"Komşularımız çok iyidir"* önermeleriyle ilgili yorumları sorulmuştur.

Aidiyet ile ilgili bulgulara göre, görüşmecilerin %48'i aidiyet hissetmekte, %16'sı buna ne katılmakta ne katılmamakta, %37'si ise aidiyet hissetmemektedir. Aidiyet duygusunun en yüksek olduğu mahalleler Dumlupınar ve Tuzla'dır (Tablo 4.5.35, Şekil 4.5.3).

Tablo 4.5.35. Aidiyet duygusu (Yüzdelik değerler)

"Kendimi buraya ait hissedemiyorum"	Suriçi	Baykal	Karakol	Tuzla	Sakarya	Dumlupınar	Çanakkale	A.Maraş	TOPLAM
1-Kesinlikle ayni fikirdeyim	2.7	26.3	30.3	10.7	4.9	11.6	23.7	17.3	17.6
2-Ayni fikirdeyim	37.8	2.6	13.2	14.3	22.0	11.6	18.4	28.0	18.9
3-Ne aynı fikirdeyim ne değilim	16.2	18.4	13.2	10.7	22.0	11.6	23.7	13.3	15.7
4-Aynı fikirde değilim	43.3	18.4	21.1	50.0	46.3	34.9	21.1	38.7	33.0
5-Hiç aynı fikirde değilim		34.2	22.4	14.3	4.9	30.2	13.2	2.7	14.8
TOPLAM	100.0	100.0	100.0	100.0	100.0	100.0	100.0	100.0	100.0

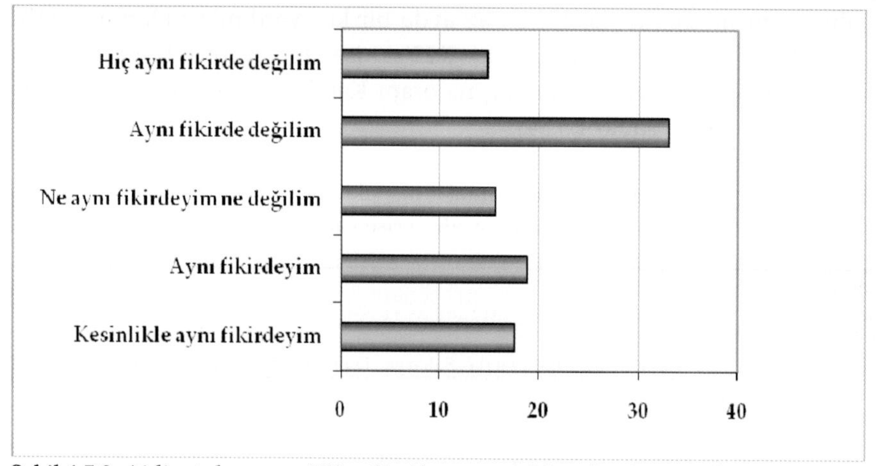

Şekil 4.5.3. Aidiyet duygusu ("Kendimi buraya ait hissedemiyorum")

Öte yandan, komşularının çok iyi olduğunu söyleyen görüşmecilerin oranı %73'tür. Tuzla, Suriçi, Aşağı Maraş ve Dumlupınar'da, komşularının çok iyi olduğunu söyleyenlerin oranı diğer mahallelerdekinden fazladır (Tablo 4.5.36 Şekil 4.5.4).

Tablo 4.5.36. Komşuların iyiliği (Yüzdelik değerler)

"Komşularımız çok iyidir"	Suriçi	Baykal	Karakol	Tuzla	Sakarya	Dumlupınar	Çanakkale	A.Maraş	TOPLAM
1-Kesinlikle ayni fikirdeyim	16.2	39.5	34.2	24.1	4.9	22.7	18.4	41.3	27.5
2-Ayni fikirdeyim	73.0	31.6	25.0	65.5	46.3	59.1	36.8	45.3	45.0
3-Ne aynı fikirdeyim ne değilim	5.4	18.4	32.9	6.9	34.1	13.6	28.9	10.7	19.8
4-Aynı fikirde değilim	2.7	10.5	5.3	3.4	12.2	2.3	10.5	2.7	5.8
5-Hiç aynı fikirde değilim	2.7		2.6		2.4	2.3	5.3		1.9
TOPLAM	100.0	100.0	100.0	100.0	100.0	100.0	100.0	100.0	100.0

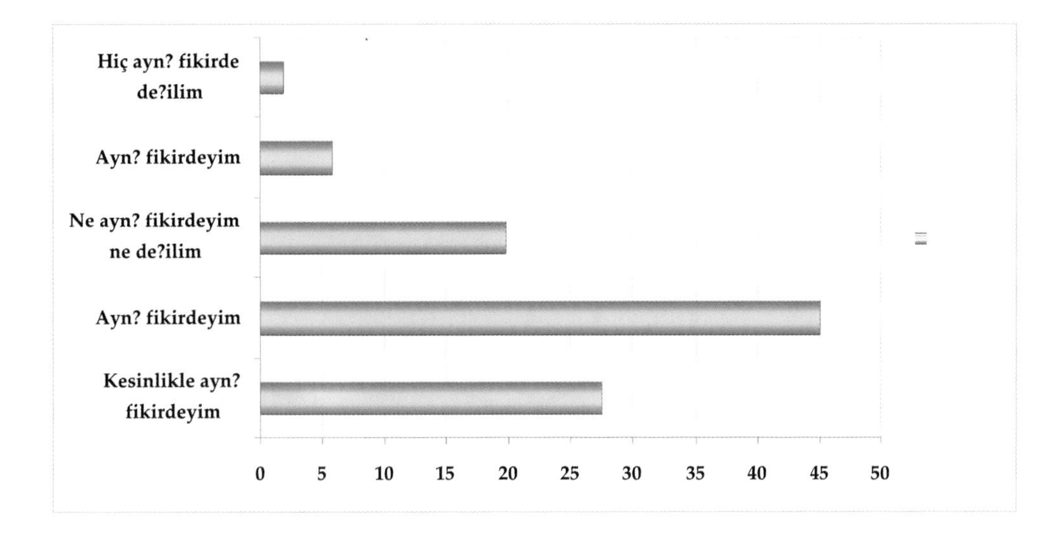

Şekil 4.5.4. Komşuların iyiliği ("Komşularımız çok iyidir")

"Kendimi buraya ait hissedemiyorum" ve "komşularımız çok iyidir" önermeleriyle ilgili değerlendirme sonuçları, birinci sorudaki olumsuzluk ifadesi dikkate alınıp ikinci sorunun yanıtlarında 'yeniden kodlama' (recoding) yapıldıktan sonra, birleştirilerek, bir "aidiyet duygusu birleşik göstergesi" belirlenmiştir (Tablo 4.5.37; Harita 4.5.6)

1'in en az, 5'in en çok değeri gösterdiği ölçeğe göre, Gazimağusa'daki Aidiyet Duygusu (Birleşik) Göstergesi 3,50 'dir.

Harita 4.5.6. Aidiyet Duygusu (Birleşik) Göstergesi

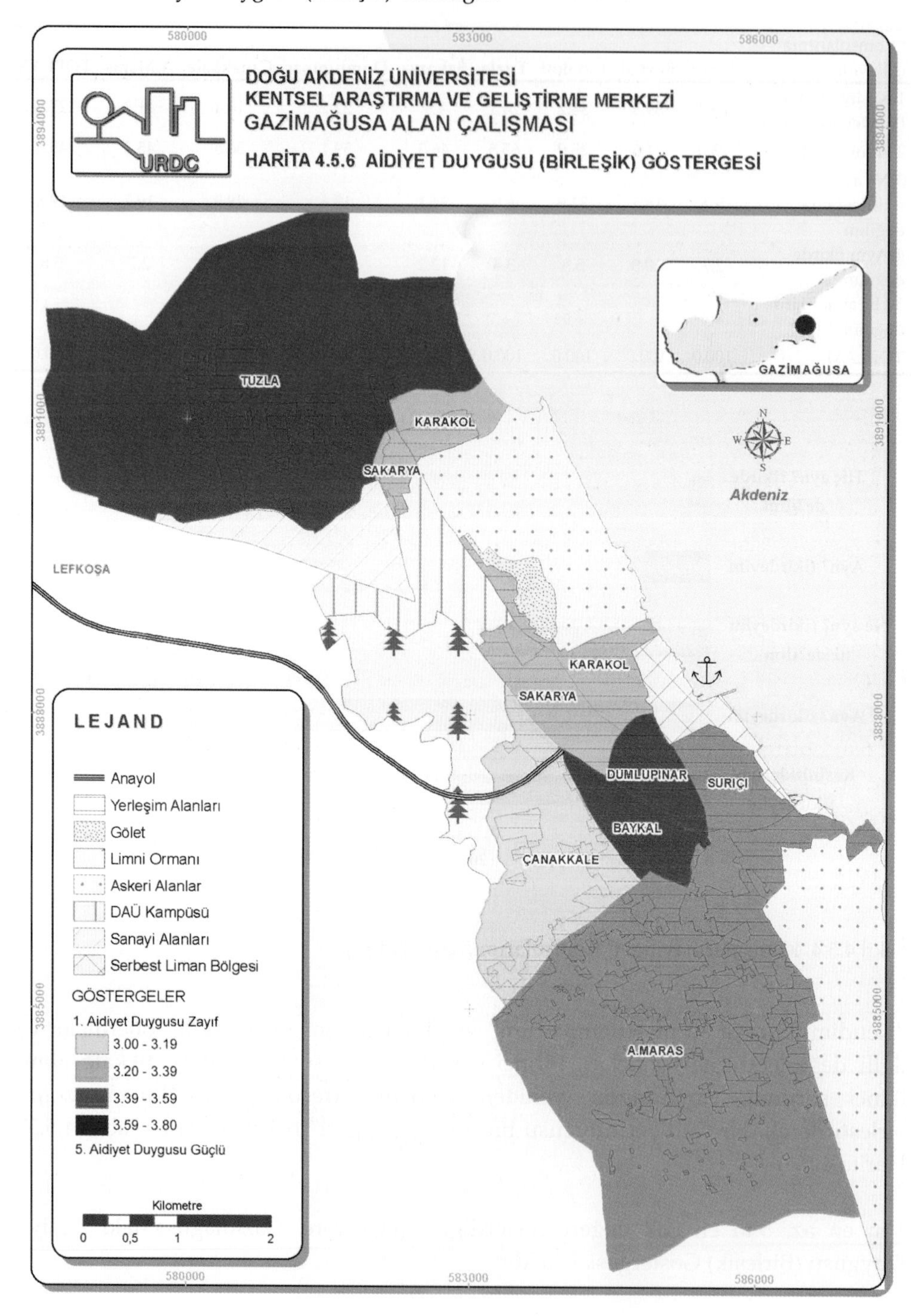

Tablo 4.5.37. Aidiyet duygusu (birleşik) göstergesi (Combined Index of Sense of Belonging) (Yüzdelik değerler)

Değişken	Suriçi	Baykal	Karakol	Tuzla	Sakarya	D.pınar	Çanakkale	A.Maraş	TOPLAM
Birleşik Aidiyet Göstergesi	3.49	3.66	3.38	3.77	3.32	3.79	3.17	3.53	3.50
Standard Sapma	.70	.97	1.07	.65	.73	.90	.92	.63	.87

* Aidiyet duygusu (birleşik) göstergesi, "kendimi buraya ait hissedemiyorum", ve "komşularımız çok iyidir" önermeleriyle ilgili yanıtların birleştirilip ortalamasının (mean) alınmasıyla elde edilmiştir.

Dumlupınar ve Tuzla, aidiyet duygusu (birleşik) göstergesinin en yüksek olduğu mahallelerdir. Bu sonuçlar, mahallenin eskiliğinin ya da yoğunluğunun aidiyet duygusu oluşturmada önemli olmadığını, benzer gelir düzeyine sahibiyetin ve aynı ya da benzer toplumsal geçmişe sahip olmanın, aidiyet duygusunu olumlu yönde etkilediğini göstermektedir.

Mahalle Duygusu

Genel anlamda mahalle ve yerel topluluk hissi ile ilgili düşünceler, *"Sizce bu mahallede bir mahalle duygusu var mı, yoksa yaşamak zorunda olduğunuz bir yer mi?"* şeklinde tek bir soru ile ölçülmektedir. Buradan elde edilecek bulgular, mahalledeki sosyal bütünleşmesinin önemli bir göstergesidir. Tüm semtler/mahalleler genelinde mahalle duygusu olduğunu söyleyenlerin oranı %57, yaşamak zorunda olduğu bir yer olarak nitelendirenlerin oranı ise %43'dür. Mahalle duygusunun en fazla oranda hissedildiği yerler Dumlupınar, Aşağı Maraş, Tuzla ve Baykal'dır (Tablo 4.5.37, Şekil 4.5.6, Harita 4.5.7).

Değerlendirme kapsamında, 1'in olumsuz, 2'nin olumlu değeri gösterdiği ikili ölçeğe göre, Gazimağusa genelinde Mahalle Duygusu Göstergesi 1.57'dir.

Bu bulgulara göre, üniversite öğrencilerinin yoğunlaştığı Karakol, Sakarya ve Çanakkale'de mahalle ve yerel topluluk duygusunun daha az olduğu saptanmıştır; Benzer geçmişe ve kültüre sahip olmanın (Dumlupınar, Aşağı Maraş, Tuzla ve Baykal), mahalle duygusunun duyumsanmasında belirleyici olduğunu, konum, eskilik, ve yoğunluk özelliklerinin ise doğrudan belirleyici olmadığını söylemek olanaklıdır.

Tablo 4.5.38. Mahalle duygusu algısı (Yüzdelik değerler)

Sizce bu semtte bir mahalle duygusu var mı. yoksa sadece yaşamak zorunda olduğunuz bir yer mi?	**Suriçi**	**Baykal**	**Karakol**	**Tuzla**	**Sakarya**	**D.pınar**	**Çanakkale**	**A.Maraş**	**TOPLAM**
Sadece yaşamak zorunda olduğum bir yer	43.2	40.0	54.1	36.7	53.5	28.1	51.3	33.8	43.1
Var	56.8	60.0	45.9	63.3	46.5	69.9	48.7	66.2	56.6
TOPLAM	100.0	100.0	100.0	100.0	100.0	100.0	100.0	100.0	100.0
Mahalle Duygusu Göstergesi	1.57	1.60	1.46	1.63	1.47	1.71	1.49	1.66	1.57
Standard Sapma	.57	.50	.50	.49	.50	.46	.51	.48	.50

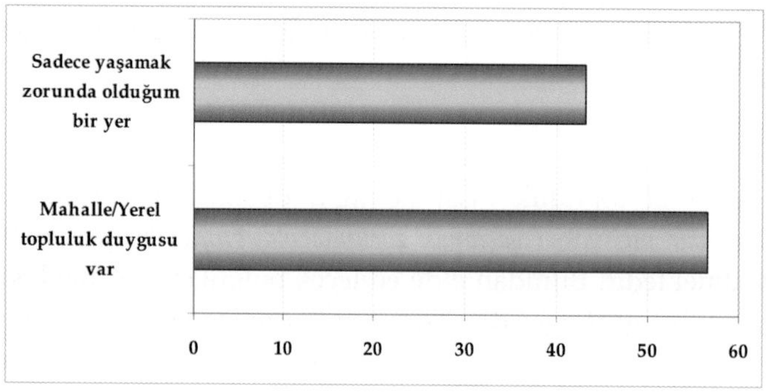

Şekil 4.5.5. Gazimağusa genelinde mahalle duygusunun algılanması (Yüzdelik değerler)

Harita 4.5.7. Mahalle Duygusu (Ortalama Değerler)

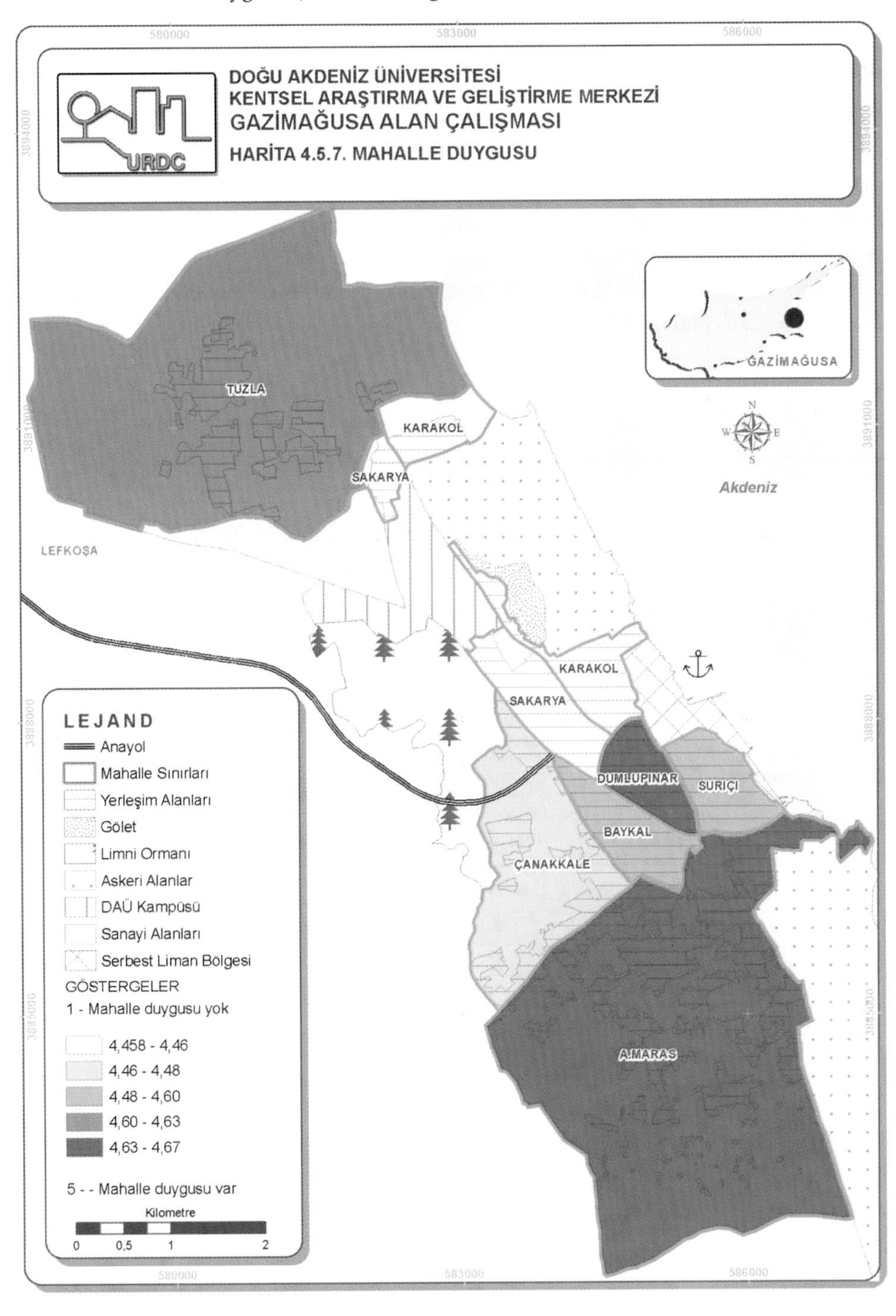

Tümel mahalle ve yerel yönetim

Araştırmanın bu bölümünde, öncelikle Görüşmecilerinyerel yönetim ile ilgili düşünceleri sorulmuş, ve belediye ile iletişimlerinin düzeyi anlaşılmaya çalışılmıştır.

Belediye hizmetlerinden memnuniyet

Görüşmecilere, *"Gazimağusa'da belediye hizmetlerinden ne derece memnunsunuz?"* diye sorulduğunda, %38'inin memnun ya da çok memnun olduğu, %29'unun ne memnun olduğu ne de olmadığı, %34'ünün ise memnun olmadığı ortaya çıkmaktadır (Tablo 4.5.39, Şekil 4.5.7, Harita 4.5.8).

Tablo 4.5.39. Belediye hizmetlerinden genel memnuniyet (Yüzdelik değerler)

Gazimağusa'da belediye hizmetlerinden ne derece memnunsunuz?	**Suriçi**	**Baykal**	**Karakol**	**Tuzla**	**Sakarya**	**D.pınar**	**Çanakkale**	**A.Maraş**	**TOPLAM**
1-Hiç memnun değilim	21.6	15.0	20.2		7.0	4.4	20.5	10.1	13.1
2-Memnun değilim	29.7	10.0	21.4	16.7	23.3	15.6	30.8	19.0	20.7
3-Ne memnunum ne değilim	24.3	40.0	31.0	40.0	37.2	22.2	23.1	19.0	28.5
4-Memnunum	24.4	32.5	26.2	40.0	30.2	53.4	20.5	50.6	35.5
5-Çok memnunum		2.5	1.2	3.3	2.3	4.4	5.1	1.3	2.2
TOPLAM	100.0	100.0	100.0	100.0	100.0	100.0	100.0	100.0	100.0

Harita 4.5.8. Belediye Hizmetlerinden Memnuniyet (Ortalama Değerler)

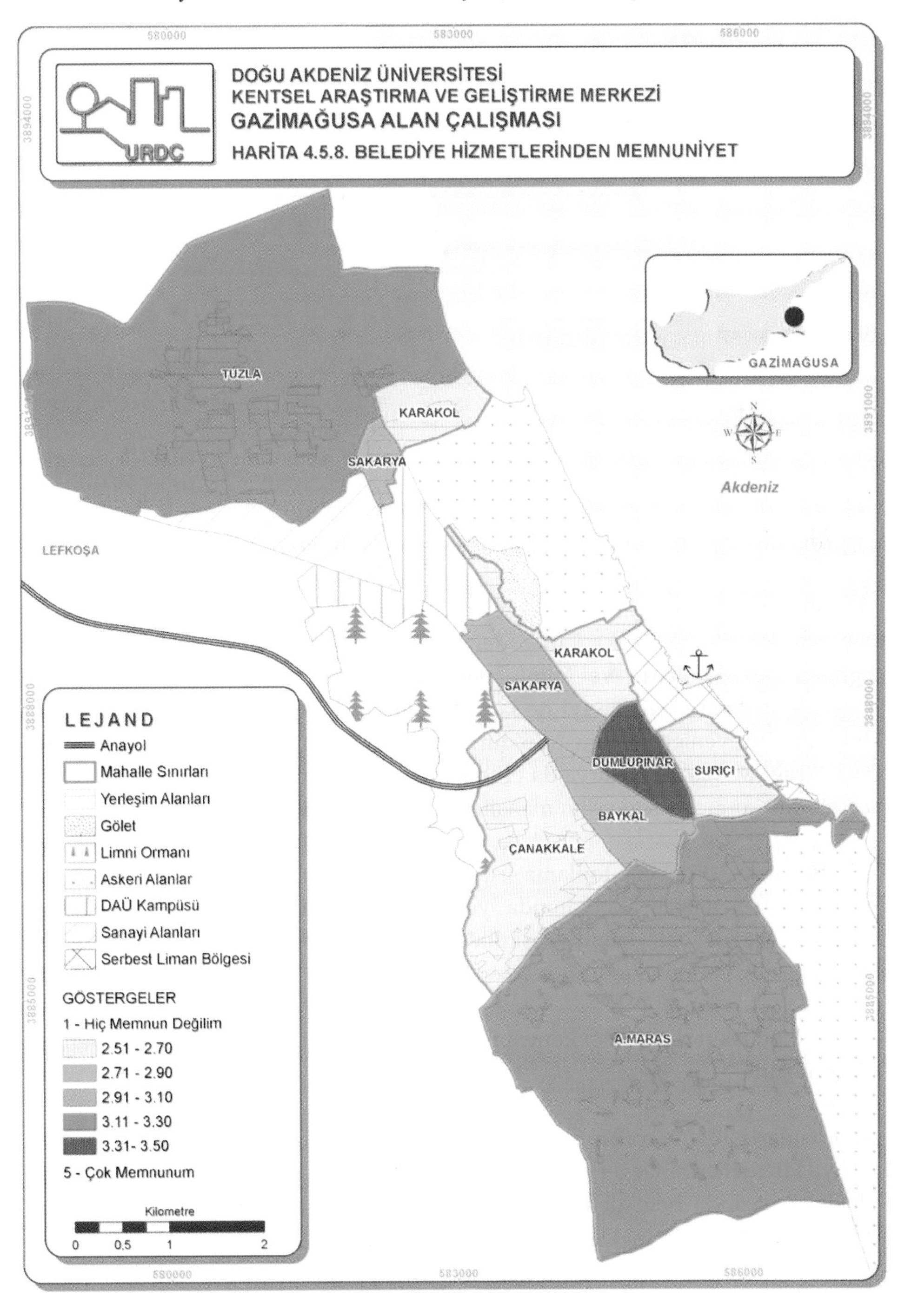

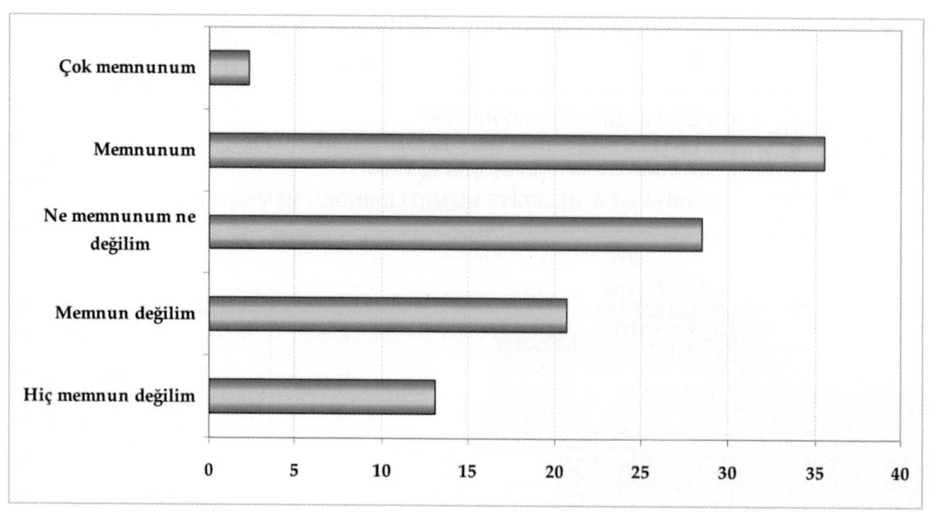

Şekil 4.5.6. Gazimağusa'da belediye hizmetlerinden genel memnuniyet (Yüzdelik değerler)

Araştırmanın bu bölümünde görüşmeciler tarafından belediye hizmetlerinin değerlendirilebilmesi için, yolların ve kamu alanlarının bakımı, çöplerin toplanması ve belediye otobüsleri ve varsa diğer kamu ulaşımı türleri ile ilgili değerlendirmeleri 1'den (en az) 5'e (en çok) kadar değişen ölçek kullanılarak gerçekleştirilmiştir. Bulgulara göre, yolların ve kamu alanlarının kötü ya da çok kötü olduğunu söyleyenlerin oranı %47, ne iyi ne kötü bulanların oranı ise %29, iyi ya da çok iyi olduğunu söyleyenlerin oranı %26'dur. Bu konuda en olumsuz değerler, sırasıyla Suriçi, Aşağı Maraş ve Sakarya'da elde edilmiştir. Dumlupınar, Tuzla ve Baykal ise daha olumlu sonuçların alındığı mahallerdir (Tablo 4.5.40, Şekil 4.5.6, Harita 4.5.9).

Görüşmecilerin %67'si çöp toplama sisteminin iyi ya da çok iyi işlediğini belirtmiştir. Ne var ki, sokakların iki yanında yerleştirilen büyük çöp toplayıcı elemanlar (container), çağdaş bir kentte kesinlikle olmaması gereken bir şekilde, görsel ve çevresel kirlilik yaratmaktadır.

Belediye otobüslerinin niteliği konusunda, görüşmecilerin %67'si çok kötü olduğunu ifade etmiştir.

Tüm konularla ilgili yapılan ölçümlere göre elde edilen bulgular birleştirilerek, bir Belediye Hizmetlerini Değerlendirme Göstergesi'ne ulaşılmıştır. Tablo 4.5.40'da hem mahalleler bazında hem de kent genelindeki ortalamalar görülebilir. Gazimağusa için Belediye Hizmetlerini Değerlendirme Göstergesi 2.79'dur.

Harita 4.5.9. Belediye Hizmetlerini Değerlendirme Göstergesi (Ortalama Değerler)

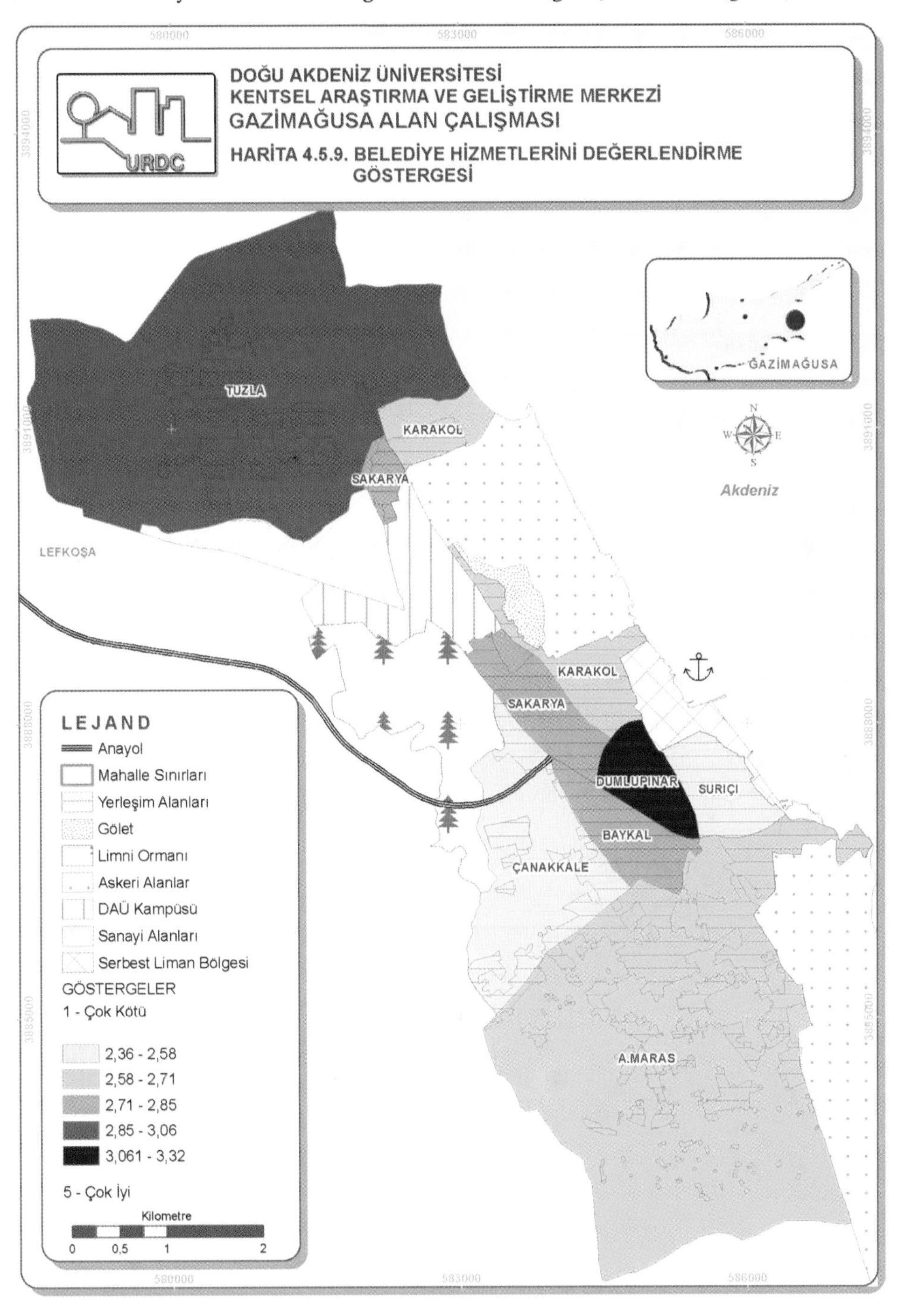

Tablo 4.5.40. Belediye hizmetlerinin değerlendirmesi (Yüzdelik değerler)

Belediye hizmetlerini değerlendiriniz	Suriçi	Baykal	Karakol	Tuzla	Sakarya	D.pınar	Çanakkale	A.Maraş	TOPLAM
Yolların ve kamu alanlarının bakımı									
1 - Çok kötü	27.0	12.5	12.9	3.3	9.3	6.7	17.9	7.8	11.9
2 - Kötü	43.2	25.0	28.2	23.3	41.9	26.7	28.2	46.8	33.8
3 - Ne iyi ne kötü	18.9	30.0	40.0	40.0	16.3	28.9	28.2	22.1	28.5
4 - İyi	10.9	30.0	16.5	33.3	27.9	26.7	23.1	23.4	23.0
5 - Çok iyi		2.5	2.4		4.7	11.1	2.6		2.8
TOPLAM	100.0	100.0	100.0	100.0	100.0	100.0	100.0	100.0	100.0
Çöplerin toplanması									
1 - Çok kötü	10.8	7.5	7.1		4.7	8.9	15.4	3.8	7.1
2 - Kötü	5.4	2.5	12.9	13.3	11.6	4.4	20.5	11.5	10.6
3 - Ne iyi ne kötü	24.3	22.5	14.1	6.7	20.9	6.7	17.9	14.1	15.6
4 – İyi	59.5	52.5	58.8	53.3	53.5	51.1	38.5	59.0	54.4
5 - Çok iyi		15.0	7.1	26.7	9.3	28.9	7.7	11.5	12.3
TOPLAM	100.0	100.0	100.0	100.0	100.0	100.0	100.0	100.0	100.0
Belediye otobüsleri ve diğer kamu ulaşımı									
1 - Çok kötü	51.4	41.0	30.4	34.6	27.9	11.1	41.0	20.7	30.9
2 - Kötü	40.5	25.6	34.8	26.9	37.2	20.0	25.6	63.8	36.0
3 - Ne iyi ne kötü	2.7	23.1	14.5	11.5	30.2	31.1	15.4	8.6	17.1
4 - İyi	5.4	7.7	18.8	19.2	2.3	31.1	17.9	6.9	13.8
5 - Çok iyi		2.6	1.4	7.7	2.3	6.7			2.2
TOPLAM	100.0	100.0	100.0	100.0	100.0	100.0	100.0	100.0	100.0
Belediye Hizmetlerini Değerlendirme Göstergesi	2.36	2.85	2.71	3.06	2.80	3.32	2.59	2.70	2.79
Standard sapma	0.73	0.72	0.76	0.78	0.83	0.85	0.73	0.63	0.79

Gazimağusa'nın yıllardır bilinen susuzluk konusu, ortak bir sorun olarak tüm kesimlerce kabul edildiği ve sıkça basında da yer aldığı için, anketlerde bununla ilgili bir soru sorulmamış, ancak anketörlerin görüşmeleri ve daha sonra yaptığımız denetimler sırasında sıklıkla şikayet konusu olmuştur[13].

[13] Özellikle Aşağı Maraş ve Karakol bölgesindeki görüşmeciler, su miktarının yetersizliği yanında su kalitesinin düşük (kireçli ve tuzlu) olduğundan yakınmış, ve bunun da tesisat sorunlarına ve evde kullanılan cihazlarda arızalara yol açtığını ifade etmişlerdir.

Belediye ile iletişim ve beklentiler
Görüşmecilerin*"Belediye, vatandaşların ne düşündüğüne dikkat eder"* ifadesi ile ilgili yorumları sorulduğunda, %59'u dikkat etmediğini, %20'si ne aynı fikirde olduğunu ne de olmadığını, %21'i ise dikkat ettiğini ifade etmektedir.

"Bu semtte yaşayan vatandaşlar belediyenin kararlarını etkileyebilirler" ifadesi ile ilgili olarak, %49'u etkileyemeceğini, %21'i ne aynı fikirde olduğunu ne de olmadığını, %31'i ise etkileyemeyeceğini ifade etmektedir.

Görüşmecilere, belediyeden beklentilerle ilgili önermeler sunulup, 1'den 5'e kadar değerlendirmeleri istendiğinde, *"Belediye kentin planlı gelişmesinde etkin rol oynamalı"* düşüncesine katılanların oranı %97, *"Belediye çarpık kentleşmenin düzeltilmesinde etkin rol oynamalı"* düşüncesine katılanların oranı %96, *"Belediye, yolların ve kamu ulaşımının gelişmesi için daha fazla para harcamalı"* düşüncesine katılanların oranı da %96'dır. B değerler, görüşmecilerin yerel yönetimden büyük beklentiler içinde olduğunu göstermektedir.

Görüşmecilerin çoğunluğu, belirli konularda daha fazla hizmet verildiğinde, daha fazla vergi vermeyi düşünebileceğini ifade etmiştir (ayrıntılar için bkz. Bölüm 4.5.7)

Mahallenin genel bakımı ve vergilerle ilgili değerlendirme kapsamında, belediye hizmetlerine (çöp toplama, kamu ulaşımı, vb.) karşılık toplanan vergilerin miktarının uygun olup olmadığı, vatandaşların belediye ile - vergilerle ilgili kararlara katılım bağlamında - iletişimlerinin düzeyi, ve daha iyi hizmetler alındığında daha fazla vergi ödemeye hazır oldukları konular araştırılmaktadır.

Vergiler
Görüşmecilere, belediye tarafından gerçekleştirilen tüm hizmetleri (çöp toplama, kamu ulaşımı, vb.) için toplanan vergiler, "az", "normal", ya da "yüksek" seçenekleri sunularak değerlendirildiğinde, %66'sı çok yüksek ya da yüksek bulduğunu, %29'u normal bulduğunu, çok küçük bir azınlık ise (%2) çok az bulduğu belirlenmiştir. Görüşmecilerin %4'ü ise vergilerin düzgün toplandığından emin olamadığını ifade etmiştir (Tablo 4.5.41).

Tablo 4.5.41. Belediyelerce gerçekleştirilen tüm hizmetler (çöp toplama, kamu ulaşımı, vb. gibi) değerlendirildiğinde vergilerin uygunluğu (Yüzdelik değerler)

Belediye hizmetleri dikkate alındığında, sizce vergiler az mı çok mu?	Suriçi	Baykal	Karakol	Tuzla	Sakarya	D.pınar	Çanakkale	A.Maraş	TOPLAM
Vergilerin düzenli toplandigindan emin değilim			1.4	13.8	2.3	2.2	23.1		4.1
Çok az		5.0	1.4	3.4		2.2		1.3	1.6
Normal	8.1	37.5	21.6	44.8	32.6	48.9	15.4	25.3	28.2
Yüksek	29.7	22.5	24.3	24.1	32.6	33.3	28.2	32.9	28.8
Çok yüksek	62.2	35.0	51.4	13.8	32.6	13.3	33.3	40.5	37.3
TOPLAM	100.0	100.0	100.0	100.0	100.0	100.0	100.0	100.0	100.0

Görüşmecilerin büyük çoğunluğu, Tablo 4.5.42'de belirtilen konular gerçekleşecek olursa daha fazla vergi ödemeyi düşünebileceklerini ifade etmişlerdir:

Tablo 4.5.42. Daha fazla vergi ödemeye hevesli olunan konular (Yüzdelik değerler)

Önemsenen konular	%
1. Çevre kalitesi artacaksa	83
2. Okulların kalitesi artacaksa	81
3 Kültür ve sanat etkinlikleri artacaksa	77
4. Kamu ulaşımı iyileşecekse	77
5. Tarihi çevre korunacaksa	77
6. Gelecek için tarım alanları ve doğal alanlar korunacaksa	74
7. Daha fazla park ve dinlence-eğlence tesisi olacaksa	72
8. Trafik sıkışıklığı önlenecekse	71

Suç ve güvenlik algısı

Mahalledeki suç durumu

Mahalleden genel memnuniyetin belirlenmesinde, orada yaşayan insanların ne düzeyde güvenli hissettiği önemli rol oynar. Buradan elde edilen bulgular, görüşmecilerin tümel mahalle ölçeğinde algılamalarını yansıtmaktadır.

Görüşmecilere ilk olarak *"Sizce mahallenizde suç işlenme oranı nedir?"* sorusu sorulmuştur. Görüşmecilerin %69'u ise böyle bir sorunun hiç olmadığını, %22'si çok az olduğunu, %6'sı biraz olduğunu, ve %3'ü suç işlenme oranının önemli derecede olduğunu, ifade etmiştir. Bu bulgular, Gazimağusa'da güvenlik konusunda önemli bir sorun yaşanmadığını göstermektedir. Özellikle, kentin diğer kısımlarından pek çok açıdan soyutlanmış olan, ve merkezinde yer alan birkaç lokantanın yarattığı etkinlik dışında dış mekanlarda canlılığın olmadığı Suriçi'nde en fazla oranda (%89) "hiç yoktur" yanıtının alınması dikkat çekici ve sevindiricidir (Tablo 4.5.43).

Tablo 4.5.43. Mahalledeki suç algısı (Yüzdelik değerler)

Sizce, mahallenizde suç işlenme durumu nedir?	Suriçi	Baykal	Karakol	Tuzla	Sakarya	D.pınar	Çanakkale	A.Maraş	TOPLAM
Önemli derecede	2.8	7.5	1.2	3.4		7.0	2.6	3.8	3.3
Biraz	5.6	5.0	6.0	3.4	7.0	7.0	10.3	6.3	6.4
Çok az	2.8	25.0	33.7	20.7	48.8	9.3	23.1	7.6	21.7
Hiç yok	88.8	62.5	59.0	72.4	44.2	76.7	64.1	82.3	68.6
TOPLAM	100.0	100.0	100.0	100.0	100.0	100.0	100.0	100.0	100.0

Zaman içinde mahalledeki suç durumundaki değişim - Görüşmecilere ikinci olarak, *"Son iki yılda, mahallenizde suç işlenme durumunda değişim oldu mu?"* sorusu sorulmuştur. Bu bağlamda alınan yanıtlara göre, büyük çoğunluk için herhangi bir değişim olmamıştır. Çanakkale mahallesinde suç oranının arttığını ifade edenlerin oranı diğerlerinden biraz daha fazladır (Tablo 4.5.44).

Tablo 4.5.44. Son iki yılda, mahalledeki suç işlenme durumunda gözlenen değişim (Yüzdelik değerler)

Son iki yılda, mahallenizde suç işlenme durumunda değişim oldu mu?	Suriçi	Baykal	Karakol	Tuzla	Sakarya	D.pınar	Çanakkale	A.Maraş	TOPLAM
Henüz iki yıl yaşamadığım için bilmiyorum	5.7	12.5	42.9	13.3		2.3	38.5	1.3	16.3
Arttı		7.5	6.0	3.3	9.3	9.3	12.8	6.4	6.9
Azaldı	2.9	2.5	1.2			2.3	7.7		1.8
Aynı kaldı	91.4	77.5	50.0	83.3	90.7	86.0	41.0	92.3	75.0
TOPLAM	100.0	100.0	100.0	100.0	100.0	100.0	100.0	100.0	100.0

Kişisel güvenlik

Güvenlikle ilgili soruların son bölümünde, görüşmecilerin gündüz ve gece ile ilgili kişisel güvenlik duygusu anlaşılmaya çalışılmıştır.

Tablo 4.5.45'de görülen bulgulara göre, görüşmecilerin %58'i gündüz dışarıda yalnızken çok güvenli hissetmekte, %38'i oldukça güvenli, % 4'ü pek güvenli hissetmemektedir. Aşağı Maraş'taki çok küçük bir grubun dışında mahallesinin gündüzleri güvensiz olduğunu ifade edene rastlanmamıştır.

Gece dışarı çıkmanın ne derece güvenli sayılabileceği konusunda, %48 çok güvenli, %39 oldukça güvenli olduğunu, %10 pek güvenli sayılamayacağını, %3 ise çok güvensiz olduğunu ifade etmiştir. Bu soruya en olumsuz yanıtlar Suriçi'ndeki görüşmecilerden gelmiştir. Bunu Tuzla ve Çanakkale'de yaşayanlar izlemiştir.

Tablo 4.5.45. Mahalledeki güvenlik durumu algısı (Yüzdelik değerler)

Mahalledeki güvenlik durumu algısı	Suriçi	Baykal	Karakol	Tuzla	Sakarya	D.pınar	Çanakkale	A.Maraş	TOPLAM
Bu mahallede gündüzleri dışarı çıkmak ne derecede güvenli sayılır?									
1-Çok güvenli	22.2	72.5	76.5	50.0	51.2	41.9	64.1	60.8	58.2
2-Oldukça güvenli	66.7	22.5	22.4	46.7	44.2	53.5	33.3	34.2	37.5
3-Pek güvenli sayılmaz	11.1	5.0	1.2	3.3	4.7	4.7	2.6	2.5	3.8
4-Güvensiz								2.5	.5
TOPLAM	100.0	100.0	100.0	100.0	100.0	100.0	100.0	100.0	100.0
Mahallede geceleri dışarı çıkmak ne derecede güvenli sayılır?									
1-Çok güvenli	11.1	55.0	64.7	40.0	37.2	34.9	53.8	57.0	48.1
2-Oldukça güvenli	44.4	37.5	27.1	40.0	60.5	53.5	28.2	34.2	38.7
3-Pek güvenli sayılmaz	27.8	5.0	7.1	13.3	2.3	11.6	17.9	5.1	9.9
4-Güvensiz	16.7	2.5	1.2	6.7				3.8	3.3
Mahallenizde kadınların gece dışarı çıkması ne derece güvenlidir?									
1-Çok güvenli	8.3	45.0	60.0	30.0	20.9	21.4	38.5	53.2	39.6
2-Oldukça güvenli	41.7	30.0	27.1	40.0	72.1	57.1	33.3	30.4	39.1
3-Pek güvenli sayılmaz	13.9	20.0	10.6	23.3	7.0	21.4	25.6	11.4	15.2
4-Güvensiz	36.1	5.0	2.4	6.7			2.6	5.1	6.1
TOPLAM	100.0	100.0	100.0	100.0	100.0	100.0	100.0	100.0	100.0

Mahallenin kadınların gece dışarı çıkması açısından ne derece güvenli olduğu konusunda, görüşmecilerin %40'ı çok güvenli, %39'u oldukça güvenli olduğunu, %15'i pek güvenli sayılamayacağını, %6'sı ise güvensiz olduğunu belirtmiştir. Bu konuda olumsuz düşünenlerin en fazla olduğu mahalle Suriçi olup, bunu Tuzla, Çanakkale ve Baykal izlemektedir.

Görüşmecilere bölgenin güvenliğinden ne derece memnun oldukları sorulduğunda, %84'ü memnun ya da çok memnun, %8'i ne memnun ne değil, %8'i ise memnun değil ya da hiç memnun değil yanıtını vermiştir (Tablo 4.5.46, Şekil 4.5.7).

Tablo 4.5.46. Bölgenin güvenliğinden memnuniyet

Bölgenin güvenliğinden memnuniyetinizi değerlendiriniz	Suriçi	Baykal	Karakol	Tuzla	Sakarya	D.pınar	Çanakkale	A.Maraş	TOPLAM
1-Hiç memnun değilim	19.4	5.0		3.4				2.5	3.0
2-Memnun değilim	19.4	2.5	3.5	3.4		4.7	7.7	2.5	4.8
3-Ne memnunum ne değilim	8.3	5.0	7.1	20.7	4.7	18.6	7.7	5.1	8.6
4-Memnunum	41.7	47.5	36.5	51.7	62.8	55.8	59.0	44.3	48.0
5-Çok memnunum	11.2	40.0	52.9	20.8	32.5	20.9	25.6	45.6	35.6
TOPLAM	100.0	100.0	100.0	100.0	100.0	100.0	100.0	100.0	100.0

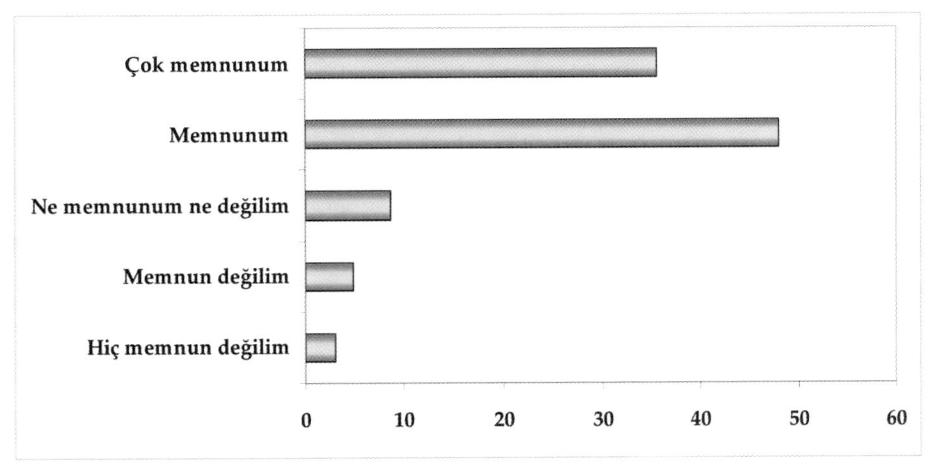

Şekil 4.5.7. Gazimağusa'da bölge güvenliğinden memnuniyet

Katılım

Bireylerin yaşadıkları mahalledeki yerel topluluğa katılımlarının, yaşadıkları yer ile ilgili düşüncelerine ne derece bağlı olduğunu anlamak önemli konulardan biridir. Bu bağlamda, iki türlü savlama yapılabilir: birinicisi, kişiler mahalledeki topluluk yaşamından memnun olmadığında katılımda bulunurlar. İkincisi ise, yaşadığı yerdeki toplulukla ilişkiler kurup, aidiyet ya da bağlılık duygusu geliştirdiklerinde, orayı daha çok severler. Burada önemli olan, gelecekte iyi bir topluluk yaşamının ve katılımın gerçekleşmesinde rol oynayan bileşenlerin saptanabilmesi için, insanların mahalledeki topluluğa ne ölçüde katılım gösterdiğinin anlaşılmasıdır.

Katılım yolları

Bir mahalledeki toplumsal katılım sadece bireylerin istekliliğine bağlı olmayıp, bazı düzenlenmiş kanallarla da yönlendirilebilir. Bu kanalların çok biçimsel ve disipline edici olduğu durumlar (örneğin "dili" anlaşılamayan toplantılar, vb.), insanları uzaklaştırabileceği gibi, daha önce bu tür ortamlarda yaşanan olumsuz deneyimlerle ilgili eleştiriler söz konusu olduğunda da topluluğa katılımın karşıtı tavırlar gelişmesine neden olabilir. Ne var ki, mahalledeki ve Konut yakın çevresi ndeki sorunlar büyüdüğünde, bu tür düzenleyici ortamlar yararlı olacaktır. Öte yandan, yaşanan çevreden memnun olunduğu durumlarda, söz konusu toplumsal katılıma gerek duyulmadığı da düşünülebilir.

Gözlemlerimize ve deneyimlerimize göre, Gazimağusa'da, diğer KKTC'deki diğer kentlerde olduğu gibi, en büyük sorunlar apartman yaşamında ortaya çıkmaktadır. Bu da, apartman türü yerleşimlerin ilk kez 1980'li yılların ortalarında kentlerde yerini almaya başlamış olmasıyla açıklanabilir. Bu noktada, daha önce bağımsız, bahçeli evlerde yaşama dayalı konut kültüründen, aynı çatı altında, çok katlı apartman yaşamına geçişin yarattığı sorunların (apartman ve çevresinin bakımı, gürültü, koku, vb.), komşular tarafından birbirine saygılı ve duyarlı bir şekilde sahip çıkılıp çözülmeye çalışıldığı ortamların az olduğu gözlemlenmektedir. Türkiye'deki kentlerde artık kurumlaşmış olan "apartman yöneticiliği" de KKTC'de henüz tam bilinmemekte, ve apartman yaşamını düzenleyici, yaptırım gücü olan bir apartman yasasının bulunmaması, bu tür sorunların devam etmesine neden olmaktadır.

Mahallelilerle işbirliği ve sorun çözme

Araştırmada, görüşmecilere, hem tümel mahalle ölçeğinde, hem de konut yakın çevresi ölçeğinde topluluğa katılımları ve memnuniyetleriyle ilgili bazı önermeler sunularak, bunları ne ölçüde onayladıkları sorulmuştur. Son bir yılda, belirli bazı davranış ve etkinlikte bulunup bulunmadıkları sorulduğunda, %26'sının komşularla toplanarak mahalledeki bir sorunu tartıştıkları, %23'ünün belediyeyi aradığı, ve %7'sinin belediyede / üniversitede / vb. bir atölye çalışmasına katıldığı görülmektedir (Tablo 4.5.47 - 4.5.48 - 4.5.49).

Mahalleler arasında, bu tür toplu işbirlikleri ve katılımcı davranışların yok denecek kadar az olduğu mahalle Suriçi, örgün bir atölye çalışmasına katılımın en fazla söz konusu olduğu mahalle Baykal'dır.

Tablo 4.5.47. Belediye ile iletişim (Yüzdelik değerler)

"Gerektiğinde belediyeyi aradım" /"Belediyede toplantılara katıldım"	Suriçi	Baykal	Karakol	Tuzla	Sakarya	D.pınar	Çanakkale	A.Maraş	TOPLAM
Evet	8.1	17.5	29.4	20.0	27.9	22.7	20.5	24.4	22.7
Hayır	91.9	82.5	70.6	80.0	72.1	77.3	79.5	75.6	77.3
TOPLAM	100.0	100.0	100.0	100.0	100.0	100.0	100.0	100.0	100.0

Tablo 4.5.48. Komşularla sorunların tartışılması (Yüzdelik değerler)

"Komşularla toplanarak mahallemizdeki bir sorunu tartıştım"	Suriçi	Baykal	Karakol	Tuzla	Sakarya	D.pınar	Çanakkale	A.Maraş	TOPLAM
Evet	13.5	17.9	29.4	36.7	9.3	48.8	15.4	30.7	26.1
Hayır	86.5	82.1	70.6	63.3	90.7	51.2	84.6	69.3	73.9
TOPLAM	100.0	100.0	100.0	100.0	100.0	100.0	100.0	100.0	100.0

Tablo 4.5.49. Belediyede / Üniversitede / vb. atölye çalışmasına katılım (Yüzdelik değerler)

"Belediyede/ Üniversitede bir atölye çalışmasına katıldım"	Suriçi	Baykal	Karakol	Tuzla	Sakarya	D.pınar	Çanakkale	A.Maraş	TOPLAM
Evet		17.5	8.2	6.7	2.3	9.1	2.6	6.4	6.8
Hayır	100.0	82.5	91.8	93.3	97.7	90.9	97.4	93.6	93.2
TOPLAM	100.0	100.0	100.0	100.0	100.0	100.0	100.0	100.0	100.0

"Yaşadığınız sokakta bir sorun olduğunda kiminle ilişki kurarsınız?" sorusu sorulduğunda, %76'sı belediye ile, %7'si muhtar ile, %17'si ise (çoğunlukla) ev sahibiyle, polisle, komşularıyla, ve bölüm başkanıyla ilişki kurduğunu bildirmektedir (Tablo 4.5.50).

Tablo 4.5.50. Yaşanan sokakta bir sorun olduğunda (örneğin, kaldırımların bozulması) ilişki kurulan kişi ve kurumlar (Yüzdelik değerler)

Yaşadığınız sokakta bir sorun olduğunda kiminle ilişki kurarsınız?	Suriçi	Baykal	Karakol	Tuzla	Sakarya	D.pınar	Çanakkale	A.Maraş	TOPLAM
Muhtar ile	13.5	5.1	7.1	21.4	4.9	2.3	7.7	5.1	7.4
Belediye ile	78.4	79.5	58.8	71.4	90.2	86.0	51.3	91.0	75.6
Diğer	8.1	15.4	34.1	7.1	4.9	11.6	41.0	3.8	16.9
TOPLAM	100.0	100.0	100.0	100.0	100.0	100.0	100.0	100.0	100.0

4.6 Alışveriş

Bu bölümde, gündelik yaşamın en önemli gereksinmelerinden olan gıda alışverişi, ve giyim alışverişi değerlendirilmektedir.

Gıda alışverişi

Gıda alışverişi yapılan yer

Bulgulara göre, görüşmecilerin yarısı alışverişini süpermarketten, diğer yarısı ise mahallelerindeki market ve bakkallardan yapmaktadır. Mahallelerindeki market ve bakkallardan alışveriş yapanların oranının en fazla olduğu mahalleler sırasıyla Suriçi, Sakarya, Baykal ve Dumlupınar'dır.

Üreticiden tüketiciye doğrudan satış yapılabilen açıkhava pazarları, bugün en gelişmiş ülkelrde bile teşvik edilen, ve kentin sürdürülebilirliğine ve sağlıklı beslenmeye önemli katkılarda bulunan bir konudur. Çağdaş kentlerde, bu nedenle özel açık hava pazarları projeleri geliştirilmekte, ve toplu taşıt araçlarıyla kolay ulaşılır hale gelmeleri sağlanmaktadır.

Araştırmada elde edilen bulgulara göre, Gazimağusa'nın bugünkü koşullarında, pazardan alışverişin yaygın bir gelenek oluşturmadığı söylenebilir. Görüşmecilerin sadece %30'u pazardan alışveriş etmektedir (Tablo 4.6.1). Pazara gidenlerin %89'unun tercihi, haftada bir gün kurulan büyük pazar (Cuma Pazarı - Baykal), %11'inin tercihi ise sürekli açık olan küçük pazardır (Aşağı Maraş). Pazara gitme alışkanlığının en fazla olduğu mahalle Aşağı Maraş, en az olduğu mahalle ise Tuzla'dır.

Tablo 4.6.1. Pazardan alışveriş etme alışkanlığı (Yüzdelik değerler)

Açık pazarlardan alışveriş yapıyor musunuz?	Suriçi	Baykal	Karakol	Tuzla	Sakarya	D.pınar	Çanakkale	A.Maraş	TOPLAM
Açık pazardan yapmiyor	70.3	72.5	71.8	83.3	79.1	73.3	69.2	59.0	70.8
Açık pazardan	29.7	27.5	28.2	16.7	20.9	26.7	30.8	41.0	29.2
Toplam	100.0	100.0	100.0	100.0	100.0	100.0	100.0	100.0	100.0

Yakın çevrelerinde sokak satıcılarının bulunduğunu söyleyenlerin oranı %29 olup, bunların tümü söz konusu satıcılardan alış veriş ettiğini ifade etmektedir.

Gıda alışverişi yapılan yere ulaşım
Görüşmeciler, alışveriş yapmaya ne şekilde gittikleri sorulduğunda, birinci olarak %64'ü özel araçlarıyla, %26'sı yürüyerek, %7'si taksiyle ya da başka araçlarla, %3'ü otobüsle, çok küçük bir kesim (%1) ise bisikletle gittiğini ifade edilmiştir. İkinci olarak ise çoğunlukla yürüyerek ve taksi tercih edilmektedir. %76'sı alışverişle ilgili ulaşım şeklinden memnun ya da çok memnun olduğunu, %16'sının memnun olmadığını ya da hiç memnun olmadığını, %8'inin ise ne memnun olduğunu ne de olmadığını belirtmiştir.

Bölgedeki marketlerden memnuniyet
Bölgelerindeki marketleri Gazimağusa'nın diğer bölgelerindeki marketlerle karşılaştırdıklarında, görüşmecilerin büyük çoğunluğu (%67) mahallesindeki marketlerin kalitesini diğerleriyle aynı bulmaktadır.

Giyim alışverişi

Görüşmecilerin %40'ı giyim alışverişlerini Gazimağusa'daki mağaza ve butiklerden, %30'u farklı farklı yerlerden, %27'si diğer ülkelerden, %6'sı KKTC'deki diğer kentlerden alışveriş yapmakta, %5'i ise kendi dükkanından giyinmektedir.

Gazimağusa'da alışveriş yapılan mağaza ve butiklerin %48'i Salamis Yolunda, %23'ü Suriçi'nde, %20'si Gazimağusa'nın farklı yerlerinde, ve daha küçük oranda Baykal, Dumlupınar, Gülseren, ve Lefkoşa Yolundadır. Diğer ülkelerden alışverişin %81'i Türkiye'de, %14'ü İngiltere'de, ve %5'i Güney Kıbrıs'ta yapıldığı ifade edilmektedir.

4.7 Rekreatif ve Kültürel Etkinlikler

Rekreasyon (Dinlence-Eğlence)

Kentsel çevre içinde kamuya açık mekanlar, özellikle rekreasyon (dinlence-eğlence) alanları, yaşayanlar için bir nefes alma aracı olup, kentin bileşenlerinin daha yaşanabilir ve sürdürülebilir olmasına katkıda bulunurlar. Bu mekanlar, aynı zamanda kentliler arasındaki sosyal iletişim ve etkileşimin gerçekleştirilebildiği yerlerdir. Her ne kadar çağımızda iletişim teknolojisi uzaktan iletişimi çok kolaylaştırmış olsa da, yüz yüze iletişim insanlar için hala önemli bir gereksinmedir (BENTLEY 1993, 72), ve toplumsal bütünleşmenin gerçekleşmesi için insanları bir araya getiren mekanların, yer aldığı çevrenin sosyo-ekonomik ve kültürel özelliklerine uyumlu bir şekilde, oluşturulması ve çoğaltılması zorunludur. Bunun ötesinde, bu mekanlar, sundukları rekreasyon olanaklarının niteliği ölçüsünde toplum genelinde zihinsel ve bedensel sağlığın korunmasına ve iyileştirilmesine katkıda bulunurlar.

Yeşil alanlar / Parklar

Bugünün çağdaş yapılaşma örneklerinde gözlemlenen önemli bir sorun, yeşil alanların niceliği, niteliği ve konumuyla ilgilidir. Ne var ki, "nicelik", "nitelik" boyutunun önüne geçmekte, ve bununla ilgili hizmet ve değerlendirmeler, yeşil alanların anlam ve kullanımları ile değil, sayıları ile ilişkilendirilmektedir.

Bir kentteki yeşil alanlar, insanları birbirinden ayırmadan etkinliklerini gerçekleştirebilmelerine, iklimsel konforun yaratılmasına, ve ekolojik çeşitliliğe katkıda bulunurlar. Bu nedenlerle, yeşil alanların ve ilgili hizmetlerin, kentsel yaşam kalitesi üzerindeki etkileri irdelenmelidir.

Yeşil alanların genel durumu ve beklentiler. Gazimağusa'daki yeşil alanlar, 4328 hektar yüzölçümüne sahip olan kentte 267,575 m^2 olarak belirlenmiştir. Güncel durumda, bu alanın 80,230 m^2'si aktif yeşil alanlar, 65,375 m^2'si pasif yeşil alanlardır. 120,570 m^2 büyüklüğünde alan boş, kayıp alanlardır.

Bu alana, tarihi Suriçi duvarları boyunca devam eden hendek alanı, Çanakkale mahallesi sınırları içind kalan (ve kurumakta olan) gölün kenarında yer alan ve seyrek bir Okaliptus ağaçlığına dönüşen 14.5 hektarlık orman alanı, ve kentin kuzey doğusundaki 32,000 m^2'lik askeri yeşil alan, ve bu bölgeye bitişik olan sulak alan, ve mezarlıklar dahil değildir. Doğu Akdeniz Üniversitesi kampusu kapsamındaki yeşil alanlar ve spor alanları da dahil edilmemiştir.

Aktif yeşil alanların %49'unu mahalle parkları, %48'ini spor alanları, %2'sini hayvanat bahçesi, %1'den azını ise çocuk oyun alanları oluşturmaktadır. Kentin tümünün gereksinmesini karşılayabilecek büyüklükte ve donatıda bir kent parkı yoktur[14]. Mevcut yeşil alanlar kent bütününe küçük lekeler halinde dağılmış olup, büyük çoğunluğu bakımsızlık içindedir[15]. Bazı parklar (Dumlupınar ve Sakarya'daki parklar) bakımsızlık nedeniyle hiç kullanılamaz durumdadır. Asilsoy tarafından incelendiği gibi, gerek mahalle parkları, gerekse çocuk oyun alanlarında, bitkisel ve yapısal donanım olarak yetersizlikler söz konusudur (ASİLSOY 2000, 38).

Aktif yeşil alanların %49'unu mahalle parkları, %48'ini spor alanları, %2'sini hayvanat bahçesi, %1'den azını ise çocuk oyun alanları oluşturmaktadır. Kentin tümünün gereksinmesini karşılayabilecek büyüklükte ve donatıda bir kent parkı yoktur[16]. Mevcut yeşil alanlar kent bütününe küçük lekeler halinde dağılmış olup, büyük çoğunluğu bakımsızlık içindedir[17]. Bazı parklar (Dumlupınar ve Sakarya'daki parklar) bakımsızlık nedeniyle hiç kullanılamaz durumdadır. Asilsoy tarafından incelendiği gibi, gerek mahalle parkları, gerekse çocuk oyun alanlarında, bitkisel ve yapısal donanım olarak yetersizlikler söz konusudur (ASİLSOY 2000, 38).

Gazimağusa'nın yeşil bir kent olarak algılanma düzeyi. Bu bölümde, görüşmecilere *"Gazimağusa yeşil bir kent sayılır"* önermesine ne derece katıldıkları sorulmuş, ve 1'in en çok, 5'in en az değeri gösterdiği değerlendirme ölçeğine göre yanıtlamaları istenmiştir. Elde edilen bulgulara göre, hiç bir mahallede bu önermeyi doğrulayanların oranı %30'u geçmemekte, Suriçi mahallesinde ise %6'ya kadar düşmektedir. Kent genelinde görüşmecilerin %51'i Gazimağusa'yı yeşil bir kent olarak görememekte, %26'sı ne olumlu ne olumsuz değerlendirmeklte, %23'ü ise yeşil bir kent olduğu düşüncesine katılmaktadır (Tablo 4.7.1).

---

[14] Kentin merkezinde yer alan Anıt Park (diğer adıyla Lalezar Parkı), yeterli büyüklüğe ve destekleyici işlevlere sahip olmaması nedeniyle, kent parkı olarak kullanılamamaktadır.
[15] Gazimağusa Belediyesinin, Baykal'daki Açık Pazar bölgesinde yeni bir park projesinin uygulanmasına başlanmıştır. Ne var ki, çok yakınındaki otobüs terminali ve açık pazarın yarattığı yoğun taşıt trafiğinin içinde olması, ve doğal yeşil ögeler bulundurmaması nedeniyle, söz konusu parkın dinlenme ve rahatlama sağlayabilecek bir park olma olasılığı güçlü gözükmemektedir.

[16] Kentin merkezinde yer alan Anıt Park (diğer adıyla Lalezar Parkı), yeterli büyüklüğe ve destekleyici işlevlere sahip olmaması nedeniyle, kent parkı olarak kullanılamamaktadır.
[17] Gazimağusa Belediyesinin, Baykal'daki Açık Pazar bölgesinde yeni bir park projesinin uygulanmasına başlanmıştır. Ne var ki, çok yakınındaki otobüs terminali ve açık pazarın yarattığı yoğun taşıt trafiğinin içinde olması, ve doğal yeşil ögeler bulundurmaması nedeniyle, söz konusu parkın dinlenme ve rahatlama sağlayabilecek bir park olma olasılığı güçlü gözükmemektedir.

Tablo 4.7.1. Kentin yeşil bir kent olarak algılanma düzeyi (Yüzdelik değerler)

"Gazimağusa yeşil bir kent sayılır"	**Suriçi**	**Baykal**	**Karakol**	**Tuzla**	**Sakarya**	**D.pınar**	**Çanakkale**	**A.Maraş**	**TOPLAM**
1-Kesinlikle ayni fikirdeyim	5.6	5.1	11.8		4.8	2.2	7.7	15.3	8.0
2-Ayni fikirdeyim		15.4	8.2	30.0	16.7	24.4	20.5	15.3	15.2
3-Ne aynı fikirdeyim ne değilim	2.8	30.8	20.0	23.3	26.2	40.0	30.8	31.9	26.0
4-Aynı fikirde değilim	63.9	38.5	32.9	33.3	50.0	22.2	20.5	33.3	35.8
5-Hiç aynı fikirde değilim	27.8	10.3	27.1	13.3	2.4	11.1	20.5	4.2	14.9
TOPLAM	100.0	100.0	100.0	100.0	100.0	100.0	100.0	100.0	100.0

Öte yandan, görüşmecilere, çağdaş bir kentte bulunması gereken 7 özelliği kapsayan liste içinde bulunmasını arzu ettikleri özellikler sorulduğunda, diğerlerine göre açık farkla görüş birliğine varılan istek "yeşil parkların bulunması"dır (Tablo 4.7.2).

Tablo 4.7.2. Kentte bulunması gereken yeşil parklar ile ilgili beklenti (Yüzdelik değerler)

	Suriçi	**Baykal**	**Karakol**	**Tuzla**	**Sakarya**	**D.pınar**	**Çanakkale**	**A. Maraş**	**TOPLAM**
Evet	100.0	95.0	76.5	73.3	79.1	91.1	69.2	100.0	86.0
Hayır		5.0	23.5	26.7	20.9	8.9	30.8		14.0
TOPLAM	100.0	100.0	100.0	100.0	100.0	100.0	100.0	100.0	100.0

Parklar ve kullanımları. Araştırmanın bu bölümünde, Gazimağusa'daki yeşil alanları oluşturan kent içi parkları kullananların profili, ve parkların kullanım özellikleri değerlendirilmektedir.

Araştırma sonuçlarına göre, Gazimağusa'da park kullanımı oranları genel olarak çok düşüktür. Görüşmeciler arasında, son bir yıl içinde hiç parka gitmeyenlerin oranı %56'dır. Son bir yıl içinde 6 kereden fazla parka gidenlerin oranı %23, 1-2 kere gidenlerin oranı %13, ve 3-6 kere gidenlerin oranı %8'dir (Tablo 4.7.3, Şekil 4.7.1).

Hiç parka gitmeyenlerin kadın ve erkek gruplara dağılımı incelendiğinde, erkeklerin kadınların %56'sının, erkeklerin ise %45'inin son bir yıl içinde hiç parka gitmediği saptanmıştır. Yıllık park kullanımı oranları yaş grupları içinde incelendiğinde, farklı yaş grupları arasında benzer değerler saptanmıştır (tüm gruplarda en fazla %45). Yaş ve cinsiyet faktörünün park kullanımını belirleyici olmadığı görülmektedir.

En çok kullanılan parkların adları sorulduğunda, bunların çocuk oyun parkları olduğu anlaşılmaktadır (örneğin Sosyal Konutlar kompleksindeki, Palm Beach Otel karşısındaki, ve Karakol'daki oyun parkları).
Parklarda gerçekleştirilen en yaygın etkinlikler, çocukları oynatmak (21), oturmak (%21), çocukları gezdirmek (%20), yürümek (%11), dinlenmek (%9), sohbet etmek (%6) ve çocukları izlemektir (%3) (Tablo 4.7.4).

Tablo 4.7.3. Park kullanım sıklığının cinsiyet ve yaşa göre dağılımı (Yüzdelik değerler)

Park kullanıcısı profili	**Erkek**	**Kadın**	**16 - 30 yaş**	**31 - 50 yaş**	**51 - 60 yaş**	**61+**
Bazen kullananlar (Yılda 1-2 kere)	51,9	58,9	50,3	50,3	71,0	74,6
Orta sıklıkta kullananlar (Yılda 3-6 kere)	13,2	13,5	12,9	14,5	11,0	11,1
Sık kullananlar (Yılda 6 kereden daha fazla)	9,0	6,8	8,8	9,0	5,0	1,6
Kullanmayanlar (Hiç gitmeyenler)	25,9	20,8	27,9	26,2	13,0	12,7
Toplam	100	100	100	100	100	100

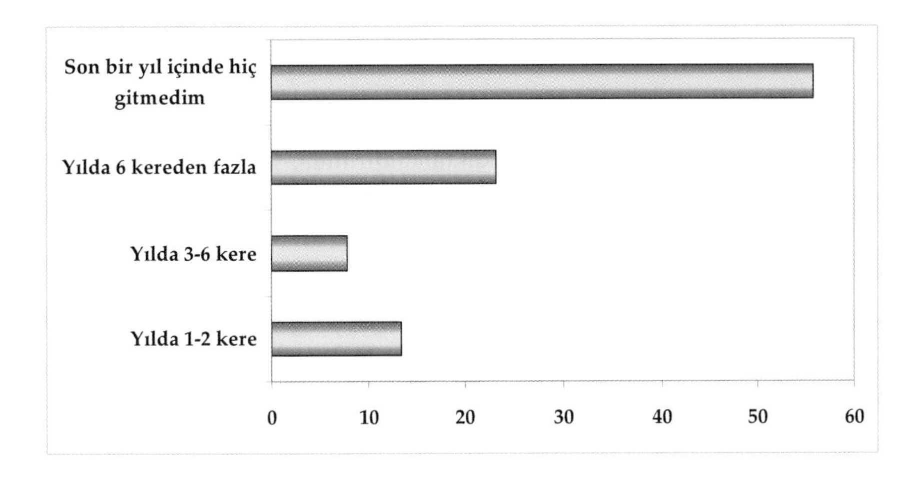

Şekil 4.7.1. "Son bir yıl içinde Gazimağusa'da bir parkı ziyaret ettiniz mi?" (Yüzdelik değerler)

Tablo 4.7.4. Parklarda gerçekleştirilen etkinlikler (Yüzdelik değerler)

Parktaki etkinlikler	%
1-Çocukları oynatmak	24.7
2-Oturmak	21.3
3-Çocukları gezdirmek	20.1
4-Yürümek	11.5
5-Dinlenmek	8.6
6-Sohbet etmek	5.7
7-Çocukları izlemek	3.4
8-Okumak	1.1
9-Spor yapmak	1.1
10-Köpek gezdirmek	1.1
11-Bisiklete binmek	.6
12-İçki içmek	.6

Parklara ulaşım şekli - Park kullanıcılarının %55'i yürüyerek, %41'i özel araçlarıyla, çok küçük bir kesim ise bisiklet, belediye otobüsü ya da diğer şekillerde parka ulaşmaktadır.

Çocuk ve oyun alanı

Araştırma bulgularına göre, 12-15 yaş arası çocuğu olan görüşmecilerin %45'inin çocukları, ilk tercih olarak bahçede, %28'i sokakta/kaldırımda, %6'sı parklarda, %5'i okulun bahçesinde, %2'si ise evlerinin civarındaki boş alanlarda oynamaktadır. %13 ise çeşitli yerler ifade etmiştir (Tablo 4.7.5).

Tablo 4.7.5. Çocukların oynadıkları alanlar (Yüzdelik değerler)

Çocuklarınız genellikle nerede oynuyor?	**Suriçi**	**Baykal**	**Karakol**	**Tuzla**	**Sakarya**	**D.pınar**	**Çanakkale**	**A.Maraş**	**TOPLAM**
Bahçede	11.1	45.5	10.0	55.6	33.3	50.0	30.0	84.2	45.1
Sokakta veya kaldırımda	66.7	27.3	50.0	22.2	16.7	12.5	20.0	15.8	28.0
Boş alanlarda	11.1					12.5			2.4
Parkta			40.0				10.0		6.2
Okul bahçesinde	11.1	9.1		11.1	16.7				4.9
Diğer		18.1		11.1	33.3	25.0	40.0		13.4
TOPLAM	100.0	100.0	100.0	100.0	100.0	100.0	100.0	100.0	100.0

Görüşmecilere, *"Yakında çocukların oynayabileceği bir park ya da çocuk bahçesi var mı?"* sorusu yöneltildiğinde, %62'si olumsuz yanıt vermiştir (Tablo 4.7.6).

Tablo 4.7.6. Çocukların oynayabileceği park ya da oyun alanının varlığı (Yüzdelik değerler)

Yakında çocukların oynayabileceği bir park/çocuk bahçesi var mı?	Suriçi	Baykal	Karakol	Tuzla	Sakarya	D.pınar	Çanakkale	A. Maraş	TOPLAM
Evet	22.2	27.3	80.0	20.0	100.0	44.4	27.3	25.0	37.8
Hayır	77.8	72.7	20.0	80.0		55.6	72.7	75.0	62.2
TOPLAM	100.0	100.0	100.0	100.0	100.0	100.0	100.0	100.0	100.0

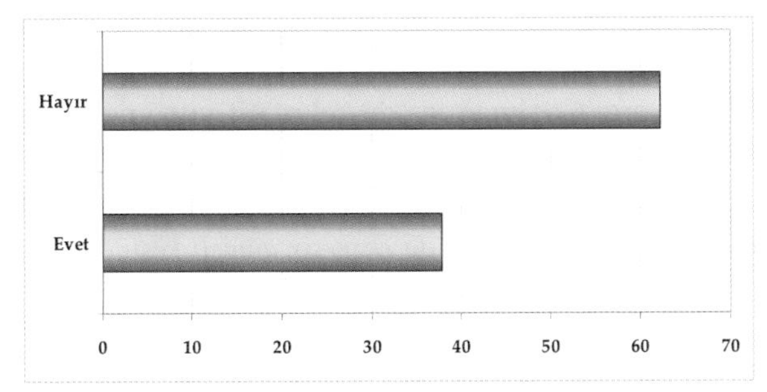

Şekil 4.7.2. Çocukların oynayabileceği park ya da oyun alanının varlığı ("Yakında çocukların oynayabileceği bir park ya da çocuk bahçesi var mı?) (Yüzdelik değerler)

Çocuk oyun alanlarının kullanım sıklığı. Çocuk sahipleri, *"Hava güzel olduğunda çocuklarınız hangi sıklıkta oyun oynamaya gider?"* sorusuna, görüşmecilerin %49'u hergün, %38'i haftada 1-3 kere, %5'i ayda 1-3 kere, %3'ü ayda 1'den az giderler şeklinde yanıt vermiş, %5'inin ise hiç gitmediği ortaya çıkmıştır.

Çocukların oynadığı alanlardan memnuniyet. Araştırma bulgularına göre, Karakol ve Sakarya mahalleleri dışında, Gazimağusa'da çocukların oynadığı alanlarla ilgili memnuniyet çok düşük düzeydedir. 12-15 yaş arası çocuğu olan görüşmecilerin %60'ı çocukların oynadığı alanlardan memnun olmadığını, %32'si ne memnun olduğunu ne olmadığını, sadece %16'sı memnun olduğunu belirtmiştir (Tablo 4.7.7).

Tablo 4.7.7. Çocukların oynadığı alanlardan memnuniyet (Yüzdelik değerler)

Çocuklarınızın oynadığı alanlardan memnuniyetinizi değerlendiriniz	Suriçi	Baykal	Karakol	Tuzla	Sakarya	D.pınar	Çanakkale	A.Maraş	TOPLAM
Hiç memnun değilim	55.6	36.4	20.0	44.4		11.1	60.0	25.0	32.9
Memnun değilim	22.2	18.2	40.0	44.4	50.0	33.3	10.0	20.0	26.8
Ne memnunum ne değilim		36.3	20.0	11.2		11.2	30.0	20.0	18.3
Memnunum	22.2	9.1	20.0		50.0	44.4		35.0	22.0
TOPLAM	100.0	100.0	100.0	100.0	100.0	100.0	100.0	100.0	100.0

Rekreatif amaçlı yürüme

Rekreasyon amaçlı yürüme, dış mekanlarda, en sık gerçekleştirilen basit fiziksel etkinliklerden biri olup, obezitenin önlenmesi/azalması, kardiyo-vasküler sistemin daha sağlıklı hale gelmesi, toplumsal iletişimin artması, ve yerel çevreye ve peyzaja kişisel bağlılık duygusunun güçlendirilmesinde önemli rol oynar (WHEELER, 2004). Bu nedenle, "yürünebilirlik", hem kişisel sağlık, hem toplum sağlığı, hem de toplumsal iletişim açısından bir mahallenin sahip olması gereken çok önemli bir özelliktir. Mahalle çevresinin planlama ve tasarımının yürümeyi desteklemesi ya da kısıtlamasındaki rolünün daha iyi anlaşılması, gerekli stratejilerin oluşturulabilmesi ve toplumsal yaşamın geliştirilebilmesine önemli katkılarda bulunacaktır.

Araştırmanın bu bölümünde, görüşmecilerin rekreatif yürüme alışkanlıkları irdelenmektedir. Elde edilen bulgulara göre, Gazimağusa'da rekreatif yürüme oranı çok düşüktür.

Araştırma sonuçlarına göre, *"Normal bir haftada spor ya da ekzersiz amaçlı kesintisiz en az 10 dakikalık yürüyüş yapıyor musunuz?"* sorusuna görüşmecilerin sadece %37'si olumlu yanıt vermiştir (Tablo 4.7.8).

Tablo 4.7.8. Rekreatif yürüme oranı (Yüzdelik değerler)

Normal bir haftada spor ya da egzersiz amaçlı kesintisiz en az 10 dakikalık yürüyüş yapıyormusunuz?	**Suriçi**	**Baykal**	**Karakol**	**Tuzla**	**Sakarya**	**D.pınar**	**Çanakkale**	**A.Maraş**	**TOPLAM**
Evet	16.7	55.0	36.5	70.0	30.2	45.5	35.9	21.8	36.5
Hayır	83.3	45.0	63.5	30.0	65.1	54.5	61.5	78.2	62.8
Geçersiz					4.7		2.6		.7
TOPLAM	100.0	100.0	100.0	100.0	100.0	100.0	100.0	100.0	100.0

Spor ve ekzersiz amacı ile yaptığınız bu yürüyüşleri nerede yapıyorsunuz? sorusuna, görüşmecilerin %25'i "her zaman mahallemizin dışında", %17'si "çoğunlukla mahallemizin dışında", %23'ü "her zaman mahallemizde", %15'i "çoğunlukla mahallemizde", %20'si "bazen mahallemizde bazen dışında" yanıtı vermiştir (Tablo 4.7.9).

Öte yandan, *"Son bir hafta içinde yürüyerek parka ya da çocuk bahçesine gittiniz mi?"* sorusuna %83 olumsuz yanıt vermiştir. *"Son bir hafta içinde bu çevrede spor amaçlı yürüyüşe çıktınız mı?"* sorusunu da benzer şekilde %74'ü olumsuz yanıtlamıştır.

Tablo 4.7.9. Rekreatif yürüyüşlerin yapıldığı yer (Yüzdelik değerler)

Spor ve egzersiz amaçlı yürüyüşleri nerede yapıyorsunuz?	Suriçi	Baykal	Karakol	Tuzla	Sakarya	D.pınar	Çanakkale	A.Maraş	TOPLAM
Her zaman mahallemizde	16.7	30.0	18.8	38.1	23.1	10.0	7.7	35.3	23.2
Çoğunlukla mahallemizde		25.0	9.4	4.8	46.2	10.0	7.7	17.6	14.8
Bazen mahallemizde bazen mahallemizin dışında	16.7	10.0	18.8	23.8	15.4	20.0	30.8	23.5	19.7
Çoğunlukla mahallemizin dışında	33.3	25.0	9.4	14.3	7.7	25.0	15.4	17.6	16.9
Her zaman mahallemizin dışında	33.3	10.0	43.8	19.0	7.7	35.0	38.5	5.9	25.4
TOPLAM	100.0	100.0	100.0	100.0	100.0	100.0	100.0	100.0	100.0

Rekreatif yürüme davranışı mekansal ölçekte irdelendiğinde, rekreatif yürüyüş gerçekleştirnelerin en yoğun olduğu mahalleler Tuzla (%70), Baykal (%55), ve Dumlupınar'dır (%46).

Görüşmecilerin yaşadıkları bölgeyi yürüyüş yapma açısından değerlendirdiklerinde elde edilen bulgularla karşılaştırıldığında, Gazimağusa'daki koşullarda yürüyüş yapma oranı, mahalle kapsamındaki yürünebilirlik özelliğine doğrudan bağlı olmayıp, kentin büyük bir kent olmamasının da etkisiyle, daha geniş bir çevrede yürüme etkinliğini kapsamaktadır.

Denizle ilişki

Görüşmeciler arasında son bir yılda sahilde yürüyüş yapanların oranı %51'dir. Bu sonuç, bir liman kenti olan Gazimağusa'daki sahilin, halkın yarısı tarafından kullanılmadığını göstermektedir.

Son bir yılda sahilde yürüyüş yapanların oranının en düşük olduğu mahalleler Suriçi ve Aşağı Maraş, en yüksek olduğu mahalleler ise Karakol ve Tuzla'dır. Bu bulgulara göre, eğitim düzeyi ile yürüyüş yapma alışkanlığı arasında doğrudan bir ilişki vardır (Tablo 4.7.10).

Öte yandan, Gazimağusa'dan eşsiz denizi ve kumsalı olan plajlara kolaylıkla erişim şansı bulunmasına karşın, görüşmecilerin %26'sının son bir yıl içinde hiç plaja gitmemiş olması dikkat çekicidir (Tablo 4.7.11). Suriçi mahallesinde yaşayanların bu açıdan da denizden çok kopuk oldukları saptanmıştır.

Tablo 4.7.10. Son bir yıl içinde sahilde yürüyüş yapanların dağılımı (Yüzdelik değerler)

Son bir yılda sahilde yürüyüş yaptınız mı?	Suriçi	Baykal	Karakol	Tuzla	Sakarya	D.pınar	Çanakkale	A.Maraş	TOPLAM
Evet	13.9	62.5	71.8	80.0	20.9	46.7	59.0	41.6	50.6
Hayır	86.1	37.5	28.2	20.0	79.1	53.3	41.0	58.4	49.4
TOPLAM	100.0	100.0	100.0	100.0	100.0	100.0	100.0	100.0	100.0

Tablo 4.7.11. Son bir yıl içinde plaja gidenlerin dağılımı (Yüzdelik değerler)

Son bir yılda plaja gittiniz mi?	**Suriçi**	**Baykal**	**Karakol**	**Tuzla**	**Sakarya**	**D.pınar**	**Çanakkale**	**A.Maraş**	**TOPLAM**
Evet	36.1	70.0	80.0	86.7	79.1	91.1	64.1	72.2	73.6
Hayır	63.9	30.0	20.0	13.3	20.9	8.9	35.9	27.8	26.4
TOPLAM	100.0	100.0	100.0	100.0	100.0	100.0	100.0	100.0	100.0

Görüşmecilere *"Gazimağusa sahilinde daha fazla etkinlik ve hizmet olsa daha sık giderim"* önermesini, 1'den (kesinlikle aynı fikirdeyim) 5'e (hiç aynı fikirde değilim) kadar derecelenen ölçek kapsamında, ne ölçüde onayladıkları sorulduğunda, büyük çoğunluğu (%82) onayladığını ifade etmiştir (Tablo 4.7.12). Bu önermeyi onaylayanlar arasında Suriçi'nde yaşayan görüşmecilerin de bulunması, denizle ilişki düzeyi ile, etkinlik ve hizmetlerin yeterliliği arasında anlamlı bir ilişki olduğunu kanıtlamaktadır.

Tablo 4.7.12. Gazimağusa sahilinde daha fazla aktivite ve hizmet olsa daha sık giderim (Yüzdelik değerler)

"Sahilde daha fazla aktivite ve hizmet olsa saha sık giderim"	**Suriçi**	**Baykal**	**Karakol**	**Tuzla**	**Sakarya**	**D.pınar**	**Çanakkale**	**A.Maraş**	**TOPLAM**
Kesinlikle aynı fikirdeyim	5.6	61.5	52.9	23.3	14.3	48.9	69.2	33.3	40.4
Aynı fikirdeyim	77.8	23.1	34.1	70.0	45.2	44.4	20.5	40.0	41.9
Ne aynı fikirdeyim ne değilim	11.1	10.3	9.4		35.7	6.7	2.6	18.7	12.5
Ayni fikirde değilim	5.5		3.6	6.7	4.8		7.7	8.0	4.6
Hiç aynı fikirde değilim		5.1							.6
TOPLAM	100.0	100.0	100.0	100.0	100.0	100.0	100.0	100.0	100.0

Rekreasyondan memnuniyet

Rekreasyon alanlarından memnuniyet. Araştırma bulgularına göre, Gazimağusa'daki rekreasyon alanlarından memnuniyet düzeyi oldukça düşüktür. 1'den (en olumsuz) 5'e (en olumlu) kadar derecelenen değerlendirme ölçeği kullanılarak yapılan değerlendirmeler sonunda, Gazimağusa için elde edilen Çevredeki Rekreasyon Alanlarından Memnuniyet Göstergesi 2.35'dir.

Görüşmecilerin %52'si çevrelerindeki rekreasyon alanlarından memnun olmadığını (%30 hiç memnun değil, %22 memnun değil), %32'si ne memnun olduğunu ne olmadığını, %16'sı ise memnun olduğunu ifade etmiştir (Tablo 4.7.13, Harita 4.7.1).

Tablo 4.7.13. Çevredeki rekreasyon alanlarından memnuniyet (Yüzdelik değerler)

Çevrenizdeki rekreasyon alanlarından memnuniyetinizi değerlendiriniz	**Suriçi**	**Baykal**	**Karakol**	**Tuzla**	**Sakarya**	**D.pınar**	**Çanakkale**	**A.Maraş**	**TOPLAM**
1-Hiç memnun değilim	51.4	25.0	29.4	43.3	16.7	9.1	56.4	20.8	29.6
2-Memnun değilim	18.9	27.5	23.5	16.7	26.2	18.2	15.4	26.4	22.4
3-Ne memnunum ne değilim	24.3	35.0	31.8	20.0	35.7	43.2	17.9	38.9	32.0
4-Memnunum	5.4	12.5	15.3	20.0	21.4	27.3	10.3	13.9	15.7
5-Çok memnunum						2.3			.3
TOPLAM	100.0	100.0	100.0	100.0	100.0	100.0	100.0	100.0	100.0
Rekreasyon Alanlarından Memnuniyet Göstergesi	1.84	2.35	2.33	2.17	2.62	2.95	1.82	2.46	2.35
Standard Sapma	.99	1.00	1.06	1.21	1.01	.96	1.07	.98	

Harita 4.7.1. Rekreasyon Alanlarından Memnuniyet

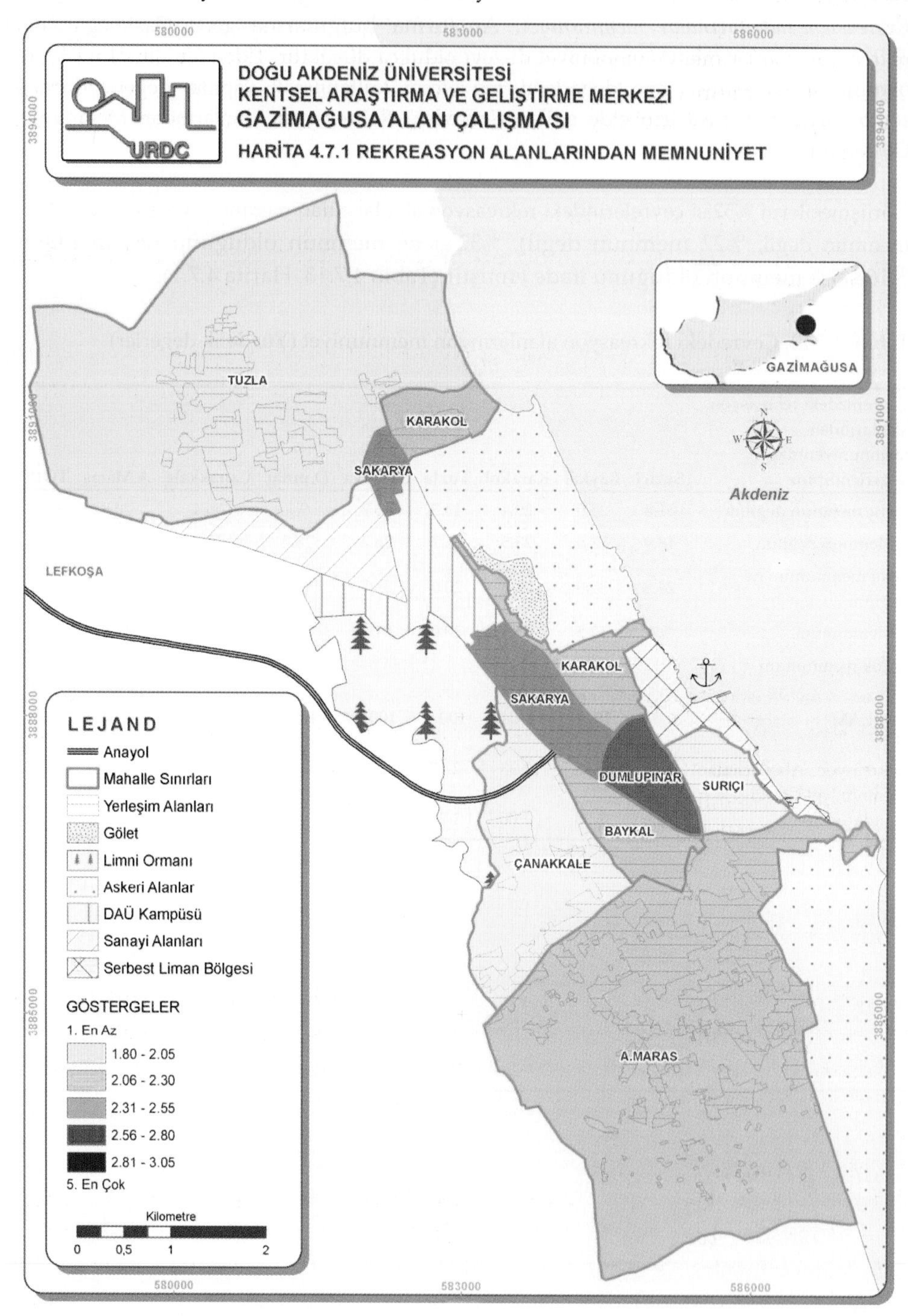

Çocukların oynadıkları alanlardan memnuniyet. Araştırma sonuçlarına göre, görüşmecilerin, çocukların oynadıkları alanları değerlendirmesi istendiğinde, çoğunluğu (%60) memnun olmadığını, %18'i ne memnun olduğunu ne olmadığını, %22'si ise memnun olduğunu ifade etmiştir. Bu konuda en düşük memnuniyet düzeyi Tuzla, Suriçi, Çanakkale, ve Karakol'da saptanmıştır (Tablo 4.7.10, Harita 4.7.2).

Tablo 4.7.14. Çocukların oynadıkları alanlardan memnuniyet (Yüzdelik değerler)

Çocukların oynadığı alanlardan memnuniyetinizi değerlendiriniz	Suriçi	Baykal	Karakol	Tuzla	Sakarya	D.pınar	Çanakkale	A.Maraş	TOPLAM
Hiç memnun değilim	55.6	36.4	20.0	44.4		11.1	60.0	25.0	32.9
Memnun değilim	22.2	18.2	40.0	44.4	50.0	33.3	10.0	20.0	26.8
Ne memnunum ne değilim		36.3	20.0	11.2		11.2	30.0	20.0	18.3
Memnunum	22.2	9.1	20.0		50.0	44.4		35.0	22.0
Çok memnunum									
TOPLAM	100.0	100.0	100.0	100.0	100.0	100.0	100.0	100.0	100.0

Rekreasyon ve yaşam kalitesi ilişkisi algısı

Görüşmecilerden, kendilerine yönlendirilen *"Sizce parklara gitmek yaşam kalitenizi artırmakta önemli bir rol oynar mı?"* sorusunu 1 (çok önemli)'den 4 (önemsiz)'e kadar derecelenen ölçeği kullanarak yanıtlamaları istenmiştir. Bunun sonucunda, %60'ı önemli (%41 önemli, %19 çok önemli) rol oynadığını, %40'ı önemli rol oynamadığını (%34 önemli değil, %6 hiç önemli değil) ifade etmiştir.

Kültürel etkinlikler ve diğer etkinlikler

Bu bölümde, Gazimağusa'da yaşayan bireylerin kültürel etkinliklere katılımı, diğer boş zaman geçirme etkinliklerine katılım, Doğu Akdeniz Üniversitesi ile kent arasındaki kültürel etkileşimin düzeyi, ve tarihi kent merkezinin (Suriçi) kentin kültür ve eğlence yaşamındaki rolü irdelenmektedir.

Kültürel etkinliklere katılım

Görüşmecilere, kentteki kültürel etkinliklerin yeterliliğiyle ilgili olarak, *"Gazimağusa'da çok sayıda kültürel faaliyet var"* önermesini ne ölçüde onayladıklarınıanlamak için, 1'den (en olumlu) 5'e (en olumsuz) kadar olan değerlendirme ölçeği kullanılarak değerlendirme yapmaları istenmiştir. Elde edilen

Harita 4.7.2. Çocukların Oynayabileceği Park ya da Çocuk Bahçelerinin Varlığı (Ortalama Değerler)

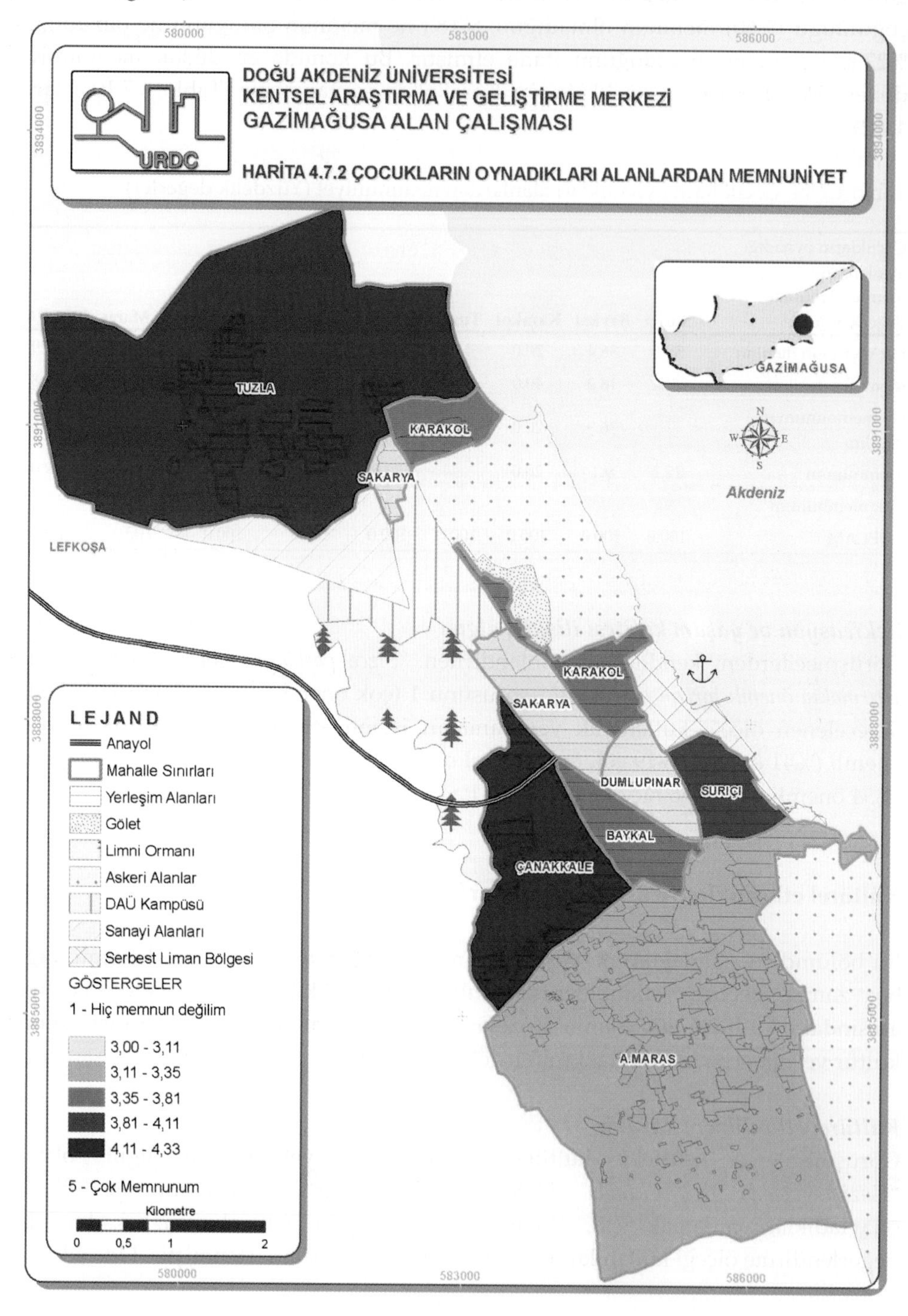

bulgulara göre, görüşmecilerin %44'ü bu önermeyi onaylamakta, %30'u ne onaylamakta ne onaylamamakta, %26'sı ise onaylamamaktadır. Bu sonuçlara göre, Gazimağusa'daki Kültürel Olanaklar Göstergesi 3.17'dir (Tablo 4.7.15 - 4.7.16).

Cinsiyet ve yaş etmeninin kentteki kültürel etkinliklerinin değerlendirilmesinde rol oynamadığı saptanmıştır.

Tablo 4.7.15. Kentteki kültürel etkinliklere son bir yıl içindeki katılım (Yüzdelik değerler)

	Suriçi	Baykal	Karakol	Tuzla	Sakarya	D.pınar	Çanakkale	A.Maraş	TOPLAM
Gazimağusa'daki festivaller / konserler / sergiler	55.6	76.9	62.4	66.7	74.4	88.9	76.9	53.2	67.4
DAÜ'deki festivaller / konserler / sergiler	25.0	70.0	67.1	70.0	83.7	80.0	66.7	61.5	65.9
Sinema	8.3	37.5	47.1	26.7	60.5	55.6	51.3	30.4	40.7
Konser ve tiyatro	22.2	57.5	56.5	43.3	69.8	60.0	64.1	40.5	51.9
TOPLAM	100.0	100.0	100.0	100.0	100.0	100.0	100.0	100.0	100.0

Tablo 4.7.16. Gazimağusa'daki kültürel olanakların cinsiyet ve yaş bazında değerlendirilmesi (Yüzdelik değerler)

"Gazimağusa'da çok sayıda kültürel faaliyet var"	TOPLAM	Erkek	Kadın	16-18	19-23	24-30	31-40	41-50	51-60	60+
1-Kesinlikle aynı fikirdeyim	8.9	9.2	8.5		11.3	6.0	8.1	10.4	11.4	8.2
2- Aynı fikirdeyim	17.7	19.6	16.0	40.0	15.5	16.4	24.3	17.9	11.4	16.4
3- Ne aynı fikirdeyim ne değilim	29.4	27.2	31.5		21.1	26.9	24.4	26.9	45.7	42.6
4-Aynı fikirde değilim	35.9	35.3	36.5	40.0	40.8	37.3	35.1	37,3	28.6	32.8
5- Hiç aynı fikirde değilim	8.1	8.7	7.5	20.0	11.3	13.4	8.1	7.5	2.9	
TOPLAM	100.0	100.0	100.0	100.0	100.0	100.0	100.0	100.0	100.0	100.0
Kültürel olanaklar göstergesi	3.17	3.15	3.19		3.31		3.12		3.00	3.00
Standard sapma	1.09	1.12	107		1.15		1.11		1.00	0.91

Gazimağusa'da henüz uygun donanıma sahip bir kültür merkezinin bulunmaması, konserlerin çoğunlukla akustiği uygun olmayan okul salonlarında yapılması, vb. kültürel etkinliklerin olumlu bir şekilde değerlendirilememsinin önemli nedenlerinden biridir.

Festivaller / konserler / sergiler. Araştırma bulgularına göre, görüşmecilerin %67'si son bir yıl içinde bir festival/sergi/konser etkinliğine katılmış, %66'sı Doğu Akdeniz Üniversitesi kampusunda gerçekleştirilen festival/sergi/konser etkinliklerine katılmıştır. Bu tür etkinliklere katılımın en yüksek olduğu mahalleler, Dumlupınar, Baykal ve Sakarya'dır. Festival/sergi/konser etkinliklerine en düşük oranda katılım ise Aşağı Maraş ve Suriçi'nde saptanmıştır. Suriçi'nde yaşayan hane halkının, özellikle DAÜ kampusunda düzenlenen etkinliklere katılımı çok düşük değerdedir (%25). Bu sonuçlar, yüksek gelir düzeyi ile kültürel etkinliklere katım arasında doğrudan bir ilişki bulunduğunu göstermektedir (Tablo 4.7.17).

Sinema. Son bir yıl içinde sinemaya gidenlerin oranı %41'dir. En yüksek değerler %55-60 düzeyinde olup, bunların çoğunluğunı Sakarya, Dumlupınar ve Çanakkale'de yaşayanlar oluşturmaktadır. Sinema, Suriçi'nde yaşayan görüşmecilerin yaşamına hemen hemen hiç girmemiştir; bunun, yaş ortalamasının yüksekliğiyle ilgili olduğu kabul edilebilir. Öte yandan, Tuzla ve Baykal'da sinemaya gidiş oranının ortalama değerden daha az olması, sinemaya gidiş oranının, hane gelir düzeyi ve kentteki konum ile ilişkisinin olmadığını ortaya koymaktadır.

Gazimağusa'da bulunan tek sinemanın beklenen kullanımı gerçekleştirememesinin nedeni, kendisini destekleyecek başka rekreatif işlevlerden yoksun olması, ve yakın çevresinin bakımsızlığı ile açıklanabilir.

Konser ve tiyatro. Konser ve tiyatroya gidenlerin oranı ise %52'dir. Bununla ilgili değerlerin en yüksek olduğu mahalleler Sakarya, Dumlupınar ve Çanakkale gibi merkezi mahalleler, en düşük olduğu mahalle yine Suriçi'dir (Tablo 4.7.17).

Tablo 4.7.17. Gazimağusa'da son bir yıl içinde festival/konser/sergi katılımı gerçekleştirenlerin dağılımı (Yüzdelik değerler)

Son bir yıl içinde festival/konser/ sergi katılımı gerçekleştirdiniz mi?	TOPLAM	Erkek	Kadın	16-18	19-23	24-30	31-40	41-50	51-60	60+
Evet	67.5	68.9	66.0	100.0	84.5	79.2	75.0	60.0	59.5	37.1
Hayır	32.5	31.1	34.0		15.5	20.8	25.0	40.0	40.5	62.9
TOPLAM	100	100	100	100	100	100	100	100	100	100

Diğer rekreasyon etkinliklerine katılım. Görüşmecilerin "Gazimağusa'da boş zamanları değerlendirmek için çok sayıda olanak var" önermesine ne derece katıldıklarını anlamak için, 1'den (en olumlu) 5'e (en olumsuz) kadar olan değerlendirme ölçeği kullanılarak değerlendirme yapmaları istenmiştir. Elde edilen bulgulara göre, görüşmecilerin yarıdan fazlası aynı fikirde değildir (%56). %42'si ne aynı fikirde ne değil, sadece %23'ü aynı fikirdedir. Boş zamanları değrelendirme olanakları konusunda en olumsuz düşünenlerin 16-18 yaş arası gençlerin geldiği saptanmıştır.

1'den (en olumlu) 5'e (en olumsuz) kadar olan değerlendirme ölçeğine göre, Gazimağusa için Boş Zamanları Değerlendirme Olanakları Göstergesi 3.38'dir.

Tablo 4.7.18. Gazimağusa'da boş zamanları değerlendirme olanaklarının değerlendirilmesi (Yüzdelik değerler)

"Gazimağusa'da boş zamanları değerlendirmek için çok sayıda olanak var"	**Suriçi**	**Baykal**	**Karakol**	**Tuzla**	**Sakarya**	**D.pınar**	**Çanakkale**	**A.Maraş**	**TOPLAM**
Kesinlikle aynı fikirdeyim	8.3	5.1	11.8		4.8	4.4	2.6	13.5	7.7
Aynı fikirdeyim	2.8	7.7	9.4	17.2	19.0	11.1	20.5	29.7	15.4
Ne aynı fikirdeyim ne değilim	5.6	23.1	16.5	17.2	19.0	33.3	23.1	28.4	21.3
Ayni fikirde değilim	75.0	43.6	38.8	51.7	45.2	44.4	33.3	25.7	41.9
Hiç aynı fikirde değilim	8.3	20.5	23.5	13.8	11.9	6.7	20.5	2.7	13.6
TOPLAM	100.0	100.0	100.0	100.0	100.0	100.0	100.0	100.0	100.0

Tablo 4.7.19. Gazimağusa'da boş zamanları değerlendirme olanaklarının cinsiyet ve yaş grupları bazında değerlendirilmesi (Yüzdelik değerler)

"Gazimağusa'da boş zamanları değerlendirmek için çok sayıda olanak var"	**TOPLAM**	**Erkek**	**Kadın**	**16-30**	**31-50**	**51-60**	**60+**
1-Kesinlikle aynı fikirdeyim	7.7	9.7	5.9	8,3	7,0	8,1	8.1
2- Aynı fikirdeyim	15.4	15.1	15.8	18,8	13,4	14,1	12.9
3- Ne aynı fikirdeyim ne değilim	21.4	21.5	21.2	16,7	20,4	30,3	33.9
4-Aynı fikirde değilim	41.9	38.7	44.8	39,6	45,8	39,4	41.9
5- Hiç aynı fikirde değilim	13.6	15.0	12.3	16,8	13,4	8,1	3.2
TOPLAM	100.0	100.0	100.0	100.0	100.0	100.0	100.0
Boş zamanları değerlendirme olanakları göstergesi	3.38	3.34	3.42	3.38	3.45	3.35	3.19
Standard sapma	1.13	1.19	1.08	1.21	1.10	1.18	0.99

Lokanta/kafe/barlar. Araştırma bulgularına göre, son bir yıl içinde Suriçi'ndeki lokanta, kafe, bar, vb. gibi yerlere gidenlerin oranı %54, kentin yeni kısımlarında lokantaya/kafeye/bara gidenlerin oranı ise %60'tır. Gazimağusa'ya 80 km. uzaklıkta bulunan turizm merkezi Girne'ye bu amaçlarla gidenlerin oranı ise %40'dır. Bu değerlere göre, çok önemli bir kentsel ve mimari mirası barındıran Suriçi'nin özgün ve canlı bir rekreasyon alanı yaratma potansiyelinin kullanılamadığı açıktır (Tablo 4.7.21).

Tablo 4.7.20 Diğer etkinliklerin/tesislerin son bir yıl içindeki kullanımı (Yüzdelik değerler)

	Suriçi	Baykal	Karakol	Tuzla	Sakarya	D.pınar	Çanakkale	A.Maraş	TOPLAM
Suriçi'ndeki lokanta, bar ve kafeler	11.1	70.0	63.5	36.7	65.1	75.6	51.3	44.9	54.0
Yeni bölgelerdeki lokanta, bar ve kafeler	22.2	72.5	83.5	63.3	60.5	66.7	69.2	38.2	60.7
Plaj	36.1	70.0	80.0	86.7	79.1	91.1	64.1	72.2	73.6
Hayvanat Bahçesi	5.6	25.0	15.3	13.3	9.3	8.9	17.9	12.9	13.7
Kumarhane		7.5	11.7	10.0	4.7	8.9	17.9	5.1	8.3
Girne'deki lokanta, bar ve kafeler	8.3	50.0	56.5	46.7	53.5	28.9	43.6	24.4	39.6
Piknik yerleri	48.6	62.5	58.7	73.3	71.4	84.1	59.0	77.9	65.1
Futbol maçı	13.8	37.5	18.8	10.0	20.9	15.6	17.9	22.1	20.0
TOPLAM	100.0	100.0	100.0	100.0	100.0	100.0	100.0	100.0	100.0

Yaş grupları arasında karşılaştırma yapıldığında, yaş ilerledikçe, bu tür yerlere gitme oranının düştüğü görülmektedir.

Tablo 4.7.21. Cinsiyet ve yaş gruplarına göre tarihi Suriçi'ndeki ve yeni kısımlardaki lokanta/kafe/barlara gitme oranı (Yüzdelik değerler)

Suriçi'ndeki lokanta/kafe/barlara gitme oranı	TOPLAM	Erkek	Kadın	16 - 30 yaş	31 - 50 yaş	51 - 60 yaş	61+
Son bir yılda tarihi Suriçi'ndeki lokanta/kafe/barlara gittiniz mi?							
Evet	54.1	56.3	52.7	77.0	49.3	35.1	22.2
Hayır	45.9	33.7	47.3	23.0	50.7	64.9	77.8
TOPLAM	100	100	100	100	100	100	100
Son bir yılda yeni bölgelerdeki lokanta/kafe/barlara gittiniz mi?							
Evet	61.4	63.7	58.9	81.8	58.7	43.2	28.6
Hayır	38.6	36.3	41.1	18.2	41.3	56.8	71.4
TOPLAM	100	100	100	100	100	100	100

Kumarhane. KKTC vatandaşı olmayan kesimin (Türkiye ve 3. ülkelerden gelenler) kumarhanelere girişinin serbest olması nedeniyle, görüşmecilere son bir yıl içinde kumarhaneye gidip gitmedikleri sorusu da yöneltilmiştir. Araştırm bulgularına göre, görüşmecilerin sadece %8'i kumarhaneye gittiğini ifade etmiştir. Kumarhaneye gittiğini belirtenlerin en fazla Çanakkale (%18), Karakol (%12) ve Tuzla'da (%10) olduğu saptanmıştır.

Piknik yerleri. Piknik yapmak, Gazimağusa'lılar arasında yaygın olan bir dinlence-eğlenme etkinliğidir. Görüşmecilerin önemli bir kısmı (%65) son bir yıl içinde en az bir kere pikniğe gitmiş olup, Dumlupınar, Tuzla, Sakarya, ve Aşağı Maraş mahallelerinde pikniğe gitme oranı %75'e kadar çıkmaktadır. Piknik için en çok tercih edilen yerin Bedi's (Salamis) Ormanı olması, ve görüşmecilerin bir kısmının hafta sonları genellikle Karpaz ve diğer bölgelerde, akrabalarının da bulunduğu köylerde geçirmesi dikkate alındığında, Gazimağusa'da yaşayanların kent içinde doğaya özlem içinde oldukları söylenebilir (Tablo 4.7.22 - 4.7.23).

Tablo 4.7.22. Piknik alışkanlığı (Yüzdelik değerler)

Piknik yapma sıklığı	**Suriçi**	**Baykal**	**Karakol**	**Tuzla**	**Sakarya**	**D.pınar**	**Çanakkale**	**A.Maraş**	**TOPLAM**
Yılda 1-2 kere	13.5	27.5	20.0	23.3	26.2	20.5	28.2	32.9	24.5
Yılda 3-6 kere	13.5	22.5	20.0	26.7	31.0	34.1	10.3	22.8	22.5
Yılda 6 kereden fazla	21.6	12.5	18.8	23.3	14.3	29.5	20.5	11.4	18.2
Son bir yılda hiç gitmedim	51.4	37.5	41.2	26.7	28.6	15.9	41.0	32.9	34.8
TOPLAM	100.0	100.0	100.0	100.0	100.0	100.0	100.0	100.0	100.0

Tablo 4.7.23. Piknik yeri tercihi (Yüzdelik değerler)

Piknik yeri	**TOPLAM**
Bedi's Ormanı	66.1
Karpaz	14.4
Salamis Yolu	5.6
Boğaz	3.3
Kantara	1.7
Yeniboğaziçi	1.1
Girne	1.7
Büyükkonuk	1.7
Alevkayası	1.7
Kalkanlı	1.7
Gazimağusa	1.5
TOPLAM	100.0

Futbol maçı. Görüşmecilerin %20'si son bir yıl içinde en az bir futbol maçına gittiğini ifade etmiştir. Futbol maçlarına en fazla katılım Baykal (%38), Aşağı Maraş (%22) ve Sakarya'da (%21) saptanmış olup, Tuzla, Suriçi ve Dumlupınar'da en az değerlerdedir.

4.8 Sağlık

Günümüzde ortaya çıkan pek çok toplumsal sağlık sorunu, kentlerdeki yaşam çevresinin özellikleriyle doğrudan ilişkili olabilmektedir. Özellikle, yaşanan çevrenin gün içinde yürüme etkinliğini ve dış mekan etkinliklerini destekler özellikte olması, en çok önemsenmesi gereken konulardan biridir. Bu tür etkinlikler, obezitenin önlenmesini, kardiyovasküler sağlığın korunmasını, ve psikolojik oalrak daha iyi hissetmeyi (ve ayrıca yerel topluluk etkileşiminin güçlenmesini ve yaşanan yere bağlılığın artmasını) sağlarlar. Özellikle yaşlılar dikkate alındığında, gün içinde yapılan bir yürüyüş, sağlıklı kalmanın ve daha mutlu hissetmenin en iyi yollarından biridir.

Kişisel sağlık

Aile sağlığı ve yaşam kalitesine etkisi

Araştırmanın bu bölümünde, görüşmecilere bazı kronik sağlık sorunlarından bahsedilerek, kendilerinin ya da ailelerindeki diğer bireylerin bu sorunları yaşayıp yaşamadığının belirtilmesi istenmiştir. Elde edilen bulgulara göre, %26'sı yüksek tansiyon, %24'ü aşırı sinir, ve %12'si astım sorunu oldğunu bildirmiştir (Tablo 4.8.1). Bu değerlerden astım sorunu ile ilgili olan değer, dünya ortalaması olan %10 değerine çok yakın olduğu için normaldir. Yüksek tansiyon ve aşırı sinir sorunları ile ilgili bulguların da KKTC'de çok yaygın olduğu bilinen kalp-damar hastalıklarının göstergesi olarak anlamlı olduğu söylenebilir (DAÜ Sağlık Merkezi Başhekimi Dr. Mehmet Ergin ile görüşme, 2 Nisan 2010). Bu sorunlar, yanlış beslenme ve hareketsizlikle ilintili olup, gerekli yönlendirme ve planlama stratejilerinde (örneğin doğal/organik ürünlerle beslenmenin, yürümenin, bisiklet kullanımının, vb. teşvik edildiği bir planlama ve kent yönetimi konusu) göz ardı edilmemelidir.

Yüksek tansiyon sorununa en sık rastlanan mahalleler Suriçi, Çanakkale ve Dumlupınar'dır. Aşırı sinir sorununa en sık rastlanan mahalleler Çanakkale, Dumlupınar ve Baykal'dır. Astım sorununa en sık rastlanan mahalleler ise başta Tuzla olmak üzere, Baykal ve Dumlupınar'dır.

Tablo 4.8.1. Kronik sağlık sorunlarının dağılımı (Yüzdelik değerler)

Aşağıdaki sağlık sorunlarını siz ya da ailenizden biri yaşıyor mu?	**Suriçi**	**Baykal**	**Karakol**	**Tuzla**	**Sakarya**	**D.pınar**	**Çanakkale**	**A.Maraş**	**TOPLAM**
Yüksek tansiyon	47.2	22.5	15.3	27.6	22.9	31.1	38.5	20.3	25.8
Aşırı sinir	19.4	32.5	9.4	23.3	15.6	33.3	41.0	25.3	23.6
Astım	5.6	15.0	11.8	30.0		13.6	12.8	7.6	11.5
TOPLAM	100.0	100.0	100.0	100.0	100.0	100.0	100.0	100.0	100.0

Ailelerinde, söz konusu sağlık sorunlarından en az birine sahip olan görüşmecilere, bu durumun yaşamlarını ne derece etkilediği sorulduğunda, %50'si çok etkilediğini, %26'sı biraz etkilediğini, %14'ü çok az etkilediğini, %11'i ise hiç etkilemediğini ifade etmiştir (Tablo 4.8.2). Bu sonuçlar, ailedeki sağlık sorunlarının yaşamdan memnuniyeti doğrudan etkilediğini ortaya koymaktadır. Yaşamdan memnuniyet azaldığı zaman, ortalama sağlık göstergesi artmaktadır.

Tablo 4.8.2. Sağlıkla ilgili sorunların yaşamdan memnuniyet üzerindeki etkisi (Yüzdelik değerler)

		"Genel olarak şu günlerde yaşamla ilgili memnuniyetinizi belirtiniz"					
		Hiç memnun değilim	Memnun değilim	Ne memnunum ne değilim	Memnunum	Çok memnunum	TOPLAM
"Genel olarak sağlığınızdan memnuniyetinizi belirtiniz"	Hiç memnun değilim			33.3	66.7		100.0
	Memnun değilim	11.6	18.6	23.3	46.5		100.0
	Ne memnunum ne değilim	8.9	11.1	17.8	60.0	2.2	100.0
	Memnunum	3.8	9.7	22.9	58.9	4.7	100.0
	Çok memnunum	4.8	4.8	27.0	54.0	9.5	100.0
	TOPLAM	5.3	9.9	23.2	57.0	4.6	100.0

Örneklem kapsamında görüşmecilerin genel olarak yaşamdan memnuniyetleri ile genel olarak sağlıklarıyla ilgili düşünceleri arasında, düşük te olsa, 0.05 düzeyinde (r = 0.135, N = 393) anlamlı bir ilişki vardır; bu da, bireylerin sağlık durumlarının yaşamdan memnuniyetlerini olumlu yönde etkilediğini göstermektedir.

Kişisel sağlıktan memnuniyet

Görüşmecilere, "genel olarak sağlığınızdan memnuniyetinizi değerlendiriniz" ifadesi yöneltilerek, 1'in en olumsuz, 5'in en olumlu değeri gösterdiği ölçek kapsamında değerlendirme yapmaları istenmiştir. Burada elde edilen verilere göre, görüşmecilerin %76'sı sağlığından memnun (%60 memnun, %16 çok memnun), %11'i ne memnun ne de değil, %12'si ise memnundur (Tablo 4.8.3).

Tablo 4.8.3. Genel olarak kişisel sağlıktan memnuniyet (Yüzdelik değerler)

Genel olarak sağlık durumunuzu değerlendiriniz	Suriçi	Baykal	Karakol	Tuzla	Sakarya	D.pınar	Çanakkale	A.Maraş	TOPLAM
Hiç memnun değilim	2.8		2.4				2.6	2.6	1.5
Memnun değilim	30.6	7.5	8.2		7.0	6.7	7.7	16.9	10.9
Ne memnunum ne değilim	19.3	17.5	8.2		14.0	4.4	15.4	13.0	11.4
Memnunum	41.7	40.0	61.2	70.0	76.7	71.1	51.3	62.3	60.0
Çok memnunum	5.6	35.0	20.0	30.0	2.3	17.8	23.1	5.2	16.2
TOPLAM	100.0	100.0	100.0	100.0	100.0	100.0	100.0	100.0	100.0

Öte yandan, görüşmecilerin %9'unun, çeşitli sağlık sorunlarının göstergesi ya da nedeni olarak kabul edilen, aşırı kilo sorunu yaşadığı saptanmıştır. Bu oran Suriçi, Baykal ve Çanakkale'de en yüksek değerlerdedir (Tablo 4.8.4).

Tablo 4.8.4. Aşırı kilo durumu (Yüzdelik değerler)

Aşırı kilo sorunu yaşıyor musunuz?	Suriçi	Baykal	Karakol	Tuzla	Sakarya	D.pınar	Çanakkale	A.Maraş	TOPLAM
Evet	19.4	15.0	9.4	10.0	5.0	6.7	16.7	4.0	9.5
Hayır	80.6	85.0	90.6	90.0	95.0	93.3	83.4	96.0	90.5
TOPLAM	100.0	100.0	100.0	100.0	100.0	100.0	100.0	100.0	100.0

Sağlık tesisleri

Sağlık kuruluşlarını ziyaret. Görüşmecilerin %66'sı son bir yıl içinde bir sağlık kuruluşundan yararlanmıştır. Sağlık tesislerini en fazla ziyaret edenlerin, Dumlupınar, Suriçi ve Baykal'da yoğunlaştığı saptanmıştır (Tablo 4.8.5).

Tablo 4.8.5. Son bir yıl içinde sağlık tesislerini ziyaret (Yüzdelik değerler)

Mahallenizdeki sağlık tesislerinden birine son bir yıl içinde gittiniz mi?	Suriçi	Baykal	Karakol	Tuzla	Sakarya	D.pınar	Çanakkale	A.Maraş	TOPLAM
Evet	75.0	71.8	56.5	55.2	66.7	82.2	61.5	67.9	66.4
Hayır	25.0	28.2	42.5	44.8	33.3	17.8	38.5	32.1	33.6
TOPLAM	100.0	100.0	100.0	100.0	100.0	100.0	100.0	100.0	100.0

Sağlık kuruluşlarından memnuniyet. Görüşmeciler, yerel sağlık kuruluşlarından memnuniyetleri 1'den 5'e kadar derecelenen ölçeği kullanarak değerlendirmeleri istendiğinde, %45'i genel olarak memnun olduğunu (%40 memnun, %4 çok memnun), %35'i memnun olmadığını (%19 memnun değil, %15 hiç memnun değil), %21'i ise ne memnun olduğunu ne de olmadığını ifade etmiştir.

Bu konudaki en fazla memnuniyet oranları, sırasıyla Dumlupınar, Sakarya ve Tuzla'da ortaya çıkmıştır (Tablo 4.8.6).

Tablo 4.8.6. Yakın çevredeki sağlık kuruluşlarından memnuniyet (Yüzdelik değerler)

Genel olarak yakın çevrenizdeki sağlık kuruluşlarından memnuniyetinizi belirtiniz	**Suriçi**	**Baykal**	**Karakol**	**Tuzla**	**Sakarya**	**D.pınar**	**Çanakkale**	**A.Maraş**	**TOPLAM**
Hiç memnun değilim	8.3	25.0	17.9	20.7		4.5	31.6	15.4	15.3
Memnun değilim	38.9	7.5	27.4	3.4	25.6	11.4	10.5	19.2	19.4
Ne memnunum ne değilim	30.6	25.0	20.2	24.1	20.9	6.8	18.4	21.8	20.7
Memnunum	22.2	35.0	32.1	48.3	51.2	56.8	39.5	42.3	40.3
Çok memnunum		7.5	2.4	3.4	2.3	20.5		1.3	4.3
TOPLAM	100.0	100.0	100.0	100.0	100.0	100.0	100.0	100.0	100.0

Engelli aile bireyleri

Görüşmecilerin %2'si ailelerinde engelli üyelerin bulunduğunu ifade etmiştir. Bu oran Aşağı Maraş'ta en yüksek (%8) düzeydedir.

4.9 Eğitim ve okullar

Eğitim, bir toplumun yaşam kalitesinin belirlenmesinde çok önemli rol oynar. Eğitim düzeyi ve kent arasında karşılıklı bir etkileşim söz konusudur. Eğitim düzeyinin yükselmesi, kentsel çevre ve kentsel yaşam kalitesiyle ilgili beklenti düzeyinin yükselmesini, ve böylece kentteki tüm tarafların (yerel halk, yapı üreticileri, tasarımcılar, yerel yöneticiler, politikacılar) "vasat" ile yetinmeyip, daha iyi bir yaşam çevresine kavuşma doğrultusunda çaba harcamasını teşvik eder. Öte yandan, kentsel çevre niteliği ve kentsel yaşam standardlarının yükselmesi, kentte yaşayanların daha bilinçli ve duyarlı yurttaşlar olmaları doğrultusunda gelişimlerine katkıda bulunur.

Bugün gelişmiş ülkelerde uluslararası düzeyde yapılan tartışmalarda, "eğitim" ve "yaşam boyu öğrenme" (Life Long Learning) kentlilerin yaşam kalitesini belirleyen temel ögeler arasında olup, siyasal önceliklerin de en başında yer alır. Öyle ki, pek çok sosyal sorununu çözmüş olan gelişmiş batı ülkelerinde, artık "sürdürülebilir vatandaşlık" kavramı çerçevesinde, yaşam tarzıyla ve tüm boyutlarıyla sürdürülebilirliği destekleyen yurttaşlık kültürünün geliştirilmesi ve yayılması gündemdedir.

KKTC 2006 Nüfus ve Konut Sayımının sonuçlarına göre, okuma yazma oranı %96, bir eğitim kurumundan mezun olanların oranı %86'dır. 15 yaşa kadar zorunlu olan eğitim sisteminin amacı dört yaştan lisansüstü düzeye kadar tüm bireylerin yeteneklerini eğitim yoluyla geliştirmektir.

Örneklem kapsamında görüşmeciler arasında son bir yılda en az bir kere kitap satın alanların oranı %61'dir.

Eğitim kalitesinin ölçülmesi, gelecekte tüm ülke yurttaşlarının daha iyi bir yaşam kalitesine kavuşmasında zorunludur[18]. Gazimağusa'da Yaşam Kalitesinin Ölçülmesi temalı araştırmamızda da, algılanan eğitim kalitesi değerlendirilmekte, ve eğitimle yaşam kalitesi arasındaki ilişki anlaşılmaya çalışılmaktadır.

---

[18] Dönemin Milli Eğitim Bakanı ile yapılan görüşmede, eğitim teknolojilerinin kullanımı, sayısal ve nitel öğretmen profili, sınıf içi eğitim süresi, sorunlu çocuklar için özel eğitim, vb. konularında eğitim sisteminin Avrupa Birliği standardlarına uyumlu hale getirilmesine gereksinme olduğu belirtilmiştir.

Öğrenciler ve eğitim gördükleri okul

İlköğretim düzeyinde çocukları olan görüşmecilerin (%14'ünde 1 çocuk, %2'sinde 2 çocuk) %78'inin çocukları devlet okuluna, %22'sininki özel okula gitmektedir. Görüşmecilerin %61'i koşullar uygun olsa çocuğunu özel okula göndermeyi tercih edeceğini, %85'i, fiyatlar nedeniyle özel okula gönderemediğini ifade etmektedir.

Okuldaki güvenlik

Okuldaki güvenlikle ilgili olarak, *"Hiç okulda diğer çocuklar tarafından rahatsız edildiği için okula gitmeyen çocuk duydunuz mu?"* sorusuna, görüşmecilerin %41'i "evet" yanıtı verilmiştir. Bu korkunun en fazla ifade edildiği mahalleler Tuzla, Karakol ve Çanakkale'dir. Bu mahallelelerde, okulda çocuklara verilen rahatsızlık konusu, görüşmecilerin %56-63'ü tarafından doğrulanmıştır (Tablo 4.9.1).

Tablo 4.9.1. Okulda diğer çocuklar tarafından rahatsız edilen çocuklarla ilgili duyum (Yüzdelik değerler)

Okulda diğer çocuklar tarafından rahatsız edildiği için okula gitmeyen çocuk duydunuz mu?	Suriçi	Baykal	Karakol	Tuzla	Sakarya	D.pınar	Çanakkale	A.Maraş	TOPLAM
Evet	44.4	45.5	60.0	62.5	25.0	33.3	55.6	20.0	41.0
Hayır	55.6	54.5	40.0	37.5	75.0	66.7	44.4	80.0	59.0
TOPLAM	100.0	100.0	100.0	100.0	100.0	100.0	100.0	100.0	100.0

Görüşmecilere *"Sizin çocuğunuzda böyle bir korku oldu mu?"* diye sorulduğunda ise %22'si "evet" yanıtı vermiştir. Bu oranın en fazla olduğu mahalleler Sakarya, Karakol, ve Çanakkale'dir.

Okula ulaşım kolaylığı

Bölüm 4.4.3.2'de ayrıntılı olarak incelendiği gibi, çocuğu olan görüşmecilerin %81'i çocuklarının okula gidişinin kolay olduğunu, %19'u zor ya da çok zor olduğunu ifade etmiştir. Çocukların okula gidiş zorluğunun en fazla yakınan görüşmeciler, Sakarya, Baykal, Suriçi, ve Karakol'da yaşayanlardır.

Devlet ilköğretim kurumlarından memnuniyet

Görüşmecilere , yaşadıkları mahallenin civarında çocukların gittiği devlet okullarının kalitesi hakkındaki görüşleri sorulduğunda, %38'i ne iyi ne kötü, %28'i iyi, %4'ü çok iyi, %18'i iyi sayılmaz, %5'i ise hiç iyi değil yanıtını vermiştir. Bu konuda en olumlu yanıtlar Suriçi, Dumlupınar, Çanakkale ve Tuzla'da, en olumsuz yanıtlar ise Sakarya, Karakol ve Aşağı Maraş'ta alınmıştır (Tablo 4.9.2).

Tablo 4.9.2. Bölgedeki çocukların gittiği devlet okulların kalitesi hakkındaki düşünceler (Yüzdelik değerler)

Bölgenizdeki çocukların gittiği devlet okullarının kalitesi hakkında ne düşünüyorsunuz?	**Suriçi**	**Baykal**	**Karakol**	**Tuzla**	**Sakarya**	**D.pınar**	**Çanakkale**	**A.Maraş**	**TOPLAM**
Çok iyi		7.9	2.7	8.0	2.4	6.8	10.5		3.8
İyi	48.6	21.1	21.3	28.0	21.4	34.1	26.3	32.4	28.6
Ne iyi ne kötü	34.3	42.1	37.3	36.0	33.3	40.9	47.4	36.8	37.9
Kötü	11.4	7.9	18.7	24.0	31.0	15.9	10.5	17.6	17.6
Çok kötü	5.7	21.0	20.0	4.0	11.9	2.3	5.3	13.2	12.1
TOPLAM	100.0	100.0	100.0	100.0	100.0	100.0	100.0	100.0	100.0

Burada elde edilen bulgulara göre, devlet ilkokullarından memnuniyet düzeyi ile mahallenin yeni ya da eskiliği, hane gelir düzeyi, ve eğitim düzeyi arasında bir ilişki yoktur.

4.10 Kentsel değerlendirme ve çevre bilinci

Bu bölümde, görüşmecilerin Gazimağusa kenti ile ilgili genel değerlendirmeleri irdelenecektir.

Yaşanan yeri tanımlama

Görüşmecilere, *"Başka bir şehirde yaşayan biri, nerede oturduğunuzu sorduğunda ne yanıt veriyorsunuz?"* diye sorulduğunda alınan yanıtlara göre, Gazimağusa yanıtı verenlerin oranı %75, yaşadığı semtin/mahallenin adını verenlerin oranı %15, Gazimağusa bölgesi yanıtı verenlerin oranı %7'dir. Görüşmecilerin %3'ü, "diğer" yanıtı kapsamında, kentin daha önceki adı olan "Mağusa" yanıtını vermiştir. Bu yanıtı verenlerin önemli bir kısmı Suriçi ve Sakarya mahallelerinde yaşayanlardır (Tablo 4.10.1).

Tablo 4.10.1. Yaşanan yeri adlandırma (Yüzdelik değerler)

Başka bir şehirde yaşayan biri nerede oturduğunuzu sorduğunda ne yanıt veriyorsunuz?	Suriçi	Baykal	Karakol	Tuzla	Sakarya	D.pınar	Çanakkale	A.Maraş	TOPLAM
Gazimağusa	58.3	75.0	91.8	33.3	56.1	57.8	89.7	91.1	74.7
Gazimağusa Bölgesi		2.5	4.7	10.0	19.5	24.4		1.3	7.1
Gazimağusa yakını				3.3					.3
Yaşanan semtin adı	27.8	20.0	3.5	50.0	12.2	17.8	10.3	6.3	14.7
Diğer (çoğu için Mağusa)	13.9	2.5		3.3	12.2			1.3	3.2
TOPLAM	100.0	100.0	100.0	100.0	100.0	100.0	100.0	100.0	100.0

Kent - Tarihi Merkez (Suriçi) ilişkisi

Gazimağusa kentinin çok önemli bir sorunu, kentin tarihi merkezini/çekirdeğini oluşturan Suriçi bölgesinin, 1974 sonrasında bozulan karakteri ve yitirilen canlılığıdır. Bölge koruma alanı olarak ilan edilmiş olmasına karşın, alınan koruma ve canlandırma önlemleri ile bölgenin kültürel ve ekonomik sürdürülebilirliği açısından önemli bir sonuç elde edilememiş, ve bu çok değerli alan kentin diğer bölgelerinden soyutlanmıştır. Araştırmanın bu bölümünde, görüşmecilerin Suriçi'ndeki tesis ve etkinlikleri ne düzeyde kullandıklarını ve beklentilerini anlamaya yönelik soruların yanıtları irdelenerek, tarihi merkez ile bunun dışındaki bölgelerin ilişkisi öznel olarak ölçülmektedir.

Görüşmecilere Suriçi'ndeki sosyal-kültürel-rekreatif etkinlikleri içeren bir liste sunulmuş, ve son bir yıl içinde bunlara gidip gitmedikleri sorulmuştur. Görüşmecilerin yaklaşık yarısının son bir yıl içinde Suriçi'ndeki lokanta, bar ve kafelere gittiği, yarısının ise gitmediği belirlenmiştir. Bulgulara göre, tarihi merkezdeki lokanta, bar ve kafelere gidenleri, daha çok Dumlupınar, Baykal, Sakarya, ve Karakol'da yaşayanlar oluşturmakta, bu ölgede yani Suriçi'nde yaşayan halk buradaki tesislerden hemen hemen hiç yararlanmamaktadır. Sonuçlara göre, hane gelir düzeyi ve mahallenin kent içindeki konumu (merkezi olma) ile tarihi merkezdeki rekreatif tesisleri kullanım arasında doğrudan ilişki söz konusudur (Tablo 4.10.2).

Tablo 4.10.2. Suriçi'ndeki lokanta/bar/ kafelerin kullanımı (Yüzdelik değerler)

Suriçi'ndeki lokanta/bar/ kafelerin kullanımı	Suriçi	Baykal	Karakol	Tuzla	Sakarya	D.pınar	Çanakkale	A. Maraş	TOPLAM
Evet	11.1	70.0	63.5	36.7	65.1	75.6	53.5	44.9	54.3
Hayır	88.9	30.0	36.5	63.3	34.9	24.4	47.5	55.1	45.7
TOPLAM	100.0	100.0	100.0	100.0	100.0	100.0	100.0	100.0	100.0

Etkinliklere katılım düzeyi istihdam durumuna göre incelendiğinde, çalışanların yarıdan fazlasının, öğrencilerin ise dörtte üçünün son bir yılda Suriçi'ndeki lokanta, bar ve kafelere gittiği, diğer grupların ise daha az yoğunlukla buralara gittikleri saptanmıştır (Tablo 4.10.3).

Tablo 4.10.3. Suriçi'ndeki lokanta/bar/kafelerin istihdam durumuna göre kullanımı (Yüzdelik değerler)

Etkinliklere katılım	Çalışan	Emekli	İşsiz	Öğrenci	Ev kadını	Diğer	TOPLAM
Evet	23.9	4.1	1.5	18.8	5.1	.8	54.2
Hayır	16.0	9.6	1.0	5.6	12.9	.5	45.8
Grup oranı	39.8	13.7	2.5	24.4	18.3	1.3	100.0

Görüşmecilerin, canlı bir kent merkezinin önemi konusundaki bilincini ölçebilmek için, *"canlı bir kent merkezi, kentte yaşam kalitesini artırır"* önermesine ne ölçüde katıldıkları sorulmuştur. Buradan elde edilen bulgulara göre, görüşmecilerin tamamına yakını (%90) bu düşünceyi onaylamıştır (Tablo 4.10.4).

Kentte yaşayanların Suriçi'ndeki etkinlik ve hizmetlerle ilgili beklentilerini anlayabilmek için, kendilerine *"Suriçi'nde daha fazla aktivite ve hizmet olsa daha sık giderim"* ifadesine ne ölçüde katıldıkları sorulmuştur. Buna verilen yanıtlara göre, görüşmecilerin büyük çoğunluğu aynı görüşü taşımaktadır (Tablo 4.10.5).

Tablo 4.10.4. Canlı bir kent merkezi ile kentsel yaşam kalitesi ilişkisi algısı (Yüzdelik değerler)

Canlı bir kent merkezi, kentte yaşam kalitesini artırır	**Suriçi**	**Baykal**	**Karakol**	**Tuzla**	**Sakarya**	**D.pınar**	**Çanakkale**	**A.Maraş**	**TOPLAM**
Kesinikle aynı fikirdeyim	8.3	79.5	63.5	33.3	23.8	48.9	71.8	58.7	51.7
Aynı fikirdeyim	55.6	17.9	25.9	60.0	71.4	48.9	17.9	32.0	38.4
Ne aynı fikirdeyim ne değilim	33.3		9.4	6.7	4.8		7.7	6.7	81
Ayni fikirde değilim	2.8	2.6	1.2				2.6	2.7	1.5
Hiç aynı fikirde değilim						2.2			.3
TOPLAM	100.0	100.0	100.0	100.0	100.0	100.0	100.0	100.0	100.0

Tablo 4.10.5. Suriçindeki etkinlik ve hizmetlerle ilgili beklenti düzeyi (Yüzdelik değerler)

"Suriçi'nde daha fazla etkinlik ve hizmet olsa daha sık giderim"	**Suriçi**	**Baykal**	**Karakol**	**Tuzla**	**Sakarya**	**D.pınar**	**Çanakkale**	**A.Maraş**	**TOPLAM**
Kesinlikle aynı fikirdeyim	8.3	64.1	47.1	33.3	11.9	57.8	48.7	38.7	40.2
Aynı fikirdeyim	77.8	23.1	27.1	63.3	45.2	37.8	38.5	36.0	40.2
Ne aynı fikirdeyim ne değilim	8.3		8.2		38.1	2.2	7.7	18.7	11.3
Ayni fikirde değilim	5.6	10.3	15.3	3.3	4.8	2.2	5.1	6.7	7.7
Hiç aynı fikirde değilim		2.6	2.4						.8
TOPLAM	100.0	100.0	100.0	100.0	100.0	100.0	100.0	100.0	100.0

Kent - Üniversite İlişkisi

Üniversitelerin bulundukları kentle ve kent toplumuyla ilişkilerinin gelişmesi her iki tarafın da yararına olan ve değişen dünya koşullarına paralel olarak yeniden gözden geçirilmesi gereken bir konudur. Bu, gelişmiş batı toplumlarında da "kent-cübbe" ilişkisi ("town-gown relationship") deyimiyle sıkça gündeme gelmekte, ve üniversiteler artık birer bilim yuvası olmanın ötesinde görevler üstlenmektedir.

Aslında bir yüksek öğrenim kurumunun kurulduğu kentle nasıl ilişkiler geliştirdiği ve orada neyi değiştirdiği sorusuna her kent (ve üniversitesi) için farklı bir yanıt bulmak olanaklıdır. Çünkü her yer için farklı tarih, coğrafya, kültür, toplumsal ve kurumsal yapılanma sözkonusudur. Bu ilişkiyi belirleyen daha somut etmenler ise şunlardır: birincisi üniversitenin kente göre konumu, yani kentin içinde ya da dışında oluşu, ve ne şekilde planlandığı ile ilgilidir. Üniversitenin kent sınırları içinde olması, yani bir kent üniversitesi olması, çok boyutlu bir üniversite-kent ilişkisinin doğmasında tabii ki kolaylık sağlar, ama bunu mutlak kılmaz. Kent içinde yer almasına rağmen kapılarını dış dünyaya kapatan üniversiteler olabildiği gibi, kent dokusu içine dağılmış ama kurumsal bütünlüğünü yitirmemiş üniversiteler de vardır (OKTAY, 2007c).

Üniversite ve kent arasında belirgin bir etkileşimin gerçekleştirilebilmesi için üniversite nüfusunun kentin toplam nüfusunun %20-30 oranına sahip olmasının yeterli olduğundan söz edilir. Kent nüfusunun %33'ünü oluşturan bir öğrenci nüfusuna sahip olan Doğu Akdeniz Üniversitesi ile Gazimağusa'da bu potansiyel bulunmaktadır.

Araştırmanın bu bölümünde, Doğu Akdeniz Üniversitesi (DAÜ) ile Gazimağusa kenti arasındaki etkileşim irdelenmektedir. Burada sorulan sorularda görüşmecilere bazı önermeler sunulmuş, ve 1 (kesinlikle aynı fikirdeyim)'den 5'e (hiç aynı fikirde değilim) kadar derecelenen ölçek kullanılarak, sunulan önermeyi ne ölçüde onayladıkları anlaşılmaya çalışılmıştır.

Üniversite - Kent ekonomisi - "DAÜ kent ekonomisine olumlu katkıda bulunuyor" önermesini görüşmecilerin tamamına yakını (%92) kesinlikle desteklemektedir.

Tablo 4.10.6. DAÜ'nün kent ekonomisine olumlu katkısı (Yüzdelik değerler)

DAÜ kent ekonomisine olumlu katkıda bulunuyor	Suriçi	Baykal	Karakol	Tuzla	Sakarya	D.pınar	Çanakkale	A.Maraş	TOPLAM
Kesinikle aynı fikirdeyim	19.4	79.5	82.4	40.0	19.0	68.9	76.9	52.7	58.5
Aynı fikirdeyim	77.8	17.9	9.4	50.0	73.8	28.9	17.9	28.4	33.3
Ne aynı fikirdeyim ne değilim	2.8		8.2	10.0	7.1	2.2	5.1	16.2	7.4
Ayni fikirde değilim		2.6						2.7	.8
TOPLAM	100.0	100.0	100.0	100.0	100.0	100.0	100.0	100.0	100.0

Üniversitenin kentin sosyal, kültürel ve entellektüel yaşamına katkısı - "DAÜ kentin kültürel ve entellektüel yaşamına katkıda bulunuyor" önermesine görüşmecilerin büyük çoğunluğu (%82) katılmaktadır (Tablo 4.10.7).

Tablo 4.10.7. DAÜ'nün kentin kültürel ve ekonomik yaşamına katkısı (Yüzdelik değerler)

"DAÜ kentin kültürel ve entellektüel yaşamına katkıda bulunuyor"	Suriçi	Baykal	Karakol	Tuzla	Sakarya	D.pınar	Çanakkale	A.Maraş	TOPLAM
Kesinikle aynı fikirdeyim	5.6	65.8	64.7	36.7	11.9	64.4	35.9	39.2	43.7
Aynı fikirdeyim	63.9	26.3	22.4	60.0	78.6	22.3	15.4	40.5	38.3
Ne aynı fikirdeyim ne değilim	16.6		10.5	3.3	9.5	4.4	5.2	16.2	9.4
Ayni fikirde değilim	13.9	7.9	2.4			8.9	2.6	4.1	4.7
Hiç aynı fikirde değilim							17.9		1.9
TOPLAM	100.0	100.0	100.0	100.0	100.0	100.0	100.0	100.0	100.0

Üniversite ve sağladığı rekreatif olanaklar - "DAÜ sizin ve ailenizin sosyal yaşamına rekreasyonal aktivitelerle katkıda bulunuyor" ifadesine görüşmecilerin yarıdan fazlası (%64) kesinlikle katılmakta ya da katılmakta, %20'si ne katılmakta ne de katılmamakta, %16'sı ise katılmamaktadır. Örneklemde, aynı görüşte olanların oranı, aynı görüşte olmayanlardan fazladır (Tablo 4.10.8).

Tablo 4.10.8. DAÜ'nün sosyal yaşama katkısı (Yüzdelik değerler)

"DAÜ sosyal yaşamınıza rekreatif aktivitelerle katkıda bulunuyor"	Suriçi	Baykal	Karakol	Tuzla	Sakarya	D.pınar	Çanakkale	A.Maraş	TOPLAM
Kesinikle aynı fikirdeyim	5.6	28.9	32.9	10.0	2.4	55.6	12.8	23.0	23.7
Aynı fikirdeyim	50.0	28.9	25.9	56.7	85.7	20.0	51.3	32.4	40.4
Ne aynı fikirdeyim ne değilim	33.3	18.4	21.2	10.0	9.5	13.3	20.5	27.0	20.1
Ayni fikirde değilim	11.1	13.2	15.3	23.3	2.4	8.9	10.3	17.6	13.2
Hiç aynı fikirde değilim		10.6	4.7			2.2	5.1		2.9
TOPLAM	100.0	100.0	100.0	100.0	100.0	100.0	100.0	100.0	100.0

Üniversitedeki festival/konser/sergi etkinliklerine katılma - Görüşmecilere son bir yıl içinde DAÜ'de herhangi bir festival/konser/sergi etkinliğine katılıp katılmadıkları sorulduğunda, yarıdan fazlası (%66) katıldığını ifade etmektedir. Bu anlamda en fazla katılım Sakarya ve Dumlupınar'da, en az katılım ise Suriçi mahallesinde saptanmıştır.

Burada elde edilen bulgulara göre, Doğu Akdeniz Üniversitesi'nin Gazimağusa kentinin ekonomik, sosyal, kültürel ve entellektüel yaşamına büyük destek olmakta, ve bu da Gazimağusa halkı tarafından takdir edilmektedir.

Yeşil alanlar ve doğayla ilişki
Günümüzde, küreselleşen ve doğal kaynakları gittikçe azalan dünyada, kentlerin, dayandıkları çok daha büyük bir ekosistemin parçası olarak görülmesi esastır. Bu bağlamda yapılması gereken, yerel ve küresel çevre üzerindeki etkilerimizi en aza indirirken daha keyifli bir kentsel yaşama öncülük etmenin yollarını bulmaktır. Bu da, kentlerle ilgili olarak çözülmesi gereken pek çok sorunun yanında, ekolojik ve sürdürülebilir kentsel yerleşmeleri biçimlendirmeyi öğrenmeyi gerekmektedir (GIRARDET 2004). Sürdürülebilir planlamanın yadsınamaz önceliği, toplumların doğal çevreyle çok daha barışık bir biçimde yaşamalarına yardımcı olmaktır. Bu da birkaç boyutu içerir. Bunlardan biri, var olan yabani dokunun, canlıların ve ekosistemlerin korunmasıdır. Öteki, çevrenin zarar görmüş olan bileşenlerinin etkin bir biçimde onarmaktır.

Kent içinde belirli zonlar oluşturan yeşil alanlar ve parklar dışında, kentin tüm bölgeleriyle organik bir şekilde bütünleşen yeşil ögelerin (ağaçlar ve diğer bitkiler), kentsel ekolojiye katkısı büyüktür. Uluslararası araştırmalara göre, insanların konut çevrelerinde ağaçların varlığına verdikleri önemin nedenleri şu düşüncelerle açıklanmaktadır (APPLEYARD 1981, 66). Ağaçlar gölge sağlarlar, haraketleriyle, sokağın/caddenin daha canlı ve zengin bir mekana dönüştürürler, hoş ve rahatlatıcı etkileri vardır, havayı temizler ve oksijeni artırırlar, binaları saklarlar, mahremiyet duygusunu güçlendirirler, doğayla ilişkimizi kurarlar ve soğuk betonun sertliğine karşıt bir sıcaklık sağlarlar, gürültüyü keserler, sokakların daha hoş görünmesini sağlarlar, ve ayrımsanabilir ağaçlar söz konusu olduğunda, bulunduğu çevrenin kimliğini güçlendirirler.

Gazimağusa'da, henüz bir İmar Planının bulunmaması nedeniyle egemen olan plansız kentleşmenin yarattığı baskılar yeşil alanların zarar görmesine, denetlenememesine, ve her geçen gün miktarlarının biraz daha azalmasına neden olmaktadır. Kentin sokaklarının çoğunluğu ağaçsız, ve betonarme yapıların egemen olduğu bir görünümü yansıtmaktadır. Çarpık kentleşme nedeniyle binaların aralarında kalan, henüz yapı inşa edilmemiş, bakımsız boşluklar, görünümü çok daha olumsuz hale getirmektedir.

Gazimağusa'nın yeşil bir kent olarak algılanma düzeyi. Bu bölümde, görüşmecilere *"Gazimağusa yeşil bir kent sayılır"* önermesine ne derece katıldıkları sorulmuş, ve 1'in en çok, 5'in en az değeri gösterdiği değerlendirme ölçeğine göre yanıtlamaları istenmiştir. Elde edilen bulgulara göre, hiç bir mahallede bu önermeyi doğrulayanların oranı %30'u geçmemekte, Suriçi mahallesinde ise %6'ya kadar düşmektedir. Kent genelinde görüşmecilerin %51'i Gazimağusa'yı yeşil bir kent olarak görememekte, %26'sı ne olumlu ne olumsuz değerlendirmeklte, %23'ü ise yeşil bir kent olduğu düşüncesine katılmaktadır (Tablo 4.10.9).

Tablo 4.10.9. Kentin yeşil bir kent olarak algılanma düzeyi (Yüzdelik değerler)

"Gazimağusa yeşil bir kent sayılır"	Suriçi	Baykal	Karakol	Tuzla	Sakarya	D.pınar	Çanakkale	A.Maraş	TOPLAM
1-Kesinlikle ayni fikirdeyim	5.6	5.1	11.8		4.8	2.2	7.7	15.3	8.0
2-Ayni fikirdeyim		15.4	8.2	30.0	16.7	24.4	20.5	15.3	15.2
3-Ne aynı fikirdeyim ne değilim	2.7	30.7	20.0	23.4	26.1	40.1	30.8	31.9	26.1
4-Aynı fikirde değilim	63.9	38.5	32.9	33.3	50.0	22.2	20.5	33.3	35.8
5-Hiç aynı fikirde değilim	27.8	10.3	27.1	13.3	2.4	11.1	20.5	4.2	14.9
TOPLAM	100.0	100.0	100.0	100.0	100.0	100.0	100.0	100.0	100.0

Öte yandan, görüşmecilere, çağdaş bir kentte bulunması gereken 7 özelliği kapsayan liste içinde bulunmasını arzu ettikleri özellikler sorulduğunda, diğerlerine göre açık farkla görüş birliğine varılan istek "yeşil parkların bulunması"dır (Tablo 4.10.10).

Tablo 4.10.10. Kentte bulunması gereken yeşil parklar ile ilgili beklenti (Yüzdelik değerler)

	Suriçi	Baykal	Karakol	Tuzla	Sakarya	D.pınar	Çanakkale	A. Maraş	TOPLAM
Evet	100.0	95.0	76.5	73.3	79.1	91.1	69.2	100.0	86.0
Hayır		5.0	23.5	26.7	20.9	8.9	30.8		14.0
TOPLAM	100.0	100.0	100.0	100.0	100.0	100.0	100.0	100.0	100.0

Araştırma kapsamında anketörler tarafından, görüşme yapılan hanelerin bulunduğu sokaklar çeşitli boyutlarıyla değerlendirildiğinde, sokakların %58'inde hiç büyük ağaç bulunmadığı, %83'ünde ise ağaçlandırma yapılmadığı belirlenmiştir (Tablo 4.10.9).

Tablo 4.10.9. Doğal çevre sorunlarının öneminin algılanması (Yüzdelik değerler)

Önemli bulunan doğal çevre sorunu	Suriçi	Baykal	Karakol	Tuzla	Sakarya	D.pınar	Çanakkale	A.Maraş	TOPLAM
Doğal güzelliklerin yok oluşu	83.7	100.0	92.9	100.0	100.0	97.8	94.8	100.0	96.3
Tehlikeli madde depolanan bölgelerin güvenliği	45.9	100.0	92.1	100.0	95.1	86.7	87.2	97.4	89.3
Çöp döküm alanları	59.4	97.5	93.9	100.0	97.6	93.4	92.3	100.0	92.8
Doğal yaşamın yok oluşu	75.6	97.4	91.7	100.0	100.0	97.8	97.5	100.0	95.2
Kanalizasyonların denize dökülmesi	94.6	97.4	95.1	100.0	100.0	96.4	100.0	100.0	97.7
Görsel kirlilik	64.8	97.5	98.8	100.0	100.0	91.1	93.3	98.7	94.3
Ağaçsız cadde ve sokaklar	75.7	96.4	94.1	100.0	97.4	97.8	92.3	100.0	94.9
Gürültü kirliliği	54.0	92.3	90.6	100.0	100.0	95.5	94.9	100.0	91.9
Hava kirliliği	48.6	97.4	87.0	93.4	97.5	93.3	92.3	98.7	89.6
TOPLAM	100.0	100.0	100.0	100.0	100.0	100.0	100.0	100.0	100.0

Burada elde edilen verilere göre, yeşil bir kent olma durumu ile yaşam kalitesi algısı arasında, anlamlı bir bağıntı (correlation) vardır (Bağlılaşım Katsayısı: r = .272, N=384).

Kentin algılanan sorunlarının genel imge üzerindeki etkisi

Bu bölümde, görüşmecilerin kentsel çevre sorunları ile ilgili görüşleri yansıtılmaktadır. Bu kapsamdaki sorularda görüşmecilere bazı önermeler sunulmuş, ve 1'den (kesinlikle aynı fikirdeyim) 5'e (hiç aynı fikirde değilim) kadar derecelenen ölçek kullanılarak değerlendirmeleri istenmiştir. Elde edilen bulgulara göre, Gazimağusa, görüşmecilerin %58'i tarafından kamusal ulaşımın düzeyi ile, %40'ı tarafından doğal çevre ile, %32'si tarafından tarihi çevrenin korunması ile, %50'si tarafından yeşil alanların miktarı ile ilgili sorunları olan bir kent olarak algılanmaktadır. Öte yandan, görüşmecilerin %76'sı tarafından güvenli bir kent olarak algılanmaktadır.

Görüşmecilerin %86'sı, "gelişmiş ve güvenilen bir toplu ulaşım sistemi kentteki yaşam kalitesini artıracaktır" önermesini güçlü bir şekilde onaylamaktadır.

Kentteki yaşam kalitesinin genel değerlendirmesi ve beklentiler

"Genel olarak Gazimağusa'daki yaşam kalitesini nasıl değerlendiriyorsunuz?" sorusunu, görüşmecilerin %47'si ne iyi ne kötü, %40'ı iyi ya da çok iyi, %13'ü iyi değil ya da hiç iyi değil şeklinde yanıtlamıştır. 1'den (çok kötü) 5'e (çok iyi) kadar derecelenen ölçek kullanılarak yapılan değerlendirmelere göre, Gazimağusa genelinde Yaşam Kalitesi Göstergesi 3.29'dur (Tablo 4.10.10, Harita 4.10.1)[19].

Tablo 4.10.10. Gazimağusa'daki yaşam kalitesinin genel değerlendirmesi (Yüzdelik değerler)

Genel olarak Gazimağusa'daki yaşam kalitesini nasıl değerlendiriyorsunuz?	**Suriçi**	**Baykal**	**Karakol**	**Tuzla**	**Sakarya**	**D.pınar**	**Çanakkale**	**A.Maraş**	**TOPLAM**
1 - Çok kötü	5,6		2,4	3,3					1,3
2 - Kötü	30,6		23,5	3,3	11,9	6,8	5,1	6,7	12,1
3 - Ne iyi ne kötü	44.4	56.4	49.4	50.0	40.5	18.2	53.9	53.3	46.4
4 - İyi	19,4	38,5	23,5	43,4	45,2	65,9	33,3	38,7	37,2
5 - Çok iyi		5,1	1,2		2,4	9,1	7,7	1,3	3,0
TOPLAM	100.0	100.0	100.0	100.0	100.0	100.0	100.0	100.0	100.0
Yaşam Kalitesi Göstergesi	2.78	3.49	2.98	3.33	3.38	3.77	3.44	3.35	3.29
Standard Sapma	.83	.60	.79	.71	.73	.71	.72	.63	.77

Mahalleler arasında bir karşılaştırma yapıldığında, en olumlu değerler Dumlupınar'da (%76), en düşük değerler ise Suriçi'nde (%19) elde edilmiştir. Ancak, Suriçi mahallesinde de, olumsuz ya da çok olumsuz düşünenlerin oranı %36'yı geçmemektedir. Araştırmada pek çok konuda olumsuz görüşlerin yansıtıldığı Suriçi'nde, kentteki genel yaşam kalitesi ile ilgili olarak çok olumsuz bir tablo ortaya çıkmaması, burada yaşayanların yüksek yaş ortalaması, düşük eğitim ve gelir düzeyi nedeniyle beklenti düzeylerinin daha az olmasıyla açıklanabilir.

Kentin yeni mahalleleri arasında, yaşam kalitesi değerlendirmesiyle ilgili en olumsuz değerler, Karakol mahallesinde saptanmıştır. Buradaki görüşmecilerin yarısı kentteki yaşam kalitesini "ne iyi ne kötü" şeklinde değerlendirmektedir.

[19] Aynı uluslararası araştırma programının partneri olan ve benzer araştırma yöntemi izlenerek gerçekleştirilen İstanbul Alan Çalışmasında, kentsel yaşam kalitesinin değerlendirilmesi için elde edilen ortalama değer 5 üzerinden 3 olarak saptanmıştır (Türkoğlu vd. 2007).

Harita 4.10.1. Gazimağusa'daki Genel Yaşam Kalitesi Göstergesi (Ortalama Değerler)

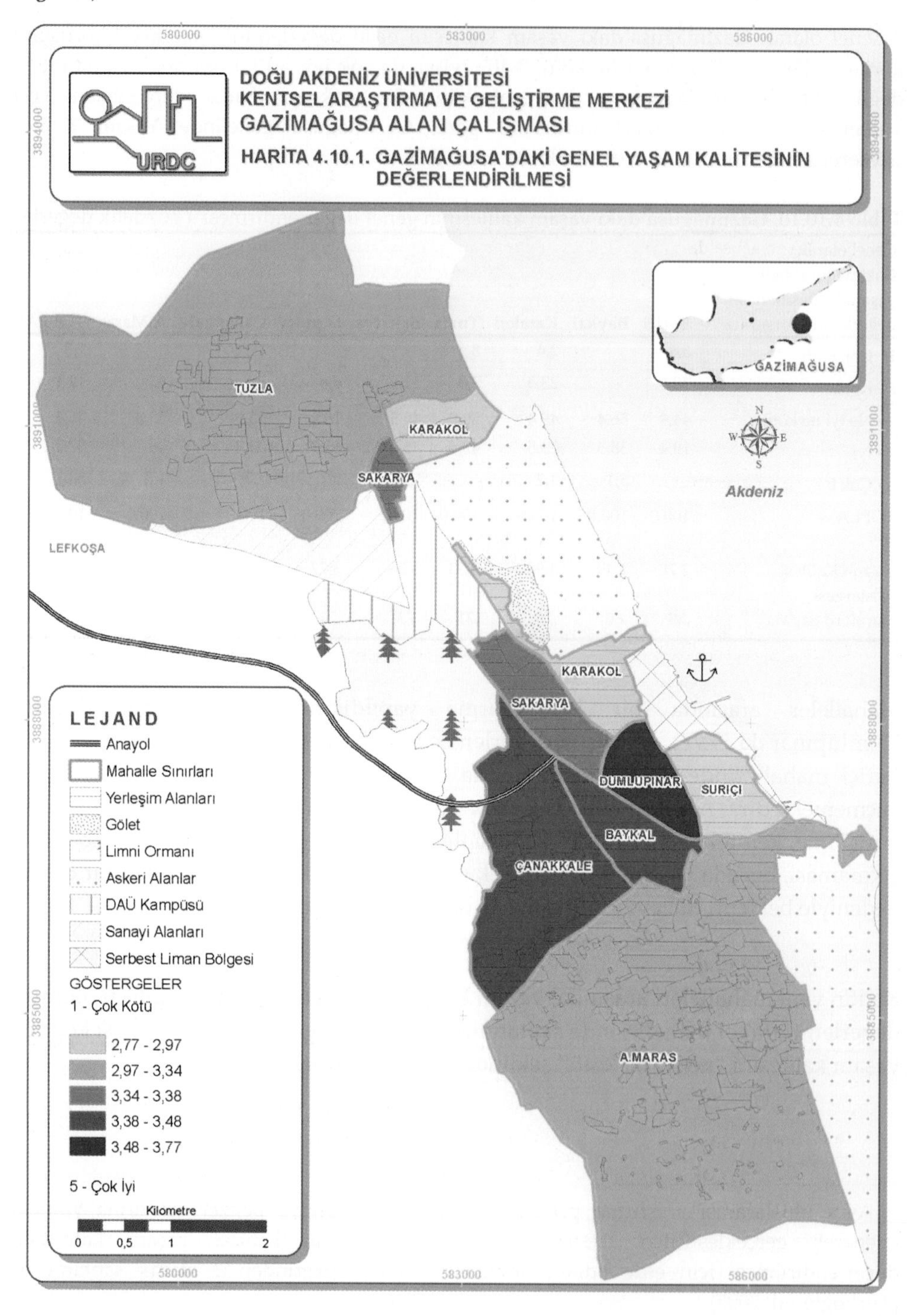

Öte yandan, genel yaşam kalitesi, doğum yerine göre farklı gruplar tarafından değerlendirildiğinde, KKTC, Türkiye ve dış ülke doğumlu görüşmeciler arasında önemli bir fark olmadığı saptanmıştır (Tablo 4.10.11). Aynı şekilde, istihdam durumuna göre farklı gruplar tarafından değerelendirildiğinde de önemli farklılıklar söz konusu değildir (Tablo 4.10.12).

Tablo 4.10.11. Gazimağusa'daki yaşam kalitesinin doğum yerine göre farklı gruplar tarafından değerlendirmesi (Yüzdelik değerler)

Genel olarak Gazimağusa'daki yaşam kalitesini nasıl değerlendiriyorsunuz?	**Türkiye doğumlu**	**Kıbrıs doğumlu**	**Yabancı**	**TOPLAM**
1-Çok iyi	2,8	2,1	4,8	2,5
2-İyi	39,6	33,7	33,3	35,7
3-Ne iyi ne kötü	43,4	50,3	42,9	47,5
4-İyi değil	11,4	12,8	19,0	12,7
5-Kötü	2,8	1,1		1,6
TOPLAM	100.0	100.0	100.0	100.0

Tablo 4.10.12. Gazimağusa'daki yaşam kalitesinin, istihdam durumuna göre farklı gruplar tarafından değerlendirmesi (Yüzdelik değerler)

Genel olarak Gazimağusa'daki yaşam kalitesini nasıl değerlendiriyorsunuz?	**Çalışan**	**Emekli**	**İşsiz**	**Ögrenci**	**Ev kadını**	**TOPLAM**
1-Çok iyi	2,6			4,2	4,3	3,1
2-İyi	36,5	35,2	44,4	37,9	40,0	37,3
3-Ne iyi ne kötü	49,3	46,2	55,6	44,2	42,9	46,2
4-İyi değil	10,3	16,7		12,6	11,4	12,1
5-Kötü	1,3	1,9		1,1	1,4	1,3
TOPLAM	100,0	100,0	100,0	100,0	100,0	100,0

Kent ile ilgili genel düşünceler

Görüşmeciler, yaşadıkları konut çevresini bazı açılardan olumlu olarak değerlendirmelerine karşın Gazimağusa'yı önemli çevresel sorunları olan bir kent olarak algılamaktadırlar. Araştırma sonuçlarına göre, "Gazimağusa etkin bir kamu ulaşımına sahiptir", "Gazimağusa'nın doğal değerleri korunuyor", "Gazimağusa yeşil bir kent sayılır", "Gazimağusa çevre sorunlarını çözmüş bir kenttir", "Gazimağusa'da çok sayıda kültürel faaliyet vardır", ve "Gazimağusa'nın tarihî değerleri korunuyor" önermeleri göreli olarak düşük düzeyde onay alırken; "Gazimağusa güvenli bir şehirdir", "Gazimağusa daha yaşanabilir bir yer olursa, kentin ekonomisi de güçlenir", ve "gelişmiş ve güvenilen bir toplu ulaşım sistemi kentteki yaşam kalitesini artırır" önermeleri göreli olarak çok daha yüksek düzeyde onay almıştır.

Kentsel olanaklarla ilgili beklentiler

Görüşmecilere, gözlemlere dayalı olarak, kent içinde eksikliği hissedilen ve çağdaş bir kentte olması gereken olanakları/tesisleri içeren bir liste sunularak, *"bunlardan hangisinin Gazimağusa'da olmasını isterdiniz?"* sorusu yöneltilmiştir. Burada elde edilen bulgulara göre, görüşmecilerin %86'sı yeşil parklar, %79'u düzenli kaldırımlar ve yaya bölgeleri, %78'i gelişmiş toplu ulaşım sistemi, %76 bisiklet yolları, %68 kitapçılar, %68 çağdaş semt kütüphaneleri, ve %68 sanat galerileri olması konusunda özlemlerini belirtmişlerdir (Tablo 4.10.13).

Tablo 4.10.13 Gazimağusa'da bulunması için istek belirtilen olanaklar (Yüzdelik değerler)

Aşağıdakilerden hangisinin Gazimağusa'da olmasını isterdiniz?	Suriçi	Baykal	Karakol	Tuzla	Sakarya	D.pınar	Çanakkale	A.Maraş	TOPLAM
Yeşil parklar	100.0	95.0	76.5	73.3	79.1	91.1	69.2	100.0	86.0
Düzenli kaldırımlar ve yaya bölgeleri	97.2	87.5	65.9	63.3	67.4	91.1	56.4	100.0	79.4
Bisiklet yolları	97.2	87.5	60.0	70.0	65.1	88.9	38.5	100.0	76.3
Gelişmiş toplu ulaşım sistemi	100.0	87.5	55.3	46.7	83.7	84.1	69.2	98.7	78.1
Kitapçılar	91.7	85.0	47.1	43.3	65.1	73.3	38.5	97.3	68.4
Çağdaş semt kütüphaneleri	86.1	80.0	43.5	60.0	60.5	80.0	35.9	97.3	67.9
Sanat galerileri	86.1	80.0	43.5	60.0	60.5	80.0	35.9	97.3	67.9
TOPLAM	100.0	100.0	100.0	100.0	100.0	100.0	100.0	100.0	100.0

Gelecek 10 yıl için Gazimağusa'daki kentsel yaşam kalitesiyle ilgili öngörü

Gazimağusa'da yaşayanların kentin gelecekteki yaşam kalitesi konusunda ne ölçüde umutlu olduğunun anlaşılabilmesi için, Görüşmecilere , *"sizce, gelecek 10 yıl içinde Gazimağusa'daki yaşam kalitesi nasıl bir değişim gösterecek?"* diye sorulduğunda, görüşmecilerin bölündüğü saptanmıştır; %48'i daha iyi olacağını, %40'ı aynı kalacağını, %12'si ise daha kötü olacağını düşünmektedir (Tablo 4.10.14)

Gelecek 10 yılla ilgili olarak daha umutlu olan katılımcılar Dumlupınar, Çanakkale ve Tuzla'da, en karamsar olanlar ise Aşağı Maraş ve Suriçi'nde yaşayanlardır. Bu iki mahallenin, kentin diğer mahallelerinden ayrılmalarına neden olan özel sorunları (Aşağı Maraş'ın kentin gelişime kapalı bölgede bulunması ve gelecekteki statüsüyle ilgili belirsizlik olması; Suriçi mahallesinin ise kendi içinde izole olması ve işlevsel/fiziksel bozulma yaşaması) nedeniyle, bu sonuçların şaşırtıcı olmadığı söylenebilir.

Tablo 4.10.14. Gelecek 10 yıl içinde Gazimağusa'daki yaşam kalitesi ile ilgili değişim beklentisi (Yüzdelik değerler)

Sizce gelecek 10 yıl içinde Gazimağusa'daki yaşam kalitesi nasıl bir değişim gösterecek?	**Suriçi**	**Baykal**	**Karakol**	**Tuzla**	**Sakarya**	**D.pınar**	**Çanakkale**	**A.Maraş**	**TOPLAM**
Daha iyi olacak	34.3	57.9	44.0	65.5	41.9	71.1	67.6	26.3	47.8
Daha kötü olacak	14.3	5.3	17.9		16.3	8.9	16.2	10.5	12.1
Aynı kalacak	51.4	36.8	38.1	34.5	41.9	20.0	16.2	63.2	40.1
TOPLAM	100.0	100.0	100.0	100.0	100.0	100.0	100.0	100.0	100.0

Örneklem genelinde görüşmecilerin çoğunluğunun fiziksel çevre, toplu ulaşım, ve belediye hizmetleriyle ilgili konularda şikayetçi olmasına karşın, önemli bir kısmının (%48) kentin gelecekteki yaşam kalitesi konusunda hala ümitli olması psikolojik bir olgu olarak kabul edilerek, "bilişsel çelişki" kuramıyla açıklanabilir. Öz olarak, insanların hizmetlerden memnun olmadıkları halde gelecekteki gelişmelerle ilgili umudunu kaybetmemesi bilişsel bir çelişki yaratır. Bu çelişkiyi gidermenin yolu, "ben herşeye rağmen gelecekteki gelişmeler konusunda umudumu koruyorsam, bu kenti seviyorum" şeklinde bir gerekçeyi anlaşılır bir neden olarak kabul etmektir.

5

SONUÇ VE ÖNERİLER

Gazimağusa'da Kentsel Yaşam Kalitesinin Ölçülmesi başlıklı araştırma kapsamında yapılan anketlerde görüşme yapılanlar, Gazimağusa'da yaşayan 398 yetişkini kapsamıştır. %60'ı KKTC, %33'ü Türkiye, %7'si ise diğer ülkeler doğumlu olan görüşmecilerin %63'ü en az lise mezunu, %24'ü ise en az üniversite mezunudur. Araştırma bulgularına göre, Gazimağusa genelinde ortalama aylık hane geliri yaklaşık 1,500 TL'dir. Ne var ki, mahalleler arasında gelir dağılımı açısından farklılıklar vardır. Tuzla, Baykal ve Dumlupınar'da görüşmecilerin %40'dan fazlası 2,500 TL aylık hane gelirine sahip olup, en düşük gelir grubunu, 850 TL ve daha az aylık gelir bildiriminde bulunan Çanakkale, Suriçi, ve Aşağı Maraş sakinleri oluşturmaktadır.

Görüşmecilerin önemli bir bölümünü (%40) çalışanlar oluşturmakta, kalan kısmını da ağırlıkla öğrenci (%24), ev kadını (%18) ve emekliler (%14) oluşturmaktadır. Elde edilen verilere göre, Doğu Akdeniz Üniversitesi öğrencileri de-facto nüfusun önemli bir kısmını oluşturmakta olup, gelecekteki konut planlamasında bununla ilgili yönlendirmeler yapmak gerekmektedir. Bu grubun tercihi çoğunlukla kent içi, orta yoğunlukta, apartman yerleşimlerinden oluşan bölgelerdir. Konut düzenlemeleri ve birimlerinin tasarımları dışında, genç nüfusun yaşamını destekleyeci hizmetlerin ve yaşama mekanlarının da yeni düzenlemelerde dikkate alınması gerekmektedir.

Görüşmecilere işleri ya da okullarından memnuniyetlerinin derecesi sorulduğunda, önemli bir bölümünün (%75) işinden ya da okulundan memnun olduğu anlaşılmaktadır.

Gelişmiş ve gelişmekte olan ülkelerin kentlerinde, otomobil sahipliği ve kullanımı, bir kentin yürünebilir, insan ölçeğinde olup olmadığı ile ilgili önemli ipuçları verir, ve bu konunun yaşam çevresine ve kent ekolojisine olan etkileri pek çok bilimsel yayınla kanıtlanmıştır. Gazimağusa genelinde otomobil sahibi olanların nüfusa oranı %71, otomobil sahipliği ortalaması 2.04'dür. Bu yüksek değer dikkate alınarak, yeni planlama ve yerel yönetim politikalarında otomobil kullanımını azaltıcı yönde stratejilerin geliştirilmesi gerekmektedir.

Konut ve Taşınma

Yaşanılan konutun genel durumu, özellikleri, ve kullanıcıların konut ile ilgili memnuniyeti, yaşam kalitesinin önemli bir belirleyicisidir. Konut alanlarında memnuniyet düzeyinin yüksek olması, kentle ilgili memnuniyetin de önemli bir belirleyicisidir.

Görüşmecilerin yarıdan fazlası 12 yıldan fazla süredir Gazimağusa'da yaşamakta olup, en uzun süreli barınma, Aşağı Maraş (%85) ve Suriçi (%84) mahalellerinde saptanmıştır. Çanakkale ise Gazimağusa'da geçirilen sürenin en az olduğu mahalledir. Konutta geçirilen sürenin en fazla olduğu mahalleler de Aşağı Maraş (%71) ve Suriçi (%65)'dir.

Araştırma sonuçlarına göre, ev sahibi olanların oranı yarıdan fazladır (%57). En yaygın konut tipleri, apartman dairesi (%50) ve müstakil evdir (%37). Görüşmecilerin büyük çoğunluğu 3 ya da 2 odalı evde yaşamakta, çoğunluğu konutlarının ve konutlarındaki odaların büyüklüğünü normal olarak algılamaktadır. Suriçi, Sakarya, ve Aşağı Maraş'taki konutlarda büyük oranda eskime söz konusu olup, (%71-74) tamire gereksinme vardır.

Birleşmiş Milletler Habitat II - İstanbul Toplantısı (1996) sonuçlarına göre, konut fiyatlarının görüşmecilerin yıllık gelirinin 5 katını aşmaması, kira bedelinin de aylık gelirlerinin %25'ini aşmaması gerekmektedir. Görüşmecilerin %24'ünün, yukarıda belirtilen orana aykırı olarak, aylık gelirlerinin yarısını ev kirasına verdikleri dikkate alınursa, kiralar konusunun gelecekte daha sorunlu bir hale gelmeden çözümler aranması gerekmektedir.

Konut biriminin fiziksel özellikleri mekansal, görsel, işitsel ve iklimsel boyutlara sahip olup, konutta yaşayanların memnuniyetini etkiler. Konutların biçimi, büyüklüğü, ve diğer özellikleri sosyal etkileşimi büyük ölçüde etkiler (LANG 1987). Konutla ilgili genel memnuniyet konusunda, görüşmecilerin yarıdan fazlası (%63) memnun olduğunu ifade etmiştir. Ortak dış mekanlarda en fazla rahatsızlık yaratan konular, gürültü, uygun olmayan konum, yetersiz boyutlar, yetersiz mekansal tanım/düzenleme, ve hoş manzaradan yoksunluktur.

Konut hareketliliği (Taşınma)

Araştırma sonunda ortaya çıkan önemli bulgulardan biri, görüşmecilerin çoğunluğunun fiziksel çevre, toplu ulaşım, ve belediye hizmetleriyle ilgili konularda şikayetçi olmasına karşın, önemli bir kısmının (%61) başka bir yere taşınmayı düşünmemesidir. Bu da, psikolojik bir olgu olarak kabul edilerek, "bilişsel çelişki"[20]

[20] 1952 yılında Festinger tarafından geliştirilen "bilişsel çelişki" kuramı sosyal psikolojinin en önemli kuramlarından olup, tutum ile davranış arasındaki tutarsızlığa ilişkin yapılmış

kuramıyla kısaca şöyle açıklanabilir: İnsanların, sunulan hizmetlerden memnun olmadıkları halde o semtte yaşamaya devam etmeleri bilişsel bir çelişki yaratır. Bu çelişkiyi gidermenin yolu, "ben herşeye rağmen burada yaşıyorsam, bu semti sevdiğim için yaşıyorum" şeklinde bir gerekçeyi anlaşılır bir neden olarak kabul etmektir.

Evden taşınma düşüncesinde olan görüşmeciler arasında, çoğunluğun kent dışındaki yeni konut alanlarına taşınmak istediği mahalleler Tuzla, Suriçi, Baykal ve Sakarya'dadır. Gazimağusa'da başka bir yere taşınmak isteyenler Çanakkale, Dumlupınar ve Karakol'da yoğunlaşmıştır. Çanakkale mahallesinde görüşmecilerin %21'inin başka bir ülkeye taşınma isteği ise dikkat çekicidir.

Görüşmecilere, yaşadıkları yere bağlılıklarını kısmen ölçebilmek için, mahalleden taşınma durumunda üzülüp üzülmeyecekleri sorulmuş, ve bunun yanıtı olarak, görüşmecilerin yarısı (%48) üzüleceklerini belirtmiştir. Bu oranın daha yüksek olduğu, öteki deyişle bağlılığın daha fazla olduğu mahalleler, Dumlupınar, Baykal, Tuzla, ve Sakarya'dır. Bu bağlamda, en düşük değerler Çanakkale ve Karakol'da saptanmıştır. Bu bulgulara göre, ve mahallelerde fiziksel çevre ve belediye hizmetleriyle ilgili konularda alınan yanıtlarla karşılaştırıldığında, yaşanılan yere bağlılık ile mahallenin eski ya da yeni gelişmiş olması, gelir durumunun yüksek ya da düşük olması, fiziksel çevrenin niteliği ve bakımlılığı arasında doğrudan bir bağlantı yoktur. Mahallelilerin ortak ya da benzer geçmiş ve geleneklere sahip olması (Kıbrıslı olma), ev sahibiyeti, ve iyi komşuluk ilişkilerinin, yere bağlılıkta daha fazla rol oynadığı anlaşılmaktadır.

Taşınma eğilimi olan görüşmecilere, kente göre konumları ve ulaşım seçenekleri açısından farklılaşan üç yerleşim seçeneği sunulduğunda, en fazla tercih edilen (%49), kamu ulaşımı etkin, 5-10 dakika yürüme mesafesinde alışveriş, park, okul gibi olanaklar bulunan (karma işlevli), diğer yerlere arabayla 5-10 dakika mesafede erişilebilen, birbirine yakın 4-5 katlı apartman bloklarından oluşan bir yerleşmedir. İkinci derecede tercih edilen (%38), arabaya bağımlı, kamu ulaşımı zayıf ancak arabayla diğer yerlere 30-45 dakika mesafede erişilebilen, doğayla ilişkili, bahçeli iki katlı evler şeklindeki yerleşim örneği, en az tercih edilen ise (%13), arabaya bağımlı, kamu ulaşımı zayıf, açık alanlarında yürüyüş yapılabilen, ve 15-25 dakika yürüme mesafesinde alışveriş, park, okul gibi olanaklar bulunan, diğer yerlere arabayla 15-25 dakika mesafede erişilebilen bir yerleşme olmuştur.

---

açıklamalar içerir. Festinger'e göre, bilişsel çelişki, bireyin tutum ve davranışları çeliştiğinde ortaya çıkan ruhsal gerginlik durumudur; ve birey, bu çelişkiyi ortadan kaldırmaya çalışarak bu gerginlikten kurtulmaya çalışır (http://www.psikolojievi.com; ve Proje Danışmanı Prof. Dr. Ahmet Rüstemli ile yapılan görüşmeler, 1-2 Mart 2009).

Bu bulgular, Gazimağusa'nın plansız ve denetimsiz bir şekilde yeni eklenen kent-dışı konut alanlarıyla gitgide yaygınlaşması, ulaşım mesafelerinin artması, ve böylece ortaya çıkan çevre, ekoloji, zaman ve kaynak kaybı, kimlik, vb. sorunlarına çözümler içeren bir İmar Planının en kısa zamanda hazırlanmasını tartışılmaz hale getirmektedir. Kent içi kayıp alanlarda yeni konut projelerinin uyarlanması, ve kent dokusuna uymayan endüstri alanlarının kent dışına taşınarak bu alanların yeni yaşam alanları olarak kente kazandırılması (urban regeneration), kentin yeniden bütünleşik bir yapıya kavuşarak, daha yaşanılabilir ve sürdürülebilir hale gelmesini kolaylaşrıracaktır.

Ulaşım

Görüşmecilerin bölgedeki kamusal ulaşımı ve kullanımını hem kendileri hem de eşleri için değerlendirmeleri istendiğinde, ortalama %72'sinin, yaşadığı bölgede toplu taşıma bulunmadığı ortaya çıkmıştır. Öte yandan, görüşmecilerin büyük çoğunluğu, bölgede toplu taşıma olanağı olsaydı insanların toplu taşıma araçlarını kullanmaktan memnun olacağını ifade etmiştir.

1'in en az, 5'in en çok değeri gösterdiği ölçek kullanılarak yapılan değerlendirmelere göre, yaşanan semtteki toplu ulaşım sisteminden memnuniyet 2,55, kentin genel ulaşım sisteminden memnuniyet ise 2,38'dir. Ne var ki, görüşmecilerin %58'i kentteki genel ulaşım sistemini kötü olarak nitelemekte iken, çoğunluğu (%72) işe/okula gidiş gelişinden memnun olduğunu ifade etmektedir. Toplu ulaşım konusundaki eksikliğe bu aldırmazlık, özellikle gelir düzeyi arttıkça, özel araç kullanımın çok artması ve buna alışılmış olması ile açıklanabilir. Çevre ve kaynaklar açısından sürdürülebilirlik olmayan bu durum nedeniyle, küresel ısınmanın dünyada toplumların gündeminde olduğu bu zaman eşiğinde, halkın çevre ve kaynakları koruma duyarlılığı konusunda eğitilmesi gereğini ortaya koymaktadır. Görüşmecilerin çok büyük kısmının (%86) gelişmiş ve güvenilir bir toplu iletişim sisteminin kentteki yaşam kalitesini artıracağı düşüncesinde olması, böyle bir eğitim stratejisi ile çok bilinçli bir vatandaş grubunun oluşturulması olanaklı gözükmektedir.

Her ne kadar yerel halkın, her türlü etkinliğini (işe/okula/alışverişe/parka/vb. gidiş) gerçekleştirmek için özel araç kullanmak zorunda kalması pek bir sorun olarak gündeme getirilmese de, her geçen gün artan ve mesai bitimi saatlerinde tehlikeli durumlar oluşturan taşıt trafiğinin, bunun neden olduğu kaynak (para ve zaman) kaybının, ve hava kirliliğinin azaltılması, ve küresel ısınmaya karşı dolaylı önlem alınabilmesi için, yeni, çağdaş bir toplu ulaşım sistemi en kısa zamanda oluşturulmalıdır.

Öte yandan, Gazimağusa'nın bisiklet kullanımına çok uygun olan düz topoğrafyası ve ılıman iklimi dikkate alınarak, bisikletin bir ulaşım aracı olarak kullanılabilmesi için koşulların hazırlanması, sürdürülebilirlik (kent ekolojisi ve enerji korunumu) açısından önemlidir. Bugünkü koşullarda görüşmecilerin bisiklet kullanımını tercih etme oranının çok düşük olması, anlaşılabilir bir durumdur. Ne var ki, belirli konularda özlemlerini ifade etmeleri istendiğinde, görüşmecilerin çoğunluğu (%76) gelişmiş toplu ulaşım sistemi ile birlikte, bisiklet yollarına olan özlemlerini dikkate getirmiştir.

Uygun ortamın yaratılması için, yerel yönetim tarafından önce halkı ve öğrencileri bisiklet kullanımı konusunda bilgilendirici ve özendirici kampanyalar düzenlenmeli, sonra da, kararlı bir planlama ve yerel yönetim politikası kapsamında belirli ulaşım arterlerinde bisiklet yolları oluşturulmalıdır. Bu tür politikalar, Avrupa'da pek çok kentte (Amsterdam, Rotterdam, Utrecht, Kopenhag, vd) yıllardır başarıyla uygulanmakta olup, gelişmekte olan ülkelerin kentlerinde de (Mexico City, Bogota) bisiklet kullanımını teşvik etmek için, bazı günlerde belirli arterlerin trafiğe kapatılarak halkı bisiklet kullanımına alıştırma, vb. gibi uygulamalar gerçekleştirilerek amaca ulaşılmaya çalışılmaktadır. Gazimağusa'da 14,000'e yakın üniversite öğrencisinin barındığı dikkate alınırsa, Doğu Akdeniz Üniversitesi ile bu konuda işbirliği yapılarak ortak politikalar oluşturmak yararlı olacaktır. Çok aşamalı bir politika kapsamında, ilk aşamada öğrencilerin yoğunlaştığı Karakol ve Sakarya mahalleri ile DAÜ Kampusu arasında bisiklet yolları bağlantısı oluşturulabilir.

Örneklem genelinde görüşmecilerin %79'unun düzenli kaldırımlar ve yaya bölgeleri konusunda özlemlerini ifade etmelerinden anlaşıldığı gibi, Gazimağusa'da, özellikle ana arterlerde yaya açısından sıkıntılar devam etmektedir. Kentin en başta insanlar için var olduğu unutulmamalı, ve yaya hareketini kolaylaştırıp keyifli hale getirecek, kent içinde sürekliliği olan bir yaya mekanları/yolları sistemi oluşturmaya odaklanan iyileştirme ve düzenlemelerle, kentin "yürünülebilir" özelliği artırılmalıdır.

Mahalle ve konut çevresi

Konut çevresinin özellikleri yaşam kalitesinin en önemli göstergelerinden biridir ve yaşam kalitesi araştırmalarının sonuçları konut çevreleri tasarımlarına doğrudan yansır. Sosyal birleşmenin sağlanması ya da "yerel topluluk" (community) ruhunun geliştirilmesi, toplumsal yaşam kalitesinin yükseltilmesi açısından önemlidir. Konut çevrelerinin araştırılması kent yenileme için öncelikli alanların belirlenmesi açısından da büyük önem taşımaktadır.

Yeni yerleşimlerde yaptığımız gözlemlere göre, kentsel çevre tartışılırken mahalleliler ya da yerel topluluk kavramının kullanılması, çeşitli nedenlere bağlı olarak, çok kolay değildir. "Mahalle", anketler kapsamında, görüşmecilerin yaşadığı konut bölgesi (semt) olarak tanımlanmıştır.

Görüşmecilerin mahalleye taşınmasına neden olan en önemli beş özellik, merkezi konum (%22), işe yakınlık (%17), düşük kiralar (%15), okula ve alışverişe yakınlık (%15), ve akraba ve arkadaşlara yakınlık (%13) olmuştur. Çoğunlukla düşük gelirli halkın yaşadığı Suriçi mahallesinde, akraba ve arkadaşlara yakınlığın, düşük kiralarla birlikte en önemli neden olarak belirlenmesi, bu mahallede geleneksel sosyal yaşamın hala oldukça etkili olduğunu göstermektedir. Kentin merkezden en uzak, ve yerleşime kapalı Kapalı Maraş'a (Varosha) komşu olması nedeniyle gelişmeye en kapalı olan mahallesi olan Aşağı Maraş'ın (Kato Varosha) tercih edilmesinde en etkili özelliğin ise işe yakınlık (%43) olması, ve bu bölgedeki hafif endüstri ve ticaret bölgesinin varlığıyla ilişkilendirilebilir.

Bulgulara göre, mahalleye/konuta taşınılmasında önemsenmeyecek kadar az rol oynayan nedenler, camiye yakınlık, mahalleye aşinalık, mahallenin çekici görünümü, mahalledekilerin tanıdık olması, ve doğal alanlara (deniz, göl, orman, vb.) yakınlıktır. Bir kıyı kenti olan Gazimağusa'da, denize yakınlık özelliğinin önemsiz bir neden olarak çıkması, kentin büyük ölçüde (liman bölgesinin ve askeri bölgenin bariyer oluşturması nedeniyle) denize kapalı olmasının yanında, kent halkının yaşamında denizle içiçeliğin önem kazanamadığının göstergesi olarak okunabilir. Akdeniz'in kıyısında, çok değerli bir konuma sahip olan kentin planlanmasında, kıyı bölgesinin optimum kullanımının sağlanabilmesi için uygun stratejiler geliştirilmelidir.

Mahalleye/konuta taşınılmasında rol oynayan nedenler arasında boş zamanları değerlendirecek fırsatlar sunması diğer mahallelerde hiç işaretlenmezken, sadece Karakol'da az da olsa (%6) önemli bir neden olarak belirtilmesi, üniversite öğrencilerinin tercih ettiği bu bölgede gençlere boş zaman değerlendirme konusunda daha fazla olanaklar yaratılması gerektiğini ortaya koymaktadır.

Örneklem genelinde, görüşmecilerin %64'ü mahallelerinden memnun oldukları, ve %64'ünün gelecekte mahallesinin daha iyi olacağına inandıkları ortaya çıkmıştır. Memnuniyet düzeyinin en yüksek olduğu mahalleler Dumlupınar, Baykal, Suriçi, ve Tuzla'dır. Burada ilk iki mahallenin en yüksek gelir düzeyine sahip ve yerel halkın egemen olduğu mahalleler arasında olması bu etmenlerin önemini gösterir. Öte yandan, Suriçi'ndeki memnuniyet düzeyinin Karakol, Sakarya, Aşağı Maraş ve Çanakkale'deki memnuniyet düzeyinden yüksek olması, mahallede geçirilen sürenin diğer etmenlerden daha önemli olduğunu göstermektedir. Burada elde edilen bulgular ileri istatistiki yöntemlerle analiz edildiğinde ise, mahalleden memnuniyeti etkileyen çevresel özelliklerin yerel halk ve öğrenciler için aynı olmadığını ortaya koymuştur. Yerel halk için "mahallenin yaşamak için uygun bir yer" olması ve "mahalle duygusu" sağlaması en önemli etmenler olarak belirlenmiştir. "Mahalle" kavramının geçmişte Bu sonuçlara göre, Kıbrıs'taki kent yaşamının önemli bir bileşeni olduğu dikkate alınarak, yaşayanların hala bazı geleneksel motiflere gereksinme duydukları söylenebilir. Öğrenciler için yaşadıkları mahalleden memnuniyetlerini belirleyen en önemli özellikler ise "mahallenin çekici bir yer" olması ve "çevrenin bakımlılığı"dır. Bir anlamda "kentin geçici nüfusu" olan ve zamanlarının büyük kısımını üniversitede geçiren öğrencilerin, kentte yaşadıkları sınırlı süre (4-6 yıl) boyunca, yaşadıkları mahalle ve konut yakın çevresinde sosyal ilişkilerden daha fazla fiziksel özellikleri önemsemeleri anlamlıdır.

Görüşmecilerin %64'ü, konut yakın çevresi konusunda memnuniyetini ifade etmiş, en yüksek memnuniyet değerleri Sakarya, Dumlupınar, Baykal, ve Aşağı Maraş'ta yaşayanlar arasında saptanmıştır. Konutun bulunduğu kesimin merkeze yakın ya da uzak olması, eski ya da yeni oluşturulmuş bir çevre olması, düşük ya da yüksek yoğunluğa sahip olması, vb. büyük farklar yaratmamıştır. Bunun yanısıra, görüşmecilerin %35'i, yaşadıkları konut çevresinin gelecekte daha iyi olacağını, %41 aynı kalacağını, %24 ise daha kötü olacağını ifade etmiştir.

Mahalleden memnuniyet, hem konut yakın çevresi özellikleri, hem de mahallenin belirli özellikleri ile ilgili düşüncelerin yansımasıyla oluşur. Bu bölümde, mahallenin tümel ölçekte ve konut yakın çevresi ölçeğindeki özelliklerinin genel bir değerlendirmesi yapılmıştır.

Mahallenin çekici bir görünüme sahip olup olmadığı sorusuna genelde %29 oranında olumsuz yanıt alınmıştır. Bu konuda en olumsuz yanıtlar Çanakkale ve Tuzla'daki görüşmecilerden gelmiştir. Mahallenin yaşamak için iyi bir yer olup olmadığı sorusuna ise, görüşmecilerin %20'si olumsuz yanıt vermiştir. En olumlu değerlendirmeler Dumlupınar, Baykal, ve Suriçi'nde, en olumsuz değerlendirmeler ise Karakol ve Çanakkale'de alınmıştır. Tüm mahallelerde, çevrede boş zamanlarda yapılabilecek bir şey olup olmadığı sorusuna görüşmecilerin en az yarısı olumsuz yanıt vermiş (ortalama %57) olup, Çanakkale mahallesinde elde edilen bulgular en düşük değerlerdir .

Mahallenin çocuk yetiştirmek için iyi bir yer olup olmadığı sorusuna, görüşmecilerin yarıdan fazlası (%58) olumlu yanıt vermiştir. En olumlu yanıtlar Baykal, Dumlupınar, ve Tuzla'dan, en olumsuz olanlar ise Karakol ve Çanakkale'deki görüşmecilerden gelmiştir. Çevre kirliliği açısından, mahalleler genelinde olumlu ya da olumsuz düşünen, ya da kararsız olanların oranları eşit bir dağılım göstermektedir. En olumlu yanıtlar Dumlupınar ve Baykal'dan gelmiştir. Bu bulgulara göre, mahallenin az ya da çok yoğunluklu olması, ve kent merkezinde ya da dışında olması ile çevre kirliliği arasında bir bağıntı yoktur. Eğitim düzeyi ile çevre temizliği arasında ise anlamlı bir ilişki vardır.

Mahalleden diğer bölgelere erişim konusunda, görüşmecilerin %62'si erişimin kolay olduğunu bildirmiştir. Bu konuda en olumlu değerlendirmeler Sakarya,

Dumlupınar, ve Baykal'da, en olumsuz olanlar Aşağı Maraş ve Karakol'da saptanmıştır. Mahalledeki trafik ile ilgili olarak, tüm görüşmecilerin ortalama %48'i yoğun trafiği sorun olarak belirtmiş, %16'sı orta derecede trafik olduğunu, %35'i ise az trafik olduğunu bildirmiştir. Sakarya, Dumlupınar, Karakol, ve Tuzla'da hane halkı temsilcilerinin yarıdan fazlası mahallelerindeki trafiği yoğun bulmaktadır.

Konutların bakımlılığı açısından en olumlu değerler, yerel halkın nüfusun çoğunluğu oluşturduğu Dumlupınar, Tuzla ve Baykal'da saptanmıştır. Konutların en bakımsız olduğu mahalle ise, tarihi dokuya sahip, ve daha düşük gelirli nüfusun yaşadığı Suriçi'nde saptanmıştır. Çok önemli bir kentsel miras olan Suriçi'nin, fiziksel dokusu iyileştirildikten sonra yeniden canlandırılması yoluyla sürdürülebilirliği gelecekteki politikaların en önemli hedefi olmalıdır.

Bahçeler ve yolların bakımı konusunda görüşmecilerin büyük çoğunluğu rahatsızlık ifade etmiş olup, en düşük değerler Suriçi, Aşağı Maraş, Karakol ve Çanakkale'de saptanmıştır. Araştırma kapsamında, anketörler tarafından her hanenin bulunduğu sokak peyzaj açısından değerlendirildiğinde de, sokaktaki bakımsız bahçe ve açık alanların %50 oranında görünüme egemen olduğu saptanmıştır.

Görüşmecilerin %43'ü konut yakın çevresinin kalabalık olmadığını bildirmiştir. Aşağı Maraş ve Tuzla'da elde edilen bulgular, bu iki mahallenin diğerlerine göre çok daha tenha olduğunu doğrulamıştır. Kentin güneyindeki Aşağı Maraş'ta, yerleşime kapalı bölgeye (Kapalı Maraş) bitişik olunması nedeniyle yeni yapılaşmanın diğer bölgelere göre çok daha az olması, Tuzla'da ise, plansız ve çok düşük yoğunlukla gerçekleşen yapılaşma dikkate alındığında, bu sonuçlar şaşırtıcı değildir.

Görüşmecilerin %45'i yoğun trafiğe dikkat çekmiş, yeşillik ve ağaç konusunda yarıdan çoğu (%59) olumsuz görüş bildirmiştir. Bu sonuçlara göre, Suriçi mahallesinde ağaç ve yeşilliğin yok denecek kadar az olduğu, Tuzla, Sakarya ve Karakol'da da ortalama değerlerin daha altında ağaç/yeşillik bulunduğu ortaya çıkmaktadır. Bu bulgulara göre, mahallenin kent içinde ya da dışında olması, alçak ve yaygın konutlardan, ya da 3-4 katlı apartmanlarda oluşması, eğitim ve gelir düzeyi, kişilerin çevrelerini yeşillendirmek (ağaç dikmek, vb.) yönünden farklı tavırlar benimsemelerini sağlayamamaktadır.

Yakın çevredeki güvenlik duygusu ile ilgili araştırmanın bulgularına göre, örneklem genelinde görüşmecilerin %72'i güvenli hissetmektedir. Çevreye zarar verenler (vandalizm) konusunda ise, görüşmecilerin yarıdan fazlası (%54) böyle bir sorunun bulunmadığını ifade etmiştir.

Öte yandan, otoparkların yeterliliği konusunda büyük bir sıkıntı yaşanmaktadır. Görüşmecilerin %59'u için otoparklar yetersiz olup, en büyük sıkıntı, Çanakkale,

Karakol, Tuzla, ve Suriçi'nde yaşanmaktadır.

Konut yakın çevresinde yaşayan insanların benzer yaşam standardında olması, iyi komşuluk ilişkileri, ve komşuların samimi kişiler olarak algılanması, yakın çevrenin sosyal boyutunun güçlenmesinde önemli etmenlerdir. İnsanların kendi yaşam standardında olup olmadığı sorulduğunda, görüşmecilerin yarıya yakını (%47) aynı yaşam standardında olduğunu ifade etmiştir. En fazla benzerlik, yerel halkın yoğunlaştığı Dumlupınar, Suriçi, Tuzla ve Baykal'da saptanmıştır.

Anket kapsamında en olumlu sonuçlar, komşuların değerlendirilmesiyle ilgili araştırmadan elde edilmiş olup, görüşmecilerin %72'si iyi komşulara sahip olduğunu düşünmektedir. Elde edilen bulgulara göre, mahallenin eski ya da yeni gelişen bir mahalle olması, kent merkezinde ya da dışında olması, kentsel dokunun yoğun ya da düşük yoğunluğa sahip olması, iyi komşuluk ilişkilerini önemli oranda etkilememektedir. Benzer geçmişe sahip olmak (yerel halk) ise bu ilişkilerin gelişmesinde belirleyici rol oynamaktadır.

Mahalle sorunlarının saptanabilmesi için, görüşmecilere hem sosyal hem de fiziksel çevre bağlamında sorular sorulmuştur. Bu kapsamda elde edilen bulgular, hem ayrı ayrı, hem de birleştirilerek incelenmiş, ve Gazimağusa ve mahalleleri için "tümel mahalle sorunları göstergesi" ve ayrıca "konut yakın çevresi sorunlar göstergesi" belirlenmiştir.

Burada saptanan fiziksel sorunlar, kente dışarıdan ilk kez gelenlerin de dikkatini çekmekte olup, kentin temiz ve bakımlı bir kent olarak algılanamamasına neden olmaktadır. Gerek halkın yaşam kalitesinin yükseltilmesi, gerek yansıyan olumsuz imgenin (imaj) düzeltilmesi için, söz konusu sorunlarla ilgili hizmetlerin gözden geçirilmesi gerekmektedir.

Tüm sorunlar dikkate alındığında, 1'in en olumsuz 5'in en olumlu değeri gösterdiği değerlendirme ölçeğine göre, Gazimağusa'daki "Tümel Mahalle Sorunları Göstergesi" 3.13'tür.

Konut yakın çevresi kapsamında fiziksel ve sosyal sorunların değerlendirilebilmesi için, yakın çevrenin gürültü düzeyi, konutların ve dış mekanların/yolların bakımlılığı, nüfus yoğunluğu, trafik yoğunluğu, güvenlik düzeyi, ve otoparklar ile ilgili sorunlar bir araya getirilerek, bir "Konut Yakın Çevresi Sorunlar Göstergesi" oluşturulmuştur. 1'in en olumsuz, 5'in en olumlu değeri göstermek üzere oluşturulan değerlendirme ölçeğine göre, Gazimağusa'daki "Konut Yakın Çevresi Sorunlar Göstergesi" 3.23'tür.

Komşuluk ilişkilerinin yoğunluğu, konut yakın çevresi kapsamında ortaya çıkan sorunların çözümlenmesinde önemli bir etmendir. İyi komşuluk ilişkileri toplumsal değerleri korumaya ve mahallenin bütünleşmesine katkıda bulunur. Bu nedenle, araştırmanın bu bölümünde, sosyal bağların gücü ve iletişimin sıklığı sorgulanmaktadır.

Konut yakın çevresi kapsamında sosyal bağlar, etkileşim ve aidiyet duygusu, sosyal bütünleşme ve toplumsal değerlerin korunması üzerinde doğrudan etkili olması nedeniyle önemlidir. Araştırmanın bu bölümünde, konut yakın çevresi kapsamındaki sosyal ilişkilerin ölçüsü, ve bu çevrede yaşayan arkadaş ve akrabaların yakınlığı ile ilgili sorulara verilen yanıtlar derlenmiştir.

Yakın çevre içinde yaşayan arkadaşların sayısı sosyal bağların nesnel göstergelerinden biridir. Akrabaların sayısı ise, mahallenin kuşaklararası karakteri ve genişlemiş aile nosyonunun var olup olmadığı ile ilgili fikir verir. Bu konular ayrı ayrı, ve birleştirilerek, bir konut yakın çevresi bağlılık göstergesi yaratılmıştır.

Örneklem genelinde, 1'in en az, 5'in en çok değeri gösterdiği ölçeğe göre yapılan değerlendirmeler sonunda elde edilen "Konut Yakın Çevresi Bağlılık Göstergesi" 2.62'dir.

Görüşmecilerin yakın çevrede yaşayan akraba ve arkadaşlarının sayıları karşılaştırıldığında, mahallenin eski ya da yeni olmasının komşuluk ilişkilerinde belirleyici olmadığını göstermektedir.

Konut yakın çevresinde "insan ölçeği" (human scale), o çevrede yaşayanların sosyal ilişki ve etkileşimleri için esas olup, yaşayanların adlarıyla tanınabildiği ölçek olarak açıklanır. Bununla ilgili bulgular, oldukça yüksek bir iletişim düzeyini göstermektedir. Mahalleler bazında değerlendirildiğinde en yüksek değerler Dumlupınar, Karakol ve Sakarya'da ortaya çıkmaktadır. Suriçi, Aşağı Maraş ve Tuzla'da tanışıklık oranının en yüksek düzeyde olmasına karşın, buralarda yaşayanların birbirini daha az ziyaret ettiği görülmektedir. Bu durum, bu mahallerdeki konut dokusunun özelliği (1-2 katlı sıra evlerin çoğunlukta olması), ve yerel iklimin 9-10 ay boyunca dış mekanı kullanmaya elverişli olması nedeniyle, yaşayanların kapı önlerinde ve bahçelerde birbiriyle sürekli iletişim içinde olmalarından kaynaklandığı söylenebilir.

Görüşmecilerin yakın çevrelerine ne kadar aidiyet hissettiklerini saptayabilmek için, "kendimi buraya ait hissedemiyorum", ve "komşularımız çok iyidir" önermeleriyle ilgili yanıtlarının ortalaması alınarak aidiyet duygusu (birleşik) göstergesi saptanmıştır. Örneklem genelinde, 1'in en az, 5'in en çok değeri gösterdiği ölçeğe göre yapılan değerlendirmeler sonunda elde edilen aidiyet duygusu (birleşik) göstergesi 3.5'dur, ki bu da iyiye yakın bir değerdir.

Dumlupınar ve Tuzla, aidiyet duygusu (birleşik) göstergesinin en yüksek olduğu mahallelerdir. Bu sonuçlar, mahallenin eskiliğinin ya da yoğunluğunun aidiyet duygusu oluşturmada önemli olmadığını, benzer gelir düzeyinin ve aynı ya da benzer toplumsal geçmişe sahip olmanın, aidiyet duygusunu olumlu yönde etkilediğini göstermektedir.

Genel anlamda mahalle duygusunun gelişip gelişmediğiyle ilgili görüşler, mahalledeki sosyal bütünleşmesinin önemli bir göstergesidir. Tüm semtler/mahalleler genelinde mahalle duygusu olduğunu söyleyenlerin oranı %57, yaşamak zorunda olduğu bir yer olarak nitelendirenlerin oranı ise %43'dür. Mahalle duygusunun en fazla oranda hissedildiği yerler Dumlupınar, Aşağı Maraş, Tuzla ve Baykal'dır.

Bu bulgulara göre, üniversite öğrencilerinin yoğunlaştığı Karakol, Sakarya ve Çanakkale'de mahalle ve yerel topluluk duygusunun daha az olduğu saptanmıştır. Benzer geçmişe ve kültüre sahip olmanın, mahalle duygusunun oluşmasında belirleyici olduğunu, konum, eskilik, ve yoğunluk özelliklerinin ise doğrudan belirleyici olmadığını söylemek olanaklıdır.

Burada açıklanan ve tartışılan bulgular işaret etmektedir ki, gelecekteki gelişme ve büyümeye ait yasal çerçeve, yerel sosyal-mekansal bağlama duyarlı yapısal çevrelerin oluşturulması, yenilenmesi, güçlendirilmesi ve yönetimi ile ilintili "kentsel tasarım" ölçeğinin dikkate alınması büyük önem taşımaktadır. Mimari ölçekte ise, tasarımcılar, yerel halkın yoğunlaştığı mahalle ya da komplekslerde, yerel sosyal-mekansal karakteristikleri dikkate alarak, mekansal çevrenin algısal zenginliğini ve kullanımını destekleyecek çabalar içinde olmalıdırlar. Bunun ötesinde, gelecekteki araştırmalar için genel bir yönlendirme olarak, konut alanları oluşturma politikalarının yaşayanların kendi yerel çevrelerini irdeleyebilmelerini önemseyen geniş bir hedefler dizisi oluşturması gerektiği söylenebilir.

Tümel Mahalle ve Yerel Yönetim

Gazimağusa'nın bir imar planı olmamasının da da etkisiyle, yapı denetimi gerektiği gibi yapılamamaktadır. Yapı inşaat ruhsatı alındıktan sonra, onaylı projeye ne kadar uyulduğu konusunda etkili bir denetim olmaması nedeniyle, binalara sonradan yapılan, ve bazen giriş katı seviyesinde caddeye/sokağa, ya da komşu binaya yaklaşan eklemeler - görsel ve işlevsel anlamda - rahatsızlık yaratmakta, bunlar bazen yaya kaldırımındaki yürüyüşü zorlaştırmaktadır.

Gazimağusa'da yaşam kalitesinin temel bileşenleri olan temizlik, su, ulaşım ve aydınlatma açısından önemli adımlar atılmış olmasına rağmen, yaşam ve çevre koşullarının evrensel planda çağdaş bir düzeye ulaştığını söylemeye olanak yoktur. Hizmetlerin, devlet, belediye ya da şirketlerce yerine getirilmesi de, bu aktörlerden her birinin gücüne ve beceri düzeyine göre hizmet kalitesini etkilemektedir. Örneğin, çöpler, özel bir şirket tarafından düzgün olarak toplanmakta, ve gömülerek yok edilmektedir. Bu konuda, ve sokakların iki yanında yerleştirilen, görsel ve çevresel kirlilik yaratan büyük çöp toplayıcı elemanlar yerine daha çağdaş çözümler araştırılmalıdır.

Çevresel kaynaklar ile ilgili olarak, Belediyenin ilk fırsatta araştırmaya başlaması gereken önemli bir konu, çağdaş bir kentte olması gereken 'geri-dönüşümlü' atık sisteminin başlatılması ve yaygınlaştırılmasıdır. Gelişmiş ülkelerdeki bazı kentlerde 4 ayrı maddenin (kağıt, cam, metal ve organik) ayrı ayrı toplanarak geri kazanıldığı dikkate alınırsa, bir üniversite kenti olan Gazimağusa'da kağıt malzemenin bile geri dönüşümünün yapılamaması, sürdürülebilirlik anlamında büyük bir kayıptır. Küresel ısınmanın gündemde olduğu bir dönemde doğal kaynakların hoyratça harcanmasına yol açan bu konuya gereken önem verilmelidir.

Su hizmeti ise, genel olarak devletçe karşılanmakta, ve bu konuda kentte büyük sıkıntı yaşanmaktadır. Belediyenin bu konuda özel bir şirketle anlaşma yaptığı öğrenilmiştir. Yakında yürürlüğe girecek olan bu anlaşmaya göre, "yap-işlet-devret" modeline uygun olarak, deniz suyundan su edinmek üzere bir arıtma tesisinin de kurulacak olması sevindiricidir. Kamu ulaşımı konusunda, belediyenin gücünün oldukça sınırlı olması nedeniyle, çok yetersiz bir tablo sergilenmektedir. Belediye tarafından yalnızca hastane ve bazı eğitim kuruluşlarına sefer yapan, ve oldukça eski otobüslerle hizmetin verdiği hatlar dışında, diğer hatlardaki ulaşım hizmeti özelleştirilmiş olup, hizmetlerin kapsam ve düzeyi oldukça zayıftır.

Örneklem kapsamında alınan sonuçlara göre, yolların ve kamu alanlarının kötü olduğunu söyleyenlerin oranı yarıya yakın olup (%47), çöp toplama sistemi konusunda daha olumlu değerlendirmelerde bulunulmuştur (%67 iyi).

Gazimağusa'nın yıllardır bilinen susuzluk konusu, ortak bir sorun olarak tüm kesimlerce kabul edildiği ve sıkça basında da yer aldığı için, anketlerde bununla ilgili bir soru sorulmamış, ancak anketörlerin görüşmeleri ve daha sonra yaptığımız denetimler sırasında sıklıkla şikayet konusu olmuştur.

1'in en az, 5'in en çok değeri gösterdiği ölçeğe göre yapılan değerlendirmeler sonunda, tüm hizmetlerle ilgili bulgular birleştirilerek elde edilen Belediye Hizmetlerini Değerlendirme Göstergesi 2,79'dur.

Araştırma bulgularına göre, görüşmecilerin tamamına yakını (%98) için belediye kentin planlı gelişmesinde ve çarpık kentleşmenin düzeltilmesinde etkin rol oynamalı, ve yolların ve kamu ulaşımının gelişmesi için daha fazla para harcamalıdır.

Güvenlik

Mahalleden genel memnuniyetin belirlenmesinde, orada yaşayan insanların ne düzeyde güvenli hissettiği önemli rol oynar. Görüşmecilerin %69'u mahallelerinde suç işlenme oranı ile ilgili olarak, böyle bir bir sorunun hiç olmadığını, ve %22'si çok az olduğunu, %6'sı biraz olduğunu, ve %3'ü önemli derecede olduğunu ifade etmiştir. Özellikle, kentin diğer kısımlarından pek çok açıdan soyutlanmış olan Suriçi'nde en fazla oranda (%89) "sorun yoktur" yanıtının alınması dikkat çekicidir.

Görüşmecilere bölgenin güvenliğinden ne derece memnun oldukları sorulduğunda, %84'ü memnun ya da çok memnun, %8'i ne memnun ne değil, %8'i ise memnun değil ya da hiç memnun değil yanıtını vermiştir. Ancak, gece ve gündüz güvenlik algısı arasında farklar saptanmış olup, kadınların gece dışarı çıkması açısından mahallenin ne derece güvenli olduğu konusunda da bazı mahallelerde zaafiyetler söz konusudur.

Katılım

Bireylerin yaşadıkları mahalledeki yerel topluluğa katılımlarının, yaşadıkları yer ile ilgili düşüncelerine ne derece bağlı olduğunu anlamak önemli konulardan biridir. Gelecekte iyi bir topluluk yaşamının ve katılımın gerçekleşmesinde rol oynayan bileşenlerin saptanabilmesi için, insanların mahalledeki topluluğa ne ölçüde katılım gösterdiği anlaşılmalıdır.

Gözlemlerimize göre, Gazimağusa'da, diğer KKTC'deki diğer kentlerde olduğu gibi, en büyük sorunlar apartman yaşamında ortaya çıkmaktadır. Bu da, apartman türü yerleşimlerin ilk kez 1980'li yılların ortalarında kentlerde yerini almaya başlamış olmasıyla açıklanabilir. Araştırmadan elde edilen bulgulara göre, görüşmecilerin %26'sının son bir yılda komşularla toplanarak mahalledeki bir sorunu tartıştığı, %23'ünün belediyeyi aradığı, ve %7'sinin belediyede / üniversitede, vb. bir atölye çalışmasına katıldığı görülmektedir.

Bu noktada, daha önce bağımsız, bahçeli evlerde yaşama dayalı konut kültüründen, aynı çatı altında, çok katlı apartman yaşamına geçişin yarattığı sorunların (apartman ve çevresinin bakımı, görüntü kirliliği, ses kirliliği, koku, vb.), komşular tarafından birbirine saygılı ve duyarlı bir şekilde sahip çıkılıp çözülmeye çalışıldığı ortamların az olduğu gözlemlenmektedir. Türkiye'deki büyük kentlerde uzun zamandır kurumlaşmış olan "apartman yöneticiliği" de KKTC'de henüz uygulanmaması bu tür sorunların devam etmesine neden olmaktadır. Bunun yanısıra, apartmanlarda yaşayanların, mevcut Kat Mülkiyeti Yasası'ndan haberdar olmamaları nedeniylehemen hemen hiç bir apartmanda sorunların çözümünde yasaya başvurulmamaktadır (FERİDUN, 2006). Eğer daire sahiplerine tapu verilirken, "Kat Malikleri Kurulu"nun yasa hükümleri gereğince kurulması ve tapuda dosyalanması sağlanırsa, bu tür sorunların önüne geçilebilir.

İstihdam

İstihdam, bireylerin, ailelerin ve mahallelilerin fiziksel ve sosyal çevre bağlamında yaşam kalitesinin temel bileşenlerinden biridir. Çalışmanın ya da çalışmamanın yarattığı ekonomik pozisyon, görüşmecilerin yaşam kalitesini doğrudan etkiler. Öte yandan, iş güvenliği ve çalışma süresi ile ilgili stres de yaşam kalitesini etkiler.

KKTC'de 30 Nisan 2006'da yapılan Nüfus ve Konut Sayımı sonuçlarına göre Gazimağusa'daki (merkez) işsizlik oranı %8.7, örneklem kapsamındaki işsizlik oranı %3 tür (2007 yılı sonu). İki yıl arasındaki bu farklılık ve düşüşün nedeni, o dönem söz konusu olan Annan Planı nedeniyle, adanın iki tarafının birleşme umudunun artması, ve emlak değerlerinde büyük artış beklentisinin doğması paralelinde, inşaat sektöründeki büyümenin reel ekonomik büyümenin yaklaşık 3 katına ulaşmasının emek piyasasında işsizliği inşaat sektörü lehine azaltmasıdır. Küçük ada ekonomileri bağlamında hizmetler sektörünün KKTC ekonomisinde öne çıkması, ölçek ekonomisinin hizmetler sektöründe emeği ön plana çıkarması, özellikle turizm, yüksek öğretim sektörü (üniversiteler) ve inşaat sektörlerinde emeğe dayalı üretimin emeğe olan talebi artırması, ve bunun sonucunda ücretlerde reel olarak bir artış gerçekleşmesi, ve bunun işe girme talebini artırmasıdır. Ne var ki, buradaki artış KKTC ekonomisinin üzerinde olan bir artış olup, sürdürülebilir değildir. Bunun sürdürülebilirliğinin sağlanması için, ekonomik büyümenin %5-7 civarında olması, ve ücretlerdeki reel artışın da yıllık enflasyon ve reel ekonomik büyüme oranına paralel bir artış göstermesi gerekmektedir.

Çalışanlar arasında kadınların oranı %38 olup, bu da gelişmekte olan ülkelerdeki oranlarla karşılaştırıldığında olumlu değerlendirilebilecek bir orandır. İşsizler arasında kadınların oranı (ev kadını olanlar dışında) ise % 30'dur. Görüşmecilerin önemli bir bölümünü (%40) çalışanlar, kalan kısmını da öğrenci (%24), ev kadını (%18) ve emekliler (%14) oluşturmaktadır.

Görüşmecilerin yarıdan fazlasını çalışan kesimin oluşturduğu mahalleler Baykal, Tuzla, ve Aşağı Maraş'tır. Emeklilerin egemen grubu oluşturduğu mahalle Suriçi, öğrencilerin egemen olduğu semtler ise Karakol, Çanakkale ve Sakarya'dır. DAÜ öğrencilerinin de-facto nüfusun önemli bir kısmını oluşturduğu dikkate alınırsa, gelecekteki konut planlamasında bununla ilgili yönlendirmeler yapmak zorunludur. Bu grubun tercihi çoğunlukla kent içi, orta yoğunlukta, apartman yerleşimlerinden oluşan bölgelerdir. Konut düzenlemelerinde, genç nüfusun yaşamını destekleyeci hizmetlere ve yaşama mekanlarına yer verilmesi gerekmektedir.

Örneklem kapsamındaki görüşmecilerin %60'ı hizmetler sektöründe, %34'ü kamu sektöründe, %3'ü toptan ve perakende ticaret sektöründe, ve %3'ü imalat endüstrisi sektöründe çalışmaktadır.

1'in en az, 5'in en çok değeri gösterdiği ölçeğe göre değerlendirildiğinde, iş ya da okuldan memnuniyet derecesi 3.70'dir, ki bu da 'iyi'ye yakın bir değerdir. Gelir düzeyi yükseldikçe, işten memnuniyet düzeyi anlamlı şekilde yükselmektedir.

Alışveriş

Araştırmanın gıda alışverişi ile ilgili bulgularına göre, görüşmecilerin yarısı alışverişini süpermarketten, diğer yarısı ise mahallesindeki market ve bakkallardan yapmaktadır. Kentin kendi kendine yeterliliğine (sürdürülebilirliğine) ve sağlıklı beslenmeye katkıda bulunan, üreticiden tüketiciye doğrudan satışın gerçekleştiği açıkhava pazarları, bugün en gelişmiş ülkelerde bile teşvik edilen düzenlemelerdir. Çağdaş kentlerde, bu nedenle özel açık hava pazarları projeleri geliştirilmekte, ve toplu taşıt araçlarıyla kolay ulaşılır hale gelmeleri sağlanmaktadır. Araştırmada elde edilen bulgulara göre, Gazimağusa'nın bugünkü koşullarında, görüşmecilerin sadece %30'u pazardan alışveriş etmektedir. Bunun daha yaygın hale getirilmesi için, kent pazarı daha çağdaş bir hale getirilmeli, temizlik ve bakımına, ve buraya hizmet veren otoparkın denetimine özen gösterilmelidir.

Araştırma bulgularına göre, görüşmecilerin %40'ı giyim alışverişlerini Gazimağusa'daki mağaza ve butiklerden yapmaktadır; bu oran, giyim alışverişiyle ilgili olanakların 15 yıl öncesinin koşullarına göre çok gelişmiş olduğunu kanıtlamaktadır. Ne var ki, mağazaların kentte dağınık bir şekilde yer almaları, ve taşıt ve yaya trafiği yaklaşımı açısından düzenli bir ortam sunmamaları, daha verimli bir şekilde kullanılmalarını engellemektedir. Bundan sonraki kentsel planlama/tasarım çalışmalarında, Akdeniz iklimine uygun yarı-açık mekanlar etrafında kurgulanan, ve abartılı büyüklükte olmayan çok işlevli alışveriş merkezlerine yer verilmesi, hem çağdaş bir gereksinmeyi karşılayacak, hem de bir üniversite kenti olarak Gazimağusa'nın çekiciliğini artıracaktır.

Rekreasyon (Dinlence-Eğlence) ve Kültürel Etkinlikler

Kentsel çevre içinde kamuya açık mekanlar, özellikle rekreasyon (dinlence-eğlence) alanları, yaşayanlar için bir nefes alma aracı olup, kentin bileşenlerinin daha yaşanabilir ve sürdürülebilir olmasına katkıda bulunurlar. Bu mekanlar, aynı zamanda kentliler arasındaki sosyal iletişim ve etkileşimin gerçekleştirilebildiği yerlerdir.

Bir kentteki yeşil alanlar, insanları birbirinden ayırmadan etkinliklerini gerçekleştirebilmelerine, iklimsel konforun yaratılmasına, ve ekolojik çeşitliliğe katkıda bulunurlar. Bu nedenlerle, bu bölümde öncelikle yeşil alanların ve ilgili hizmetlerin yeterlilikleri, ve kentsel yaşam kalitesi üzerindeki etkileri irdelenmiştir.

Araştırma bulgularına göre, Gazimağusa'daki rekreasyon alanlarından memnuniyet düzeyi oldukça düşüktür (%52). 1'in en az, 5'in en çok değeri gösterdiği ölçeğe göre değerlendirildiğinde, Gazimağusa için elde edilen Çevredeki Rekreasyon Alanlarından Memnuniyet Göstergesi 2.35'dir.

Gazimağusa'da hem kent ölçeğinde, hem de mahalleler kapsamında, parkların sayı, büyüklük ve nitelikleri açısından büyük eksiklikler söz konusudur. Kent halkının gereksinmesini karşılayabilecek büyüklükte ve donatıda bir kent parkı yoktur. Mevcut yeşil alanlar kent bütününe küçük lekeler halinde dağılmış olup, büyük çoğunluğu bakımsızlık içindedir. Kent imgesi açısından, görüşmecilerin yarısının (%51) Gazimağusa'yı yeşil bir kent olarak görmemesi, ve yarıdan fazlasının (%56) son bir yıl içinde hiç parka gitmemiş olması, bu savlamayı doğrulamaktadır. Öte yandan, görüşmecilere, çağdaş bir kentte bulunması gereken yedi özelliği kapsayan listede, bulunmasını arzu ettikleri sorulduğunda, en fazla onay alan özellik "yeşil parkların varlığı"dır (%86). Bunun yanısıra, görüşmecilerin yarıdan fazlası (%60) parklara gitmenin yaşam kalitesini artırmakta önemli rol oynadığı görüşündedir.

Bu bulgu ve bilgiler ışığında, kentlerin nefes alma yerleri olarak değerlendirilen yeşil alanların ve parkların, Gazimağusa'nın (ileride hazırlanması umud edilen) yeni gelişme planlarında ve stratejilerinde mutlaka yerini alması gerekmektedir. Bunun yanısıra, mevcut işlevsiz açık alanlar yeni projelerle iyileştirilerek halkın hizmetine sunulabilir. Örneğin, Suriçi'ni çevreleyen duvarlar boyunca devam eden hendek alanı, tarihi mirasa zara vermeden oluşturulabilecek bir pasif yeşil alana (yürüyüş yapmaya ve bisiklet kullanımına uygun, doğal bitki örtüsünün egemen olduğu bir peyzaj tasarımı) dönüştürülebilir. Anıt Park yeniden tasarlanarak etkin bir niteliğe kavuşturulabilir. Bazı mahallelerdeki yeterli büyüklüğe sahip boş yeşil alanlar, tüm kente hizmet verecek bir niteliğe kavuşturulabilir. Mevcut durumuyla, bakımsız bir göl etrafında seyrek bir ağaçlık durumunda olan orman alanı ise, bir doğal kent parkına dönüştürülerek kentin rekreasyonel yaşamına çok önemli katkılarda bulunabilir. Ne var ki, bu tür park ve açık alanlar tasarlanırken dikkat edilecek konu, tasarımın fiziksel donatısının tasarımıyla sorunun çözülmediğinin, uygun konum, yürüyerek (ve kamu ulaşımıyla) erişilebilirlik sağlanmadıkça, ve farklı işlevlerle desteklenmedikçe, KKTC kentlerindeki pek çok 'yeşil alan' gibi, kullanımsızlığa ve bakımsızlığa mahkum olacaklarının bilinmesidir.

Görüşmecilerden, çocukların oynadıkları alanları değerlendirmeleri istendiğinde, memnuniyet oranı daha da azalmaktadır. Görüşmecilerin arıdan fazlası (%62) yakınlarında çocukların oynayabileceği bir park ya da çocuk bahçesi olmadığını belirtmiştir. Çocukların oynadığı alanlardan memnun olmayanlar ise önemli bir orana (%60) sahiptir. En düşük memnuniyet düzeyi Tuzla, Suriçi, Çanakkale, ve Karakol'da saptanmıştır. Bu bulgulara göre, mahallenin eski ya da yeni olması, düşük ya da yüksek yoğunluğa sahip olması ile çocuk oyun alanlarından memnuniyet arasında bir bağıntı yoktur. Özellikle Tuzla'daki gibi düşük yoğunluklu toplu konut siteleri tasarlanırken, her siteye mutlaka uygun konum, tasarım ve donatıya sahip bir çocuk oyun alanı önerilmeli, mevcut kullanımsız oyun alanları ise iyileştirilerek etkinleştirilmelidir.

Sağlıklı yaşam için son derece önemli olan rekreatif yürüme alışkanlıkları irdelendiğinde elde edilen bulgulara göre, Gazimağusa'da bu alışkanlığı kazananların oranı oldukça düşüktür. Görüşmecilerin sadece %37'si normal bir haftada spor ya da ekzersiz amaçlı olarak, kesintisiz en az 10 dakikalık yürüyüş yaptığını ifade etmiştir. Görüşmeciler arasında son bir yılda sahilde yürüyüş yapanların oranı (%51) dikkate alındığında, bir liman kenti olan Gazimağusa'daki sahilin, halkın yarısı tarafından kullanılmadığı anlaşılmaktadır. Öte yandan, görüşmecilerin %82'si, Gazimağusa sahilinde daha fazla etkinlik ve hizmet olsa daha sık gideceğini ifade etmiştir. Bu bulgular, Gazimağusa'nın "denize küs sahil kenti" imgesinin hala devam ettiğini kanıtlamaktadır. Kentin kamusal kullanıma açık tek kıyısına sahip Laguna bölgesinde Gazimağusa Belediyesi tarafından iki yıl önce inşa edilen tesisler de, işlev çeşitliliği açısından yetersiz kalması nedeniyle istenen kullanım ve canlılığı sağlayamamaktadır. Kentin dinlence ve eğlence açısından odak noktası ve prestij merkezi olma potansiyeli olan bu çok değerli bölgenin, çok daha kapsamlı bir şekilde, bütüncül bir kentsel tasarım ve iyileştirme projesi olarak yeniden ele alınması gerekmektedir.

Öte yandan, Gazimağusa'dan eşsiz denizi ve kumsalı olan plajlara kolaylıkla erişim şansı bulunmasına karşın, görüşmecilerin %26'sının son bir yıl içinde hiç plaja gitmemiş olması, ve genelde plaja ulaşım, vb. ile ilgili herhangi bir eleştiride bulunmamaları, Gazimağusa'da yaşayanların denizle ilişkisinin sınırlı olduğunu, ve bununla ilgili beklentilerin ön planda olmadığını göstermektedir.

Kültürel olanaklar açısından, görüşmecilerin %44'ü Gazimağusa'da çok sayıda kültürel faaliyet olduğunu, %30'u bu konuda kararsız olduğunu, %26'sı ise olmadığını düşünmektedir. 1'in en az, 5'in en çok değeri gösterdiği ölçeğe göre değerlendirildiğinde, Gazimağusa için elde edilen Kültürel Olanaklar Göstergesi 3.17'dir.

Cinsiyet ve yaş etmeninin kentteki kültürel etkinliklerinin değerlendirilmesinde rol oynamadığı saptanmıştır. Gazimağusa'da henüz uygun donanıma sahip bir kültür merkezinin bulunmaması, konserlerin çoğunlukla akustiği uygun olmayan okul salonlarında yapılması, vb. kültürel etkinliklerin olumlu bir şekilde değerlendirilememesinin önemli nedenlerinden biridir. Araştırma bulgularına göre, görüşmecilerin %67'si son bir yıl içinde bir festival/sergi/konser etkinliğine katılmış, ve Doğu Akdeniz Üniversitesi kampusunda gerçekleştirilen festival/sergi/konser etkinliklerine katılmıştır. Gazimağusa Belediyesi tarafından her yaz gerçekleştirilen kültür ve sanat festivali, bu anlamda çok önemli bir katkı olsa da, bu tür etkinliklerin, öğrencilerin de kentte bulunduğu yıl içine yayılmasına gereksinme vardır. Gazimağusa Belediyesi ve Doğu Akdeniz Üniversitesi işbirliğiyle (ve Türkiye Cumhuriyeti desteğiyle) kazandırılan Kültür Merkezinin inşaatı devam etmektedir. Eğer bu büyük kompleks kentin dışındaki konumuna rağmen iyi bir şekilde yönetilirse, önemli bir gereksinmeye yanıt vermiş olacaktır.

Son bir yıl içinde konser ve tiyatroya gidenlerin oranı %52, sinemaya gidenlerin oranı sadece %41'dir. Sinema, Suriçi'nde yaşayan görüşmecilerin yaşamına hemen hemen hiç girmemiştir; bunun, yaş ortalamasının yüksekliğiyle ilgili olduğu kabul edilebilir. Öte yandan, Tuzla ve Baykal'da sinemaya gidiş oranının ortalama değerden daha az olması, sinemaya gidiş oranının, hane gelir düzeyi ve kentteki konum ile ilişkisinin olmadığını ortaya koymaktadır.

Gazimağusa'da mevcut olan tek sinemanın, özellikle öğrenciler açısından daha işlevsel ve çekici hale gelmesi için, başka rekreatif işlevlerle desteklenmeli, ve yakın çevresi bakımlı hale getirilmelidir. İklimsel uygunluk ve halkın dışa dönük "Akdenizli" karakteri dikkate alındığında, uygun yerlerde oluşturulabilecek çağdaş açık hava sinemaları, halkı sinemaya ısındırmak ve kentteki sosyal yaşamı canlandırmak için etkili olabilir. Suriçi'nde uzun yıllardır kullanılmayan bir açık hava sineması mevcut olup, çevresiyle birlikte iyileştirilip diğer rekreatif (kafe, bar, vb.) işlevlerle desteklenirse, tarihi merkezin gece yaşamının canlandırılmasına katkıda bulunacaktır.

Bunların yanısıra, kentin kültürel imgesine ve dinamiğine olumsuz yansıyan bir konu, üniversitenin büyümesiyle kente eklenen pekçok yeni işlev/etkinlik arasında, bir büyük kırtasiye mağazasının kitap reyonu sayılmazsa, tek bir kitapçı dükkanının bile açılmamasıdır. Benzer şekilde, sanat galerisi, ya da çağdaş semt kütüphaneleri de bulunmamaktadır. Bu işlevlerle ilgili beklentiler, görüşmecilerin %68'i tarafından ifade edilmiştir.

1'in en az, 5'in en çok değeri gösterdiği ölçeğe göre değerlendirildiğinde, Gazimağusa için Boş Zamanları Değerlendirme Olanakları Göstergesi 3.38'dir.

Araştırma bulgularına göre, son bir yıl içinde Suriçi'ndeki lokanta, kafe, bar, vb. gibi yerlere gidenlerin oranı %54, kentin yeni kısımlarında lokantaya/kafeye/bara gidenlerin oranı ise %60'tır. Gazimağusa'ya 80 km. uzaklıkta bulunan turizm merkezi Girne'ye bu amaçlarla gidenlerin oranı ise %40'dır. Bu değerlere göre, çok önemli bir kentsel ve mimari mirası barındıran Suriçi'nin özgün ve canlı bir rekreasyon alanı yaratma potansiyelinin kullanılamadığı açıktır. Son beş yıl içinde, daha önceki yıllara göre bazı yeni mekanlar (lokanta, kafe, vb.) hizmete girmiş olsa da, bunların sadece merkez ve çevresinde yoğunlaşması, Suriçi genelinde etkili bir gece-gündüz kullanımının gerçekleşmesine yetmemekte, ve tarihi merkezin "yaşamayan merkez" imgesiyle algılanmaya devam etmektedir.

Sağlık

Günümüzde ortaya çıkan pek çok toplumsal sağlık sorunu, kentlerdeki yaşam çevresinin özellikleriyle doğrudan ilişkili olabilmektedir. Özellikle, yaşanan çevrenin gün içinde yürüme etkinliğini ve dış mekan etkinliklerini destekler nitelikte olması, en çok önemsenmesi gereken konulardan biridir. Bu tür etkinlikler, obezitenin önlenmesini, kardiyovasküler sağlığın korunmasını, ve psikolojik oalrak daha iyi hissetmeyi (ve ayrıca yerel topluluk etkileşiminin güçlenmesini ve yaşanan yere bağlılığın artmasını) sağlarlar.

Kronik hastalıklarla ilgili araştırmadan elde edilen bulgulara göre, görüşmecilerin dörtte biri kendilerinin ya da ailelerindeki diğer bireylerin yüksek tansiyon sorunu yaşadığını, dörtte biri aşırı sinir, ve sekizde biri ise astım sorunu yaşadığını ifade etmiştir.

Genel olarak sağlıklarından memnuniyetlerini değerlendirmeleri istendiğinde, görüşmecilerin %76'sı memnun olduğunu ifade etmiştir. Ailelerinde, söz konusu sağlık sorunlarından en az birine sahip olan görüşmecilere, bu durumun yaşamlarını ne derece etkilediği sorulduğunda, yarısı (%50) çok etkilediğini ifade etmektedir. Araştırma bulgularına göre, görüşmecilerin genel olarak sağlıklarıyla ilgili düşünceleri ve yaşamdan memnuniyetleri arasında anlamlı bir ilişki vardır; bu da, bireylerin sağlık durumlarının yaşamdan memnuniyetlerini olumlu yönde etkilediğini göstermektedir.

Yerel sağlık kuruluşlarından genel olarak memnun olduklarını ifade eden görüşmecilerin oranı yarıdan azdır (%45).

Eğitim ve okullar

Eğitimin, bir toplumun yaşam kalitesinin belirlenmesindeki önemi büyüktür. Eğitim düzeyinin yükselmesi, kentsel çevre ve kentsel yaşam kalitesiyle ilgili beklenti düzeyinin yükselmesini, ve böylece kentteki tüm tarafların daha iyi bir yaşam çevresine kavuşma doğrultusunda çaba harcamasını teşvik eder. Gazimağusa'da Yaşam Kalitesinin Ölçülmesi başlıklı araştırmamızda da, algılanan eğitim kalitesi değerlendirilmekte, ve eğitimle yaşam kalitesi arasındaki ilişki anlaşılmaya çalışılmaktadır. Bu kapsamda zorunlu ilköğretim ile ilgili algılanan eğitim düzeyi irdelenmiştir.

İlköğretim düzeyinde çocukları olan görüşmecilerin %78'inin çocukları devlet okuluna, %22'sininki özel okula gitmektedir. Çocuklarını devlet okuluna gönderen görüşmecilerin önemli bir bölümü, maddi nedenlerle özel okula gönderemediklerini ifade etmektedir.

Okuldaki güvenlikle ilgili olarak, okulda diğer çocuklar tarafından rahatsız edildiği için okula gitmeyen çocukları duyan görüşmecilerin oranı oldukça yüksektir (%41); %22'sinin kendi çocuklarında da bu korku oluşmuştur. Bu korkunun en fazla ifade edildiği mahalleler Tuzla, Karakol ve Çanakkale'dir.

Görüşmecilere , yaşadıkları mahallenin civarında çocukların gittiği devlet okullarının kalitesi hakkındaki görüşleri sorulduğunda, sadece %32'si olumlu değerlendirmelerde bulunmuştur.

Kentsel değerlendirme ve çevre bilinci
Suriçi'ndeki sosyal-kültürel-rekreatif etkinlikleri içeren bir liste sunularak, son bir yıl içinde bunlara gidip gitmedikleri sorulduğunda, görüşmecilerin yaklaşık yarısının son bir yıl içinde Suriçi'ndeki lokanta, bar ve kafelere gittiği, yarısının ise gitmediği belirlenmiştir. Sonuçlara göre, hane gelir düzeyi ve mahallenin kent içindeki konumu (merkezi olma) ile tarihi merkezdeki rekreatif tesisleri kullanım arasında doğrudan ilişki söz konusudur. Etkinliklere katılım düzeyi istihdam durumuna göre incelendiğinde, çalışanların yarıdan fazlasının, öğrencilerin ise dörtte üçünün son bir yılda Suriçi'ndeki lokanta, bar ve kafelere gittiği, diğer grupların ise daha az yoğunlukla buralara gittikleri saptanmıştır.

Görüşmecilerin tamamına yakını (%90), canlı bir kent merkezinin kentteki yaşam kalitesini artıracağı düşüncesine katılmaktadır. Bunun yanısıra, kentte yaşayanlar, Suriçi'nde daha fazla aktivite ve hizmet olsa daha sık gideceğini belirtmiştir. Bu bulgular ışığında, tarihi Suriçi'nde yaşayan halkın bulunduğu çevreye aidiyet duygusunu geliştirmek, bölgenin yerel ekonomisini güçlendirmek, özgün yerel karakterini korumak, ve hem kent halkı hem de kentin konukları için çekici hale getirmek için, bölgede yaşayanların doğrudan katılımlarıyla yürütülecek geleneksel sanat ve rekreasyon etkinlikleri (hasırcılık, seramik, dantel, vb. için sanat evleri, yerel yemek pişirme kursları ve yerel yemekler sunan lokantalar, kadın kahveleri, sosyal merkezler, vb.) devlet tarafından teşvik edilmeldir.

Üniversitelerin bulundukları kentle ve kent toplumuyla ilişkilerinin gelişmesi her iki tarafın da yararına olan bir konudur. Araştırma bulgularına göre, görüşmecilerin büyük çoğunluğu (%92) Doğu Akdeniz Üniversitesinin kent ekonomisine olumlu katkıda bulunduğuna, ve kentin kültürel ve entellektüel yaşamına katkıda bulunduğuna inanmaktadır (%82). Üniversitenin kendilerinin ve ailelelerinin sosyal yaşamına rekreasyonal aktivitelerle katkıda bulunduğunu düşünenlerin oranı da dikkat çekici düzeydedir (%64).

Öte yandan, kentsel çevre sorunları ile ilgili sorulara verilen yanıtlar irdelendiğinde, Gazimağusa, görüşmecilerin %58'i tarafından kamusal ulaşımın düzeyi ile, %40'ı tarafından doğal çevre ile, %32'si tarafından tarihi çevrenin korunması ile, %50'si tarafından yeşil alanların miktarı ile ilgili sorunları olan, ama çoğunluk tarafından (%76) güvenlik konusunda sorunu olmayan bir kent olarak algılanmaktadır.

Görüşmecilerin %86'sı, gelişmiş ve güvenilen bir toplu ulaşım sisteminin kentteki yaşam kalitesini artıracağını düşünmektedir.

Sürdürülebilir planlamanın yadsınamaz önceliği, toplumların doğal çevreyle çok daha barışık bir biçimde yaşamalarına yardımcı olmaktır. Bu da birkaç boyutu içerir. Bunlardan biri, var olan yabani dokunun, canlıların ve ekosistemlerin korunmasıdır. Öteki, çevrenin zarar görmüş olan bileşenlerinin etkin bir biçimde onarmaktır.

Kent içinde belirli zonlar oluşturan yeşil alanlar ve parklar dışında, kentin tüm bölgeleriyle organik bir şekilde bütünleşen yeşil ögelerin (ağaçlar ve diğer bitkiler), kentsel ekolojiye katkısı büyüktür. Gazimağusa'nın bugünkü görünümü, yaşayanların zihinlerinde yeşil bir kent imgesi oluşturmaktan çok uzaktır. Gazimağusa İmar Planının henüz tamamlanamamış olması nedeniyle egemen olan plansız kentleşmenin yarattığı baskılar yeşil alanların zarar görmesine, denetlenememesine, ve her geçen gün miktarlarının biraz daha azalmasına neden olmaktadır. Kentin sokaklarının çoğunluğu ağaçsız, ve betonarme yapıların egemen olduğu bir görünümü yansıtmaktadır. Düzensiz kentleşme nedeniyle arada kalan ve henüz yapı inşa edilmemiş, bakımsız boşluklar, görünümü çok daha olumsuz hale getirmektedir.

Örneklem kapsamında görüşme yapılan hanelerin bulunduğu sokaklar anketörler tarafından çeşitli boyutlarıyla değerlendirildiğinde, sokakların yarıdan fazlasında (%58) hiç büyük ağaç bulunmadığı, çoğunluğunda (%83) ise ağaçlandırma yapılmadığı belirlenmiştir.

Burada elde edilen veriler, yeşil bir kent olma durumu ile yaşam kalitesi algısı arasında, anlamlı bir bağıntı olduğunu göstermektedir.

Gazimağusa'daki yaşam kalitesinin genel değerlendirmesi ve beklentiler

Genel olarak Gazimağusa'daki yaşam kalitesini nasıl değerlendirdikleri sorulduğunda, görüşmecilerin %47'si ne iyi ne kötü, %40'ı iyi ya da çok iyi, %13'ü iyi değil ya da hiç iyi değil şeklinde yanıtlamıştır. 1'in en az, 5'in en çok değeri gösterdiği ölçek kullanılarak yapılan değerlendirmelere göre, Gazimağusa genelinde Yaşam Kalitesi Göstergesi 3.29'dur.

Öte yandan, genel yaşam kalitesi, doğum yerine göre (KKTC, Türkiye, ve Dış ülkeler) farklılaşan gruplar tarafından değerlendirildiğinde, görüşmeciler arasında önemli bir fark olmadığı saptanmıştır. Aynı şekilde, istihdam durumuna göre farklı farklılaşan gruplar tarafından değrelendirildiğinde de önemli farklılıklar söz konusu değildir.

Gözlemlere dayalı olarak, kent içinde eksikliği hissedilen ve çağdaş bir kentte olması gereken olanakları/tesisleri içeren bir liste sunularak seçim yapmaları istendiğinde, görüşmecilerin %86'sı yeşil parklar, %79'u düzenli kaldırımlar ve yaya bölgeleri, %78'i gelişmiş toplu ulaşım sistemi, %76 bisiklet yolları, %68 kitapçılar, %68 çağdaş semt kütüphaneleri, ve %68 sanat galerileri olması konusunda özlemlerini belirtmişlerdir.

Görüşmeciler, yaşadıkları konut çevresini bazı açılardan olumlu bulmalarına karşın Gazimağusa'yı önemli çevresel sorunları olan bir kent olarak algılamaktadırlar. Araştırma sonuçlarına göre, "Gazimağusa etkin bir kamu ulaşımına sahiptir", "Gazimağusa'nın doğal değerleri korunuyor", "Gazimağusa yeşil bir kent sayılır", "Gazimağusa çevre sorunlarını çözmüş bir kenttir", "Gazimağusa'da çok sayıda kültürel faaliyet vardır", ve "Gazimağusa'nın tarihî değerleri korunuyor" önermeleri göreli olarak düşük düzeyde onay alırken; "Gazimağusa güvenli bir şehirdir", "Gazimağusa daha yaşanabilir bir yer olursa, kentin ekonomisi de güçlenir", ve "gelişmiş ve güvenilen bir toplu ulaşım sistemi kentteki yaşam kalitesini artırır" önermeleri göreli olarak çok daha yüksek düzeyde onay almıştır.

Örneklem genelinde görüşmecilerin çoğunluğu fiziksel çevre, toplu ulaşım, ve belediye hizmetleriyle ilgili konularda şikayetçi olmasına karşın, önemli bir kısmı (%48) kentin gelecekteki yaşam kalitesinin daha iyi olacağını, %40'ı aynı kalacağını, %12'si ise daha kötü olacağını düşünmektedir. Bu durum, psikolojik bir olgu olarak kabul edilerek, "bilişsel çelişki" kuramıyla açıklanabilir. Öz olarak, insanların hizmetlerden memnun olmadıkları halde kentin geleceğinden hala ümitli olmaları bilişsel bir çelişki yaratır. Bu çelişkiyi gidermenin yolu, "ben herşeye rağmen gelecekteki gelişmeler konusunda umutluysam, bu kenti seviyorum" şeklinde bir gerekçeyi anlaşılır bir neden olarak kabul etmektir.

Bunun yanısıra, görüşmecilerin çoğunluğu, çevre kalitesi artacaksa, okulların kalitesi artacaksa, kültür ve sanat etkinlikleri artacaksa, tarihi çevre korunacaksa, gelecek için tarım alanları ve doğal alanlar korunacaksa, kamu ulaşımı iyileşecekse, daha fazla park ve dinlence-eğlence tesisi olacaksa, ve trafik sıkışıklığı önlenecekse, daha fazla vergi vermeyi düşünebileceğini ifade etmiştir.

Yukarıda tartışılan tüm bulgular ışığında, daha güçlü tarihi ve fiziksel çevre koruma ilkelerinin bütünleştirildiği, yeni planlama ve koruma araçları sunan, halkın katılımını önemseyen, plan hazırlığı için gereken süreci ve imar denetimini basitleştirerek yerel değerleri ve kaynakları gözeten daha kapsamlı bir yasal çerçevenin kurulması gerekmektedir. Gazimağusa'da sürdürülebilir, yaşanabilir ve sosyo-ekonomik açıdan canlı bir yaşam çevresine dönüşüm doğrultusundaki gelişmeleri yönlendirecek bütüncül bir imar planı oluşturulmalı, ve bunun mekansal boyuta taşınarak, nitelikli yaşam çevrelerinin oluşturulabilmesi için, bir dizi kentsel tasarım stratejisi ve projeleriyle desteklenmelidir. Bunun öncesinde, bu araştırma sonunda yapılan önerilerin uygun bir uygulama ortamına taşınabilmesi, güçlü bir "liderlik"[21] ve "vizyon" doğrultusunda kent halkının "kentli" olma bilincinin geliştirilmesine ve böylelikle beklenti düzeyinin yükseltilmesine bağlıdır. Bu noktada, üniversiteler tarafından ortaya konan çabalar (bilimsel etkinlikler/konferanslar/paneller, vb.) önemli ve değerlidir. Ne var ki, bunların sonuçlarının geniş kesimlere ulaşamaması nedeniyle, halkın (çoğunluğunun) daha çağdaş bir çevre yönündeki beklentilerinin düzeyine de yansımamaktadır. Burada eksik olan, kentsel yönetim düzeyinde kurgulanıp yönlendirilecek bir "yaşam boyu eğitim" stratejisi kapsamında, kent halkının, çağdaş bir kentte yaşamanın ne olduğu ya da olması gerektiği konusunda, üniversite ve meslek kuruluşlarından destek alınarak, iletişim teknolojisinin olanaklarından da yararlanılarak eğitilmesidir.

[21] Bu bağlamda söz konusu olan liderlik sadece kişiliklerle değil, yerel politika, iş çevreleri ve kentin gelişmesine katkıda bulunmaya gönüllü kesimlerden liderleri bir araya getirmekle ilgilidir.

KAYNAKÇA

ALEXANDER, C., Ishikawa, S., Silverstein, M. *A Pattern Language,* Oxford University Press, New York, (1977).

APPLEYARD, D., *Livable Streets,* University of California Press, Berkeley (1981).

ARNOLD, H. , *Trees in Urban Design,* Van Nostrand Reinhold Int., New York, (1992).

ASİLSOY, B., *KKTC Gazimağusa Şehri Yeşil Alanlarının İrdelenmesi, Yayımlanmamış Y. Lisans Tezi,* İstanbul Teknik Üniversitesi Fen Bilimleri Enstitüsü, İstanbul, (2000).

AUDIT COMMISSION, *Public Sector National Report,* Local Quality of Life Indicators – Supporting Local Communities to Become Sustainable: A Guide to Local Monitoring to Complement the Indicators in the UK Government Sustainable Development Strategy, (2005).

BENTLEY, I., Community Development and Urban Design, *Making Better Places: Urban Design Now,* eds: Hayward, R., McGlynn, S., Butterworth Architecture, Oxford, 72-79, (1993).

BİRLEŞMİŞ MİLLETLER, *Habitat II - İstanbul Raporu* (1996).

BONAIUTO, M., Fornara, F., Bonnes, M., Indexes of Perceived Residential Environment Quality and Neighbourhood Attachment in Urban Environments: a Confirmation Study on the City of Rome, *Landscape and Urban Planning,* 65, 41–52, (2003).

CAMPBELL, A., Converse, P. E., Rodgers, W, L., *The Quality of American Life: Perceptions, Evaluations, and Satisfactions.* Russell Sage Foundation, New York: (1976).

CHIESURA, A., The Role of Urban Parks for the Sustainable City, *Landscape and Urban Planning,* 68, 129–138, (2004).

CONNERLY, C., Marans, R. W., Neighborhood Quality: A Description and Analysis of Indicators, ed: Hutteman, E., Van Vliet, W., *The U. S. Handbook on Housing and the Built Environment.* Greenwood Press, Westwood, CO, (1988).

DISSART, J, C., Deller, S, C., Quality of Life in the Planning Literature, *J. Planning Literature,* Vol. 15 (1), 135-162, (2000).

EID, Y. Y., Sustainable Urban Communities: History Defying Cultural Conflict, ed: Moser G. vd, *People, Places and Sustainability,* Hogrefe & Huber Publishers, Göttingen, (2003).

ESTER, P., vd., *The Contented Citizen: How Brabant Citizens evaluate their Quality of Life.* University of Tilburg, Globus, Institute for Globalization and Sustainable Development IRIC, Institute for Research on Intercultural Cooperation Telos, Brabant Centre for Sustainability No, (2002).

EUROPEAN COMMISSION, *Sustainable Urban Development in the European Union: A Framework for action,* Office for Official Publications of the European Communities, Luxembourg, (1998).

EUROPEAN COMMISSION, *A European Union Strategy for Sustainable Development*, Office for Official Publications of the European Communities, Luxembourg, (2002).

EUROPEAN FOUNDATION FOR THE IMPROVEMENT OF LIVING AND WORKING CONDITIONS, *Quality of Life in Europe: First European Quality of Life Survey 2003*, Office for Official Publications of the European Communities, Luxembourg, 2004.

EU Committee of the Regions, *Evaluating Quality of Life in European Regions and Cities*, Office for Official Publications of the European Union, Luxemburg, (1999).

FAUSET, P. G., A High Density Urban Alternative to Suburbia, *City and Culture: Cultural Processes and Urban Sustainability*, Ed: Nyström, l., The Swedish Environmental Council, Karlskrona, (1999).

FERİDUN, O., "Apartmanda oturanlar bu yazıyı okuyup saklasın...", Ahmet Tolgay Köşesi, Kıbrıs Gazetesi, 23 Ağustos, (2006).

FRANCESCATO, G., Residential Satisfaction, *Encyclopedia of Housing*, ed: Vliet W. V., Sage, London, (1998), 484-486.

GEHL, J., Gemze, L., *Public Spaces - Public Life*, The Danish Architectural Press, Kopenhag, (1996).

GÖRÜN, F. KKTC'de Eğitim, *Akdeniz'de Bir Ada: KKTC'nin Varoluş Öyküsü*, ed: Türel, O., İmge, Ankara, 299-310, (2002).

GRAYSON, L., Young, K., Quality of Life in Cities: An Overview and Guide to the Literature, The British Library, London, (1994).

GÜLERSOY, N.Z., Esin, N., Özsoy, A. (eds.), International Conference on Quality of Urban Life: Policy Versus Practice (Conference Proceedings), Istanbul Technical University, Urban and Environmental Planning Research Center, Istanbul, (2003).

KKTC-DPÖ (Devlet Planlama Örgütü), *Statistical Yearbook 2001*, KKTC Devlet Basımevi, Lefkoşa, (2003a).

KKTC-DPÖ (Devlet Planlama Örgütü), *Economic and Social Indicators 2002*, KKTC Devlet Basımevi, Lefkoşa (2003b).

JACOBS, J., *The Death and Life of Great American Cities*, Random House, New York, (1961).

JAFAR, A., Sufian, M., A Multivariate Analysis of the Determinants of Urban Quality of Life in the World's Largest Metropolitan Areas, *Urban Studies*, Vol. 30, No. 8, 1319-1329, (1993).

KAHNEMAN, D., Denier, D., Schwarz, N., eds: *Well-Being: The Foundations of Hedonic Psychology*, Russell Sage Foundation, New York, (1999).

KELEŞ, R. *Kent Bilimleri Sözlüğü*, İmge, Ankara, (1998).

KELEŞ, R. "Urban Development and Sustainable Management for the Mediterranean Towns (Turkey)". Paper presented to the meeting of Working Group for Urban Management / Mediterranean Commission for

Sustainable Development. Priority Actions Programme, Split, April 26-27, (1999).

KELEŞ, R., Hamamcı C., *Çevrebilim*, İmge, Ankara, (1998).

KRUGMAN, P.R., *Geography and Trade.* MIT Press, Massachusetts, Cambridge, (1991).

KKTC DPÖ (Devlet Planlama Örgütü) Web Sitesi – http://www.devplan.org

LANDIS, J., Sawicki, D., A Planners Guide to the Places Rated Almanac. *Journal of the American Planning Institute*. 54, 3, 336-346, (1988).

LANSING, J, B., Marans, R, W., Evaluation of Neighbourhood Quality, *Journal of the American Planning Association,* Volume 35, 195-99, (1969).

LEE, T., Marans, R.W., Objective and Subjective Indicators: Scale Discordance on Interrelationships, Social Indicators Research, 47-64, (1980).

LEFEBVRE, H., *Critique of Everyday Life*, Verso, London, (1984).

LIN, J., Mele, C., *The Urban Sociology Reader*, Routledge, London, (2004).

LIU, B., *Quality of Life Indicators in the United States Metropolitan Areas*, Washington D.C., Government Printing Office, (1975).

MARCUS, C.C., Sarkissian, W., Housing As If People Mattered: Site Design Guidelines for Medium-density Family Housing, University of California Press, Berkeley, (1986).

MARANS, R. W., Understanding Environmental Quality through Quality of Life Studies: The 2001 DAS and its use of Subjective and Objective Indicators, *Landscape and Urban Planning,* 65, 73-83, (2003).

MARANS, R. W., Cooper, M., Measuring the Quality of Community Life: A Program for Longitudinal and Comparative International Research, the Second International Conference on Quality of Life in Cities, Singapore, (2000).

MARANS, R. W., Rodgers, W. L., Toward an Understanding of Community Satisfaction, eds: Hawley, A. and V. Rock, *Metropolitan America in Contemporary Perspective*. Halsted Press, New York, (1975).

MARANS, R.W., Stimson, R., Türkoglu, H., Keul, A., Oktay, D., A Multi-City Program of Research on Quality of Urban Life, *ISQOLS 2008: 8th Conference of the International Society for Quality-of-Life Studies,* The San Diego Marriot Misson Valley, San Diego, California, USA, December 6-9, (2007).

MASLOW, A.H., *Towards A Psychology of Being,* D. Van Vostrand, (1968).

MOSER, G. vd., *People, Places and Sustainability,* Hogrefe & Huber Publishers, Seattle, (2003).

MUSSCHENGA, A. W., The Relation between Concepts of Quality of Life, *J Med*, Phios, 22(1) 11-28, (1997).

NATIONAL RESEARCH COUNCIL, *Community and Quality of Life: Data Needs for Informed Decision Making*, Washington D.C., National Academy Press, (2002).

NEWMAN, P., KENWORTHY, J., *Sustainability and Cities: Overcoming Automobile Dependence*, Washington D.C., Island Press, (1999).

NYBERG, L. "Suburban Identity and Cultural Resources", *City and Culture: Cultural Processes and Urban Sustainability*, ed: Nyström, l., The Swedish Environmental Council, Karlskrona, (1999).

OKTAY, D., Assessing The Quality of Life in Famagusta Neighborhoods: Initial Findings From An Ongoing Research Program, EDRA 39 Conference, Veracruz, Mexico, May 28 - June 1, (2008).

OKTAY, D., Kuzey Kıbrıs'taki Kentler, Kentsel Politikalar ve Yeni Açılımlar, *Kent ve Politika: Antik Kentten Dünya Kentıne*, ed: Mengi, A., İmge, Istanbul, 187-214, (2007a)c

OKTAY, D., Quality of Urban Life Studies for Sustainability and Livability: A Research Framework for Gazimagusa (Famagusta), ICANAS 38 (International Congress on Asian and North African Studies), Ankara, 10-16 September, (2007b).

OKTAY, D., Sürdürülebilirlik, Yaşanılabilirlik, ve Kentsel Yaşam Kalitesi: Kavramdan Uygulamaya, *Mimarlık,* No. 335, 37-40, (2007a).

OKTAY, D., (ed), Inquiry into Urban Environment: *Issues Concerning* Urban, *Housing, and the Built Environment,* EMU Urban Research & Development Center, EMU Press, (2006).

OKTAY, D., Cyprus: the South and the North, *Urban Issues and Urban Poiciies in the New EU Countries,* eds: Van Kempen, R., Vermeulen, M., Baan, A., Ashgate Publishers, Aldershut, UK / Burlington, USA, 205-231, (2005).

OKTAY, D., 'Sustainability of Housing Environments: Assessments in Cypriot Settlements', *The Power of Imagination,* ed: Mann, T., EDRA Publ., Edmond,Oklahoma, 147-158, (2004).

OKTAY, D., The Role of Green Spaces on the Ecological Quality of Housing Environments: An Analysis in Cypriot Towns, *Ecosystems and Sustainable Development,* WIT Press, Southampton, Vol.2, 903-912, (2003a).

OKTAY, D., The Quest for Urban Identity in the Changing Context of the City: Northern Cyprus, *Cities,* Elsevier Science, Vol. 19, No. 4, 31-41, (2002).

OKTAY, D., Kentsel Tasarımın Kuramsal Çerçevesine Güncel Bir Bakış: Kentlerimiz, Yaşam Kalitesi ve Sürdürülebilirlik, *Mimarlık,* 302, 45-49, (2001b).

OKTAY, D., *Planning Housing Environments for Sustainability: Evaluations in Cypriot Settlements,* Yapı Endüstri Merkezi Yayınları, İstanbul, (2001a).

OKTAY, D., Dwellers' Responses On Meaning and Use of Residential Open Spaces: Northern Cyprus, *Open House International*, Vol. 25, No. 2, June 2000, Urban International Press, UK, 31-41, (2000).

OKTAY, D., Quality of Urban Life Studies for Sustainability and Livability: A Research Framework for Gazimagusa (Famagusta), ICANAS 38 (International Congress on Asian and North African Studies), Bilkent Oteli Konferans Salonu, Ankara, 10-16 September, (2007).

OKTAY, D., Conteh, F., Towards Sustainable Urban Growth in Famagusta, ENHR Conference on Sustainable Urban Areas 2007, Rotterdam, 25-28 June, (2007).

OKTAY, D., Marans, R.W., "Perceptions of Overall Quality of Urban Life Among Residents of The Walled City of Famagusta", *the Joint International Symposium of IAPS-CSBE & Housıng Networks 'Revitalising Built Environments: Requalifying Old Places for New Uses'*, Istanbul, 12-16 October, (2009).

OKTAY, D., Marans, R.W., Social-Spatial Environment and Neighborhood Satisfaction: Initial Findings From Famagusta Area Study, *IAPS 20th Conference*, Rome, July 28 – August 1, (2008).

OKTAY, D., Marans, R.W., Assessing The Quality of Life in Famagusta Neighborhoods: Initial Findings From An Ongoing Research Program, EDRA 39 Conference, Veracruz, Mexico, May 28 – June 1, (2008).

OKTAY, D., Pontikis, K., In Pursue of Humane and Sustainable Housing Patterns on the Island of Cyprus, *Intarnational Journal of Sustainable Development and World Ecology*, Vol.15, No. 3. No. 3, 179-188, (2008) .

OKTAY, D., Rüstemli, A., Marans, Determinants of neighbourhood satisfaction among local residents and international students: A case study in Famagusta, N. Cyprus, *Journal of Architecture and Planning Research*, (in process - 2010).

OKTAY, D., Rüstemli, A., Marans, R.W., Measuring Neighborhood Satisfaction, Sense of Community, and Attachment: Findings From Famagusta Quality of Urban Life Study, *ITU A/Z JOURNAL*, 6/1 (Special Issue: Quality of Urban Life, eds: Türkoğlu, H., Marans, R.W.), 6-20, (2009).

PACIONE, M., Urban Environmental Quality and Human Wellbeing - a Social Geographical Perspective, *Landscape and Urban Planning*, 65, 19–30, (2003).

PACIONE, M., The Use of Objective and Subjective Indicators of Quality of Life in Human Geography, *Progress in Human Geography*, 6, 495-514, (2001).

PACIONE, M., *Urban Geography: A Global Perspective*, New York, Routledge, (2005).

PENALOSA, E., Social and Environmental Sustainability in Cities (Opening Speech), International Conference for Integrating Urban Knowledge and Practice: Life in the Urban Landscape, Göteborg, İsveç, 30 Mayıs - 4 Haziran, 2005.

PITTS, A., *Planning and Design Strategies for Sustainability and Profit,* Amsterdam, Elsevier & Architectural Press, (2004).

RAPHAEL, D. vd, The Community Quality of Life Project: A Health Promotion Approach to Understanding Communities, Oxford University Press, (1999).

RÜSTEMLİ, A. vd., Yirmibirinci Yüzyıla Girerken Kuzey Kıbrıs Türk Toplumu: Bir Anket Çalışması (Ön Rapor), DAÜ - ODTÜ Yayımlanmamış Ortak Araştırma Projesi, Gazimağusa, (2000).

SHLAY, A.B., Residential Satisfaction, Encyclopedia of Housing, ed: Vliet W. V., Sage, London, 481-483, (1998).

SMITH, R., Measuring Neighbourhood Cohesion, *Human Ecology,* 3(3), 143-160, (1975).

SMITH, T., Nelischer, M., Perkins, N., Quality of an Urban Community: A Framework for Understanding the Relationship between Quality and Physical Form, *Landscape and Urban Planning,* 39, (2-3), 229-241, (1997).

SNICKARS, F., Olerup, B., Persson L, O., Quality of Life and Social Cohesion: Methodological Discussion and Implications in Planning, *Reshaping Regional Planning,* Ashgate, Hampshire, 166-192, (2002) .

SZALAI, A., *The Meaning of Comparative Research on the Quality of Life.* Szalai, A., Andrews, F. (Eds) *The quality of life.* Sage Beverly Hills, CA, 7-24, (1980).

TEKELİ, İ., vd, *Yaşam Kalitesi Göstergeleri: Türkiye İçin Bir Veri Sistemi Önerisi,* TUBA Raporları, 6, Ankara, (2004).

TÜRKOĞLU, H. D., Bölen, F., Baran, P. Ç., Marans, R. W., İstanbul'da Konut Alanlarında Yaşam Kalitesinin Ölçülmesi, *Mimarlık,* No. 335, 32-36, (2007).

UNITED NATIONS CENTRE FOR HUMAN SETTLEMENTS (HABITAT), *The HABITAT Agenda Goals and Principles, Commitments and Global Plan of Action,* Istanbul, 3-14 June, (1996).

UNITED NATIONS CONFERENCE ON ENIRONMENT AND DEVELOPMENT (UNCED*), Agenda 21: Programme for Action on Sustainable Development,* New York, United Nations, (1993).

VAN KAMP, I., Leidelmeijer, K., Marsman, G., De Hollander, A., Urban Environmental Quality and Human Well-Being, Towards a Conceptual Framework and Demarcation of Concepts; a Literature Study, *Landscape and Urban Planning,* 65, 5–18, (2003).

VAN KEMPEN, R., VERMEULEN, M., BAAN, A. (Eds), *Urban Issues and Urban Poicies in the New EU Countries,* Ashgate Publishers, Aldershut, UK / Burlington, USA, (2005).

VLIET, W.V. (ed) *The Encyclopedia of Housing,* Sage Publications, London (1999).

VOGT, C, A., Marans, R, W., Natural Resources and Open Space in the Residential Decision Process: A Study of Recent Movers to Fringe Counties in Southeast Michigan, *Landscape and Urban Planning,* 69, 255–269, (2004).

WALTER, B., vd (eds.), *Sustainable Cities: Concepts and Strategies for Eco-City Development*, Los Angeles, Ca., Eco-Home Media, (1992).

WARWICKSHIRE COUNTY COUNCIL, Quality of Life in Warwickshire, Research Unit, Department of Planning Transport & Economic Strategy, Warwickshire County Council, (2004).

WATES, N., The Community Planning Handbook: How people Can Shape Their Cities, Towns & Villages in Any Part of The World, Earthscan, London, (2000).

WEBBER, M., Order in Diversity: Community without propinquity,*Cities and Space,* Johns Hopkins University Press, MD, Baltimore, 23-56, (1963).,

WORLD COMMISSION ON ENVIRONMENT AND DEVELOPMENT (WCED), *Our Common Future* (Brundtland Report), Oxford: Oxford University Press, (1987).

WHEELER, S. M., *Planning for Sustainability*, Routledge, New York, (2004).

WIRTH, L. Urbanism as A Way of Life, *American Journal of Sociology,* 44, 1-24, (1938).

WORLD COMMISSION ON ENVIRONMENT AND DEVELOPMENT (WCED), Brundtland Report: 'Our Common Future', Oxford University press. Oxford, (1987).

WORLD HEALTH ORGANIZATION, Regional Office for Europe, Twenty Steps for Developing a Healthy Cities project 3rd Edition, WHO, (1997).

Internet kaynakları

Audit Commission – *Quality of Life Indicators – A Description of what they are.* Available on: http://ww2.audit-commission.gov.uk/pis/quality-of-life-indicators.shtml, Assessed on 2005.

The Detroit Area Study (DAS), Available on: http://www.tcaup.umich.edu/workfolio/DAS2001/index.html, Assessed on 2005.

KKTC-DPÖ (Devlet Planlama Örgütü) Resmi Web Sitesi, http://www.devplan.org

London Sustainable Development Commission (May 2005) - 2005 *Report on London's Quality of Life Indicators.* Available on: http://www.london.gov.uk/mayor/sustainabledevelopment/docs/lsdc_indicators _2005.pdf, Assessed on 2005.

ODPM (2005) – *What is a Sustainable Community?* Available on: http://www.odpm.gov.uk/stellent/groups/odpm_communities/documents/page/odpm_comm035991.hcsp, Assessed on 2005.
University of Michigan (2005) – Detroit Area Study. Available on: http://www.tcaup.umich.edu/workfolio/DAS2001/objectivesa.html.

Harita Listesi

Tablo Listesi

Şekil Listesi

YAZAR HAKKINDA BİLGİ

Prof. Dr. Derya OKTAY, Doğu Akdeniz Üniversitesi Kentsel Araştırma ve Geliştirme Merkezi Başkanı ve Mimarlık Fakültesi Mimarlık Bölümü Öğretim Üyesidir. Gazi Üniversitesinden Mimarlık Lisans, Orta Doğu Teknik Üniversitesi'nden Mimarlık Yüksek Lisans, Oxford Brookes Üniversitesi'nden Kentsel Tasarım Yüksek Lisans, ve Yıldız Teknik Üniversitesinden (Oxford Brookes Üniversitesi araştırma programını tamamlayarak) Mimarlık Doktora derecesini almıştır. YTÜ Mimarlık Bölümünde öğretim üyesi, California Üniversitesi - Berkeley, Milano Teknik Üniversitesi, Michigan Üniversitesi, ve Oxford Brookes University Mimarlık ve Kent Planlama Fakültelerinde konuk öğretim üyesi ve araştırmacı olarak çalışmıştır.

Kentsel tasarım, sürdürülebilir/ekolojik kentsel ve mimari tasarım, konut alanlarının sosyo-kültürel ve mekansal boyutları, kentsel kamu mekanları, ve kentsel yaşam kalitesi konularında çalışan Oktay, DAÜ, Avrupa Birliği, USAID ve TÜBİTAK tarafından desteklenen çeşitli disiplinlerarası araştırma projelerini koordinatör olarak yürütmüştür.

Prof. Oktay, uluslararası ve ulusal platformlarda sunulmuş ve yayımlanmış 100'e yakın makale, bildiri, kitap bölümü ve gazete makalesinin, ve *"Planning Housing Environments for Sustainability: Evaluations in Cypriot Settlements" (Konut Çevrelerinin Sürdürülebilirlik Amaçlı Planlaması: Kıbrıs Yerleşimlerinde İrdelemeler)* başlıklı kitabın yazarıdır. Çeşitli ulusal ve uluslararası platformlarda çağrılı konuşmacı olarak, çeşitli planlama/tasarım forumlarındaki ekip çalışmalarında tasarımcı olarak rol almıştır. *Urban Design International* (Palgrave), *Journal of Urban Planning & Design* (ICE), ve *Asian Journal of Environment-Behaviour* (IAPS-endorsed) dergilerinin Editör Kurulu Üyesi, ve çeşitli bilim kuruluşlarının üyesi ya da danışma kurulu üyesi olan Oktay, Eylül 1993'ten beri DAÜ Mimarlık Bölümü Lisans ve Lisansüstü programlarında Mimari Tasarım, Kentsel Tasarım, Sürdürülebilir Kentleşme ve Mimarlık, Bina - Kentsel Çevre İlişkisi ve Kentsel Kamu Mekanları konularında dersler vermektedir.